1級 土木施工 超速マスター

著 水村俊幸・吉田勇人

はじめに

1級土木施工管理技士は，建設業法に基づく国家資格です。建設現場の元請けとして，土木工事の監理技術者になれるなど，社会的評価の高い資格です。また，専任の技術者を配置する工事が増えたことから，企業にとっても有益な資格といえます。

試験は，第一次検定と第二次検定があり、最終合格率は例年30%程度です。受験者が土木工事に関する学歴や実務経験を積んでいることを考えると，かなり難しい試験といえるでしょう。現場経験の豊富な受験者でも，幅広い分野における専門知識と施工管理の応用能力を問う問題は，日ごろの業務からは馴染みの薄い部分です。

そこで本書では，試験で問われる要点のみをまとめ，わかりやすい解説に努めました。第一次検定の基礎から，その延長上にある第二次検定までを一冊にまとめることで，時間をロスすることなく，効率的に学習することができます。第一次検定と第二次検定の両方に共通する基礎的な知識を培っていただくことも，本書が期待するところです。

さらに，各節の終わりでは過去に出題された重要な問題を掲載しているので，学習の効果を確認することができます。

受験者の皆さんには，1級土木施工管理技術検定に合格するための入門書として，また試験直前には最終確認を行う総まとめとして，本書を有効に活用していただければと思います。

そして，合格の栄光を手にされることを祈念いたします。

目 次

第3章 法規

第4章 共通工学

第5章 施工管理

第二次検定

第1章 学科記述

第2章　経験記述

※本書で掲載している過去問題は，本文の表記方法に合わせているため，実際の試験とは一部表現が異なります。

受験案内

受験資格

受験資格は次の表のとおりです。詳細は全国建設研修センターのホームページを参照して下さい。

<table>
<tr><th colspan="2" rowspan="2">学歴と資格</th><th colspan="2">実務経験年数</th></tr>
<tr><th>指定学科</th><th>指定学科以外</th></tr>
<tr><td colspan="2">大学卒業後</td><td>3年以上</td><td>4年6月以上</td></tr>
<tr><td colspan="2">短期大学，高等専門学校卒業後</td><td>5年以上</td><td>7年6月以上</td></tr>
<tr><td colspan="2">高等学校卒業後</td><td>10年以上</td><td>11年6月以上</td></tr>
<tr><td colspan="2">その他の者</td><td colspan="2">15年以上</td></tr>
<tr><td colspan="2">高等学校，中等教育学校卒業後</td><td colspan="2">8年以上※1</td></tr>
<tr><td rowspan="2">専任の主任技術者の実務経験が1年以上ある者</td><td>高等学校，中等教育学校卒業者</td><td>8年以上</td><td>9年6月以上</td></tr>
<tr><td>その他の者</td><td colspan="2">13年以上</td></tr>
<tr><td colspan="4">2級土木施工管理技術検定合格者※2</td></tr>
</table>

※1：その実務経験に指導監督的実務経験を含み、かつ、5年以上の実務経験の後専任の監理技術者による指導を受けた実務経験2年以上を含む。

※2：2級土木施工管理技術検定・第2次検定に合格した者および令和2年以前の2級土木施工管理技術検定に合格した者。

試験日程

- 受験申込受付期間：3月中旬～3月下旬
- 第一次検定実施日：7月上旬
- 第二次検定実施日：10月上旬
- 合格発表日：第一次検定8月中旬，第二次検定：1月中旬

試験科目・出題形式

◆第一次検定

出題形式：マークシート方式（択一式）

検定科目	検定基準
土木工学等	土木工事の施工の管理に必要な土木工学，電気工学，電気通信工学，機械工学，建築学，設計図書に関する一般知識。
施工管理法	監理技術者補佐として，土木工事の施工の管理に必要な施工計画の作成方法および工程管理，品質管理，安全管理など工事の施工の管理方法に関する知識。監理技術者補佐として，土木工事の施工の監理に必要な応用能力。
法規	建設工事の施工管理に必要な法令に関する一般知識。

◆第二次検定

出題形式：記述式

検定科目	検定基準
施工管理法	監理技術者として，土木工事の施工の管理に必要な知識。監理技術者として，土質試験および土木材料の強度などの試験を正確に行う，かつ，その試験の結果に基づいて工事の目的物に所要の強度を得るなどのために必要な措置を行う応用能力。 監理技術者として，設計図書に基づいて工事現場における施工計画の適切な作成，または施工計画を実施できる応用能力。

問い合わせ先

一般社団法人全国建設研修センター　試験業務局土木試験部土木試験課

〒187-8540

東京都小平市喜平町2-1-2

TEL　042-300-6860

ホームページ　https://www.jctc.jp/

第一次検定

第1章

土木一般

第1章  土木一般

CASE 1

土工

まとめ & 丸暗記　この節の学習内容とまとめ

□ 土質調査・土質試験：
原位置試験には単位体積重量試験，平板載荷試験，現場CBR試験，現場透水試験，弾性波探査，電気探査，サウンディング試験がある

□ 土量の計算：
地山の土量を基準にして「ほぐし率L」「締固め率C」を算出する

L（ほぐし率）＝ほぐした土量（m^3）／地山土量（m^3）

C（締固め率）＝締め固めた土量（m^3）／地山土量（m^3）

□ 建設機械：運搬距離，現場の勾配，トラフィカビリティ，運搬路で選定します。土工作業との組合せはバックホウ＝溝堀，伐開除根，スクレーパ＝掘削，積込み，運搬など

□ 盛土工事に先立って行う基礎地盤の処理：
処理の方法には「盛土とのなじみをよくする」,「支持力を増加させる」,「有害物の腐食による沈下を防ぐ」がある

□ 法面保護工の種類：法面緑化工（植生工）と構造物工がある

□ 軟弱地盤対策：
原理：圧密・排水，締固め，掘削置き換え，荷重軽減など
効果：沈下の軽減，盛土の安定，変形の軽減，液状化の防止，トラフィカビリティの確保

□ 情報化施工，情報通信技術（ICT）の活用：
TS（トータルステーション）やGNSS（衛星測位システム）で施工管理を行う

土質調査・試験

1 原位置[※1]試験の種類と利用方法

原位置試験とは，原位置の地表やそこで行ったボーリング孔を利用して行う試験のことです。土の性質を直接調べることができ，次のように利用されます。

単位体積重量試験

求められる結果	主な利用方法
湿潤密度　ρt 乾燥密度　ρd	締固めの施工管理

平板載荷試験

求められる結果	主な利用方法
地盤反力係数　*K*	締固めの施工管理

現場CBR[※2]試験

求められる結果	主な利用方法
CBR値	締固めの施工管理

現場透水[※3]試験

求められる結果	主な利用方法
透水係数　*k*	地盤改良工法の設計

弾性波探査

求められる結果	主な利用方法
伝搬速度　*v*	岩の掘削，リッパ作業の難易度を判断

電気探査

求められる結果	主な利用方法
土の電気抵抗　*R*	地下水位状態の推定など，地層の分布構造の把握

※1
原位置
構造物等を施工する位置のことで，施工する前のそのままの状態をいいます。

室内土質試験
現場でサンプリングしたものを試験室に持ち帰って行うものをいいます。

※2
CBR試験
CBR試験には現場管理で用いられる試験以外にサンプルを持ち帰る「室内CBR試験」もあります。

※3
透水試験
透水試験にもサンプルを持ち帰る「室内透水試験」があります。

2 サウンディング試験

サウンディング試験は次の①～④のような試験があり，パイプまたはロッドの先端に付けた抵抗体を地中に挿入し，貫入・回転・引抜きなどを加えた抵抗から土層の分布と強さの相対値を判断することができます。

①標準貫入試験

一般にボーリング調査と呼ばれる調査法です。掘削した孔を利用して，地盤の硬さを測定する標準貫入試験と土のサンプリングを同時に行うことができます。

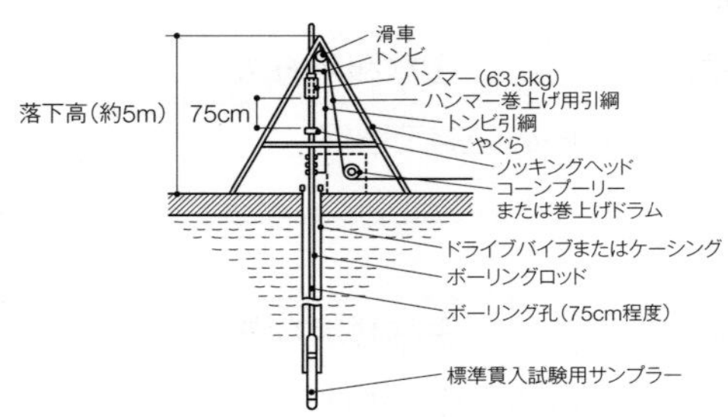

求められる結果	主な利用方法
打撃回数　N（N 値）	土層の硬軟，地盤の締まり具合の判定

②スウェーデン式サウンディング試験

ロッドの先端に，円錐形をねじったような形状のスクリューポイントを装着して，おもりを1枚ずつ静かに載せていき，地中への貫入量を回転数で測定します。

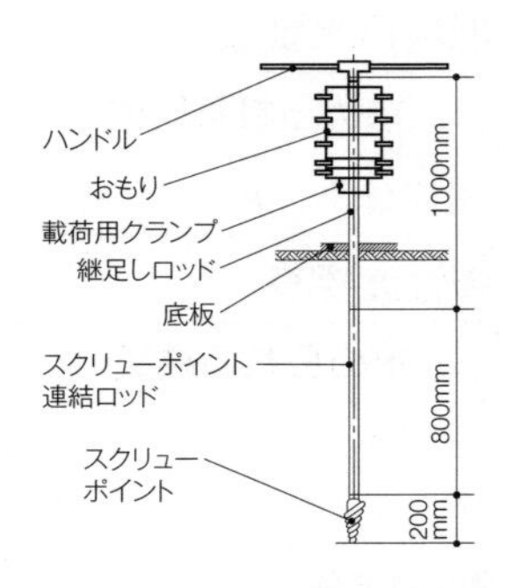

求められる結果	主な利用方法
静的貫入抵抗 半回転数　Nsw	土層の硬軟，地盤の締まり具合の判定

③オランダ式二重管コーン貫入試験

機械式コーン貫入試験[※4]に分類され，先端がコーン形状の貫入装置を地盤へ圧入し，その時の抵抗値を測定する試験です。

求められる結果	主な利用方法
コーン指数　qc	建設機械の走行性(トラフィカビリティ[※5])の判定

④ポータブルコーン貫入試験

コーンペネトロメータを用いて人の力で貫入量を測定しコーン貫入抵抗値を求めるものです。軟弱地盤や表層の判断に用いられます。

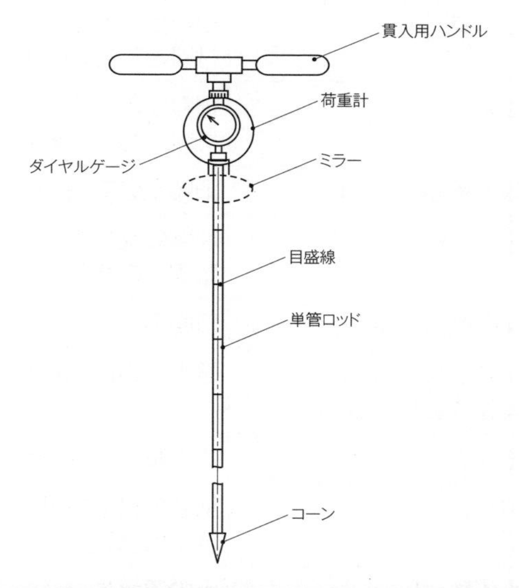

求められる結果	主な利用方法
コーン指数　qc	建設機械の走行性(トラフィカビリティ)の判定

※4
機械式コーン貫入試験
一般的に5m程度の深さまで測定可能なため，地層構成の確認もできます。

※5
トラフィカビリティ
コーン指数（qc）で表され，下記値以上が標準とされています。

・湿地ブルドーザ：300kN/m^2
・普通ブルドーザ：500kN/m^2
・ダンプトラック：1200kN/m^2

3 室内試験の種類と利用方法

室内試験は，原位置試験やサウンディング試験のみでは土の性質を明らかにすることができない場合に行われる試験です。原位置で採取した試料を持ち帰り試験室で試験するものです。

試験の名称	得られる値	利用方法
含水比試験	含水比　w	土の分類 盛土の締固め管理
土粒子の密度試験	間げき比　e，飽和度　Sr	盛土の締固め管理
砂の相対密度試験	間げき比　emax	砂の液状化判定
粒度試験	均等係数　Uc	土の分類 液状化の判断
液性限界試験	液性限界　wL	細粒土の安定 材料としての判断
塑性限界試験	塑性限界　wp	細粒土の安定 材料としての判断
一軸圧縮試験	一軸圧縮強さ　qu	細粒土の支持力
三軸圧縮試験	粘着力　C	地盤の支持力 摩擦力の算定
直接せん断試験	内部摩擦角　ϕ	斜面の安定
締固め試験	最適含水比　Wopt 最大乾燥密度　ρ dmax	盛土の締固め管理
圧密試験	圧密係数	沈下量，圧密時間
室内CBR試験	CBR値	舗装の構造設計 施工の管理
室内透水試験	透水係数　k	土の透水性 透水量の算定

試験に関係する用語には次のようなものがあります。

● **土の塑性指数（Ip）**

液性限界と塑性限界の差で塑性の度合いを示します。

●土のコンシステンシー

土の変形の難易度を表した言葉で，一般には外力による変形，流動に対する抵抗の度合いをいいます。

●N値

砂質土で*N*値30以上は非常に密な地盤判定に分類されます。また，砂質土で*N*値10～15以下は地震時に液状化の恐れがあり，粘性土で*N*値4以下の地盤では沈下の恐れがあります。

チャレンジ問題！

問1　難　中　易

土の原位置試験で，「試験の名称」，「試験結果から求められるもの」および「試験結果の利用」の組合せとして，次のうち適当なものはどれか。

	［試験の名称］		［試験結果から求められるもの］		［試験結果の利用］
(1)	標準貫入試験	…	*N*値	…	盛土の締固め管理の判定
(2)	スウェーデン式サウンディング試験	…	静的貫入抵抗	…	土層の締まり具合の判定
(3)	平板載荷試験	…	地盤反力	…	地下水の状態
(4)	ポータブルコーン貫入試験	…	せん断強さ	…	トラフィカビリティの判定

解説

標準貫入試験は，「*N*値」を求め「土層の硬軟や締まり具合の判定」に利用されます。平板載荷試験は「地盤反力係数」を求め，「締固めの施工管理」に利用されます。ポータブルコーン貫入試験は「コーン指数」を求め，「建設機械の走行性（トラフィカビリティ）の判定」に利用されます。

解答（2）

土量の計算

1 土の状態と土量の変化率[※6]

土の状態は次の3通りの状態で表されます。

①地山でそのままの状態　　→　地山の土量

②掘削によりほぐされた状態　→　ほぐした土量

③盛土により締め固めた状態　→　締め固めた土量

現場の土によって変化率は変わりますが，一般的に「地山の土量」1.0に対して，「ほぐした土量」を1.2で運搬し，盛土量0.85で「締め固めた土量」と計算されます。

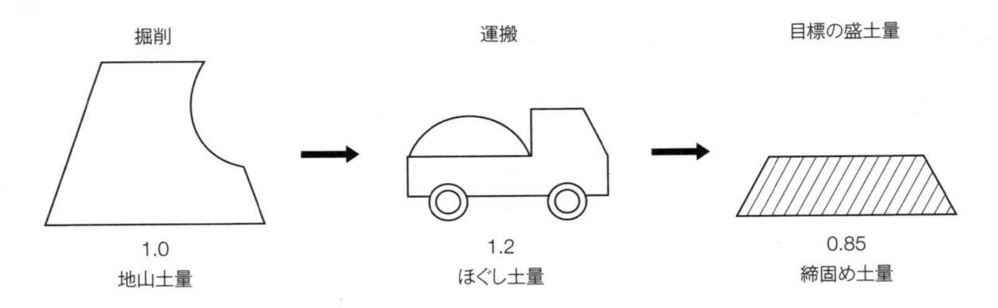

また，土量の変化率は，地山の土量を基準にして，ほぐし率L，締固め率Cで表します。

> **L**(ほぐし率) = **ほぐした土量**(m^3) ／ **地山土量**(m^3)

> **C**(締固め率) = **締め固めた土量**(m^3) ／ **地山土量**(m^3)

常に地山の状態を1とした場合の関係

	地山の土量	ほぐした土量	締固めた土量
地山の土量	1	L	C
ほぐした土量	1/L	1	C/L
締め固めた土量	1/C	L/C	1

2 運搬土量の演習問題

土の状態と変化率を理解するために，実際に運搬土量を例題で計算してみます。

※6
土量の変化率
建設機械の作業能力算定に重要な値です。実際の土工の結果から推定するのが最も的確な決め方です。

例題

13,000 m^3（締固め土量）の盛土工事において，隣接する切土（砂質土）箇所から10,000 m^3（地山土量）を流用し，不足分を土取場（礫質土）から採取し運搬する場合，土取場から採取土量を運搬するために要するダンプトラックの運搬延べ台数を求めよ。
ただし，砂質土の変化率L ＝1.20，C＝0.85
　　礫質土の変化率L ＝1.40，C＝0.90
　　ダンプトラック1台の積載量（ほぐし土量）8.0 m^3とする。

解答

隣接する切土箇所からの10,000m^3を流用し，締め固めて盛土にすると
　C＝締固め土量／地山土量，計算条件より0.85
　締め固めた流用土は10,000×0.85＝8,500m^3
不足する盛土量は，
　不足土量＝13,000 − 8,500=4,500m^3
土取場（礫質土）の採取地山土量に換算すると
　C＝締固め土量／地山土量，計算条件より0.90
　不足分の地山換算量＝4,500÷0.90＝5,000m^3
ダンプトラックの総運搬土量に換算すると
　L＝ほぐし土量／地山土量，計算条件より1.40
　運搬土量＝5,000×1.40=7,000m^3
ダンプ運搬延べ台数は1台の積載量8.0m^3より
　7,000÷8＝875台となります。

3 土量変化率の利用と注意点

①土量変化率の利用方法

土量の変化率Lは土の運搬計画を立てるときに必要であり，土量の変化率Cは土の配分計画を立てるときに用いられます。

②利用時の注意点

土量の変化率には，掘削・運搬中の損失および基礎地盤の沈下による盛土量の増加は原則として含まれていません。

③岩石の場合

岩石の土量の変化率は，測定そのものが難しいので，施工実績を参考にして計画し，実状に応じて変化率を変更することが望ましいです。

チャレンジ問題！

問1 難 中 易

土工における土量の変化率に関する次の記述のうち，適当でないものはどれか。

(1) 土の掘削・運搬中の損失および基礎地盤の沈下による盛土量の増加は，原則として変化率に含まれない。
(2) 土量の変化率Cは，地山の土量と締め固めた土量の体積比を測定して求める。
(3) 土量の変化率は，実際の土工の結果から推定するのが最も的確な決め方で類似現場の実績の値を活用できる。
(4) 地山の密度と土量の変化率Lがわかっていれば，土の配分計画を立てることができる。

解説

土の配分計画を立てる場合は土量の変化率Cを用います。土量の変化率Lは土の運搬計画を立てる場合に用います。

解答（4）

建設機械

1 運搬距離による選定

建設機械は，現場条件と施工方法に適した機種が選定され施工されます。建設機械の適否は工事の費用，品質，工期などに大きく影響するので現場条件を十分に考慮して選定する必要があります。

建設機械には，機種に適した運搬距離があります。

機種	適応する運搬距離
ブルドーザ	60m 以下
スクレープドーザ[※7]	40～250m
被けん引式スクレーパ	60～400m
自走式スクレーパ	200～1200m
ショベル系掘削機[※8] ダンプトラック	100m 以上

※7
スクレーパ
スクレーパ系の建設機械は，掘削・積込み・運搬・敷均しの一連の作業を１台でこなせます。

※８
ショベル
ショベル系掘削機械は，地面より低い所で広い範囲の掘削に適し，地面より高い法面の仕上げもできます。

2 勾配による選定

坂路が一定の勾配を超えると作業が危険になるので，一般に適用できる勾配の限界値が設定されています。

機種	運搬路の勾配
被けん引式スクレーパ， スクレープドーザ	15～25%
タンデムエンジン自走式スクレーパ	10～15%
シングルエンジン自走式スクレーパ	5～8%
自走式スクレーパ，ダンプトラック	10%以下

3 トラフィカビリティによる選定

同一わだちを数回走行が可能な場合のコーン指数は次の表の通りです。走行頻度の多い現場では，より大きなコーン指数の確保が必要です。

建設機械の種類	コーン指数 qc (kN/m^2)	建設機械の接地圧 (kN/m^2)
超湿地ブルドーザ	200以上	15～23
湿地ブルドーザ	300以上	22～43
普通ブルドーザ（15t級程度）	500以上	50～60
普通ブルドーザ（21t級程度）	700以上	60～100
スクレープドーザ	600以上	41～56
被けん引式スクレーパ（小型）	700以上	130～140
自走式スクレーパ（小型）	1000以上	400～450
ダンプトラック	1200以上	350～550

4 建設機械と土工作業の組合せ

建設機械と土工作業の代表的な組合せは次の表の通りです。

建設機械の種類	土工作業
バックホウ	溝堀，伐開除根
ブルドーザ	掘削運搬，締固め，伐開除根
スクレーパ	掘削，積込み，運搬
クラムシェル	水中掘削
モーターグレーダ	路床・路盤の整地作業
ホイールローダ	敷均し，整地作業
振動ローラ	締固め
タイヤローラ	締固め
レッグドリル，ブレーカ	削岩

5 運搬路による選定

運搬路の幅員は，工事規模や車種に応じて確保する必要があります。

ダンプトラック	1車線	2車線
8～11t積級	4.0～5.0m	8.0～10.0m
20t積級	6.4m	10.0～12.0m
35～45t積級	7.0～8.0m	14.0～18.0m

チャレンジ問題！

問1　　難　中　易

道路の盛土に用いる締固め機械に関する次の記述のうち，適当なものはどれか。

(1) 振動ローラは，締固めによっても容易に細粒化しない岩塊などの締固めに有効である。
(2) ブルドーザは，細粒分は多いが鋭敏比の低い土や低含水比の関東ロームなどの締固めに有効である。
(3) タイヤローラは，単粒度の砂や細粒度の欠けた切込砂利などの締固めに有効である。
(4) ロードローラは，細粒分を適度に含み粒度がよく締固めが容易な土や山砂利などの締固めに有効である。

解説

ブルドーザは高含水比で鋭敏比が高い粘性土の締固めに適し，タイヤローラは細粒分を適度に含んだ粒度のよい締固めが容易な土，まさ土，山砂利などの締固めに有効で，ロードローラは路床面等の仕上げに用いることがあります。

解答（1）

盛土工事

1 盛土の施工方法

①基礎地盤の処理

盛土の施工に先立って行われる基礎地盤の処理には次の目的があります。

- 盛土と基礎地盤のなじみをよくする
- 初期の盛土作業を円滑にする
- 地盤の安定をはかり支持力を増加させる
- 草木などの有害物の腐食による沈下を防ぐ

基礎地盤に極端な凹凸や段差がある場合は，均一な盛土になるように段差の処理を施します。基礎地盤の準備排水は，原地盤を自然排水可能な勾配に整形し，素掘りの溝や暗渠などにより工事区域外に排水します。これにより盛土敷の乾燥をはかりトラフィカビリティ※9が得られるようにします。

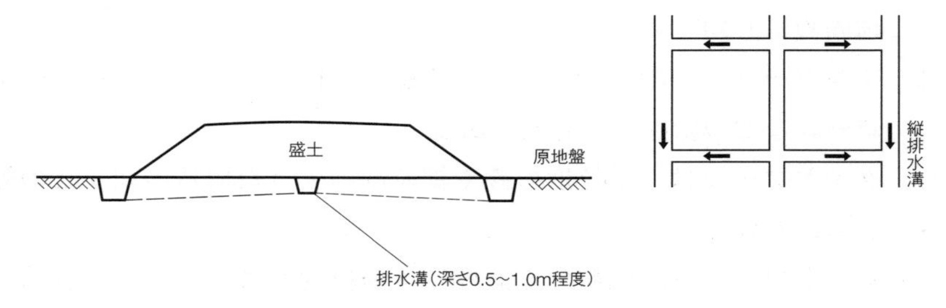

基礎地盤の勾配が1：4程度より急な場合には，盛土との密着を確実にするために段切りを行います。このとき，敷均し厚を管理して十分な締固めを行うことが重要です。

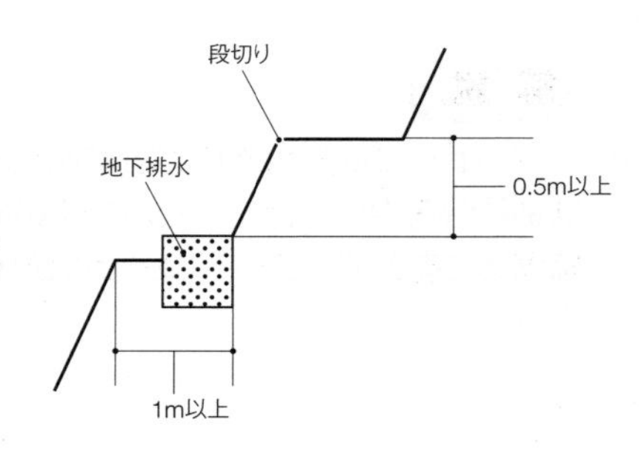

②構造物周辺の埋戻し

構造物の裏込め部や埋戻し部では，構造物と段差[※10]が生じないよう，圧縮性の小さい材料を用います。雨水などの浸透による土圧増加を防ぐために透水性のよい材料を用いることが重要です。

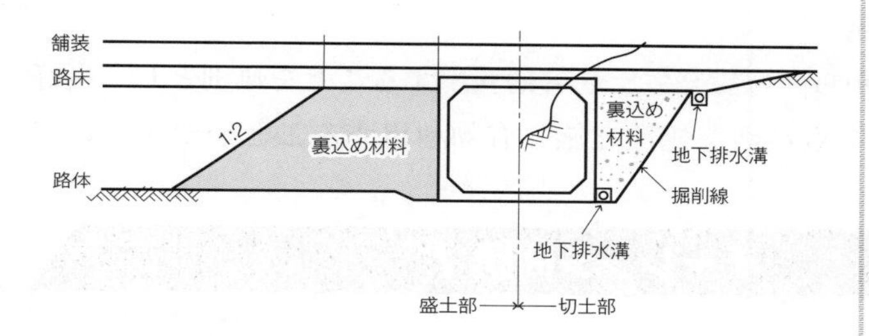

● **排水対策**

裏込め部は雨水の流入が生じやすいので，流入を極力防止し，地下排水溝やポンプなどで完全に排水します。

③施工時の排水処理

基本的な表面水の処理は，図のように4～5%の横断勾配を設けて行います。

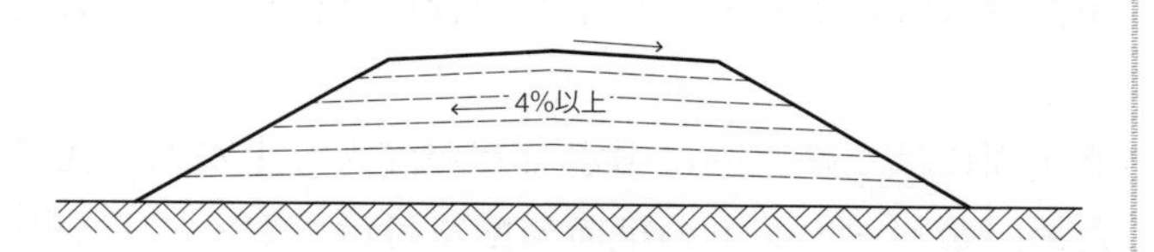

2 盛土の管理

集水地形上の盛土，傾斜地盤上の盛土，高盛土は，豪雨や地震時に変状が生じやすいので，締固め管理では締固め度の管理基準値を通常より高めに設定することが望まれます。

土の締固めで最も重要な特性は，含水比[※11]と密度の関係で，締固め曲線で表されます。

※9
トラフィカビリティ
建設機械の走行性のことです。詳しくはP5を参照して下さい。

※10
構造物周辺の盛土の段差の原因
基礎地盤の沈下，盛土自体の圧縮沈下，構造物背面の盛土荷重による構造物の変位があり，対策は材料や施工方法となります。

※11
含水比
最大乾燥密度が高い土ほど最適含水比は低く，最大乾燥密度が低い土ほど最適含水比は高くなります。

3 盛土材料，発生土の利用

盛土材料に求められる重要な条件としては,「敷均し，締固めが容易で締固め後のせん断強度が高い」,「圧縮性が小さい」,「雨水などの浸食に強い」,「吸水による膨張性が低い」などがあります。

①建設発生土の利用

環境保全の観点から，建設発生土を有効利用することを原則とし，良好でない材料についても適切な処理を施し有効利用することが望ましいです。

チャレンジ問題！

問1 難 中 易

盛土の施工に関する次の記述のうち，適当でないものはどれか。

(1) 盛土の施工に先立って行われる基礎地盤の段差処理で，特に盛土高の低い場合には，凹凸が田のあぜなど小規模なものでも処理が必要である。

(2) 盛土材料の敷均し作業は，盛土の品質に大きな影響を与える要素であり，レベル測量などによる敷均し厚さの管理を行うことが必要である。

(3) 盛土施工時の盛土面には，盛土内に雨水などが浸入し土が軟弱化するのを防ぐため，数パーセントの縦断勾配を付けておくことが必要である。

(4) 盛土の締固めにおいては，盛土端部や隅部などは締固めが不十分になりがちになるので注意する必要がある。

解説

盛土施工時の盛土面には，盛土内に雨水などが浸入し土が軟弱化するのを防ぐため，4～5%程度の横断勾配を付けておくことが必要です。

解答（3）

法面保護工

1 法面保護工の種類と目的

法面保護工には，法面緑化工（植生工）と構造物工があります。

法面緑化工（植生工）

工種		目的
播種工	種子散布工 客土吹付工 植生シート・マット工	浸食防止，凍上崩落抑制 植生による早期全面被覆
	植生筋工	浸食防止，植物定着の促進
	植生基材注入工	植生基盤で植物の早期育成
植栽工	張芝工	浸食防止，凍上崩落抑制
	筋芝工	浸食防止，植物定着の促進
	植栽工	良好な景観の形成
苗木設置吹付工		良好な景観の形成

構造物工

工種	目的
金網張工	法面表面部のはく落防止
じゃかご工	土砂流出の抑制
プレキャスト枠工	浸食防止
石張，ブロック張工	表面水の浸透防止
コンクリート張工 吹付枠工	法面表層部の崩落防止
石積，ブロック積 コンクリート擁壁工	土圧に対抗して崩壊を防止
地山補強土工，杭工	滑動に対抗して崩壊を防止

2 法面排水工

法面排水工は，盛土法面，切土法面あるいは自然斜面を流下する水や，法面から湧出する地下水による浸食や安定性の低下を防止するために行います。

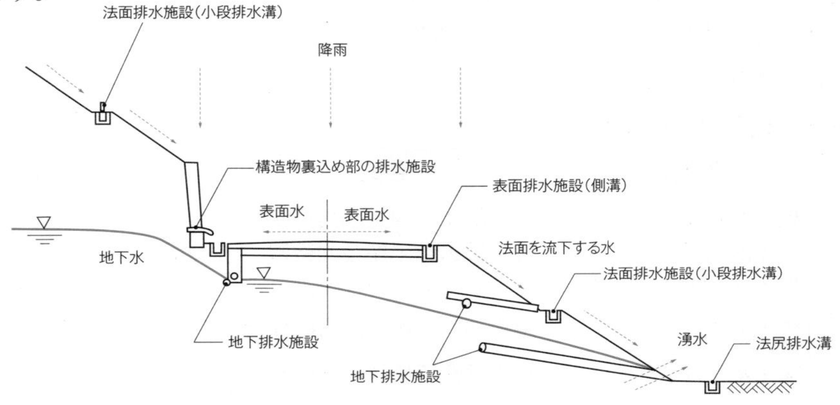

排水施設には次のような種類があります。

- 法面排水施設（小段排水溝）
- 構造物裏込め部の排水施設
- 表面排水施設（側溝）
- 法尻排水溝
- 地下排水施設
- 縦排水溝

縦排水溝は，たとえば図のようにソケット付きのU字溝を設置するのが望ましいです。

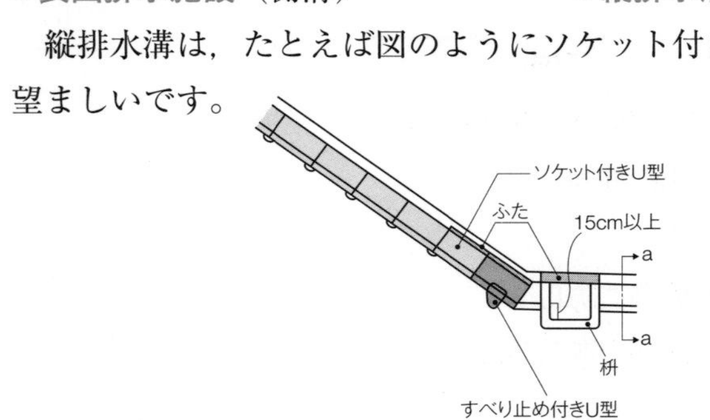

3 切土法面勾配

代表的な切土法面の標準勾配は次の表の通りです。

地山の土質		切土高	勾配
砂質土	密実なもの	5m以下	0.8～1.0
		5～10m	1.0～1.2
	密実でないもの	5m以下	1.0～1.2
		5～10m	1.2～1.5

シルト
砂より小さく粘土より粗いものをいいます。

チャレンジ問題！

問1　難　中　易

切土法面保護工の選定に関する次の記述のうち，適当でないものはどれか。

(1) 砂質土で1:1.5よりゆるい法面勾配の場合は，一般に安定勾配とされ植生工のみで対応することが可能である。
(2) シルト分の多い土質の法面で凍上や凍結融解作用によって植生が剥離したり滑落するおそれのある場合は，法面勾配をできるだけ急勾配とする。
(3) 砂質土で浸食されやすい土砂からなる法面の場合は，湧水や表流水による浸食の防止に法枠工や柵工などの緑化基礎工と植生工を併用する。
(4) 湧水が多い法面の場合は，地下排水施設とともに，井桁組擁壁，じゃかご，中詰めにぐり石を用いた法枠などが用いられる。

解説

シルト分の多い土質の法面で凍上や凍結融解作用によって植生が剥離したり滑落するおそれのある場合は，法面勾配をできるだけゆるくしたり，法面排水工を行うことが望ましいです。

解答 (2)

軟弱地盤対策

1 軟弱地盤対策工法の種類

軟弱地盤対策工法は，その原理と効果によって分類することができ，次の表以外にも多くの工法があります。よく出題される「原理」と「効果」の関係を理解することが重要です。

軟弱地盤対策工法

原理	代表的な工法＼効果	沈下の軽減	盛土の安定	変形の軽減	液状化の防止	トラフィカビリティ確保
圧密・排水	サンドマット工法	○				○
	盛土載荷重工法・バーチカルドレーン工法	○	○			
締固め	サンドコンパクションパイル工法	○	○	○	○	
	バイブロフローテーション工法	○			○	
固結	表層混合処理工法	○	○	○	○	○
	深層混合処理工法	○	○	○	○	
掘削置換	掘削置換工法	○	○	○	○	
間げき水圧消散	間げき水圧消散工法				○	
荷重軽減	軽量盛土工法	○	○	○		
盛土の補強	盛土補強工法		○		○	
構造物	地中連続壁工法				○	
	矢板工法		○	○	○	
補強材の敷設	補強材の敷設工法		○			○

2 代表的な対策工法

①サンドマット工法[※12]

軟弱地盤上に厚さ0.5～1.2m程度のサンドマット（敷砂）を施工する工法です。

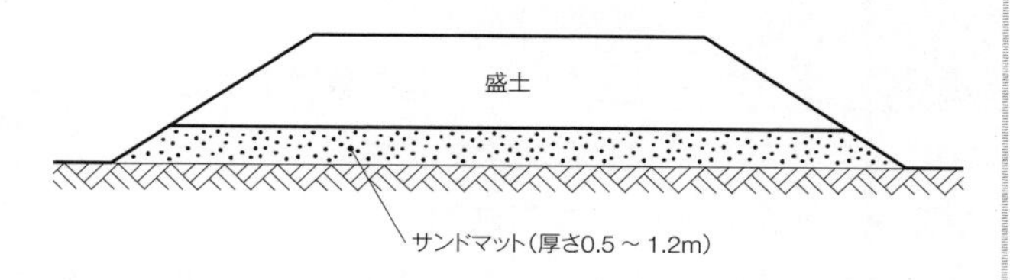

・軟弱層の圧密を促進させる上部排水層の役割を果たします。
・盛土や軟弱地盤対策工の施工に必要なトラフィカビリティを良好にします。

②サンドコンパクションパイル工法[※13]

衝撃荷重か振動荷重によって砂を地盤中に圧入し砂杭を造成する工法です。砂質地盤では締固め効果で液状化の防止を，粘性土地盤では地盤の強度増加をはかる工法です。

③深層混合処理工法[※14]

深層混合処理工法は，主としてセメント系の固化材と原位置の軟弱土をかく拌混合することにより，原位置で深層まで強固な柱体状，ブロック状，壁状の安定処理土を形成し，すべり抵抗の増加，変形の抑止，沈下の軽減，液状化防止などをはかる工法です。他にセメント系添加材を高圧で噴射し改良体を造成する高圧噴射かく拌工法もあります。

④置換工法

軟弱土と良質土を入れ替える工法で，盛土の安定確保と沈下量の減少を目的としている工法です。

※12
サンドマット工法
原理：圧密・排水
効果：
①沈下の軽減
②トラフィカビリティ確保

※13
サンドコンパクションパイル工法
原理：締固め
効果：
①沈下の軽減
②盛土の安定
③変形の軽減
④液状化の防止

※14
深層混合処理工法
原理：固結
効果：
①沈下の軽減
②盛土の安定
③変形の軽減
④液状化の防止

この工法は施工方法により，軟弱土を掘削してから良質土を埋め戻す**掘削置換工法**と盛土自重により，軟弱土を押し出す**強制置換工法**に分類されます。

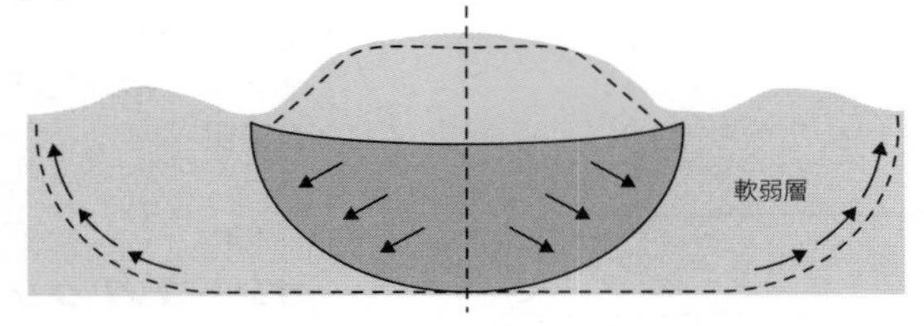

強制置換工法の例

⑤バーチカルドレーン工法（サンドドレーン工法）

地盤中に**透水性の高い砂柱**（サンドドレーン）を鉛直に造成することにより，水平方向の排水距離を短くして粘性土地盤の圧密を促進し，地盤の**強度増加**をはかる工法です。他には，ペーパー（カードボード），プラスチック，天然繊維材を用いた人工のドレーン材を設置するプレファブリケイティッドバーチカルドレーン工法があります。

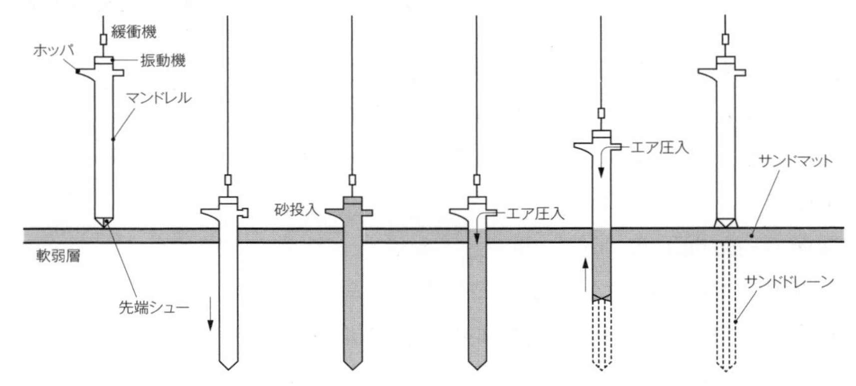

⑥地下水位低下工法

地盤中の**地下水位を低下**させることにより，地盤がそれまで受けていた浮力に相当する荷重を下層の軟弱層に載荷して，圧密を促進し地盤の**強度増加**をはかる工法です。地下水位低下の方法としては，ウェルポイントやディープウェルなどが一般的に用いられています。

チャレンジ問題！

問1

難　中　易

道路土工に用いられる軟弱地盤対策工法に関する次の記述のうち，適当でないものはどれか。

(1) 締固め工法は，地盤に砂などを圧入または動的な荷重を与え地盤を締め固めることにより，液状化の防止や支持力増加をはかるなどを目的とするもので，振動棒工法などがある。
(2) 固結工法は，セメントなどの固化材を土とかく拌混合し地盤を固結させることにより，変形の抑制，液状化防止などを目的とするもので，サンドコンパクションパイル工法などがある。
(3) 荷重軽減工法は，軽量な材料による荷重軽減や地盤の挙動に対応しうる構造体をつくることにより，全沈下量の低減，安定性確保などを目的とするもので，カルバート工法などがある。
(4) 圧密・排水工法は，地盤の排水や圧密促進によって地盤の強度を増加させることにより，道路供用後の残留沈下量の低減をはかるなどを目的とするもので，盛土載荷重工法などがある。

解説

固結工法は，セメントなどの添加材を土と混合し，化学反応を利用して地盤の固結をはかることにより支持力の増大，変形の抑制，液状化の防止を目的とするもので，「表層混合処理工法，深層混合処理工法，高圧噴射かく拌工法」などがあります。

設問（2）のサンドコンパクションパイル工法は「締固め工法」に分類されます。他に締固め工法には，ロッドに取り付けた振動機を地中に貫入させて締固めを行う「振動棒工法」などがあります。

解答（2）

情報化施工

1 情報化施工の目的

情報化施工とは，情報通信技術（ICT）の活用により，各プロセスから得られる電子情報をやりとりして高効率・高精度な施工を実現するものです。

情報化施工の利点には，「測量・計測の合理化」，「測量・計測の効率化」，「施工の効率化」，「施工の精度向上」，「施工の安全性向上」などがあります。

2 情報化施工の技術

●盛土の品質確保

盛土箇所に設置された計測器で動態観測を行い，計測情報を評価して品質や安全を確認し，その結果を次の施工に活かしていきます。

●締固め管理技術

ローラの走行軌跡をTS（トータルステーション）やGNSS（衛星測位システム）により自動追跡することにより行うもので，品質規定方式の管理に用いられます。

締固め規定の方式には品質規定方式と工法規定方式があり，工法規定方式のほうが締固め状況の早期把握による工程短縮がはかられます。

●マシンガイダンス技術

ブルドーザやグレーダなどのマシンガイダンス技術は，3次元設計データを建設機械に入力しTSやGNSSの計測により所要の施工精度を得るもので，丁張りを用いずに施工できます。

●出来形管理技術

施工管理データを搭載したTSを用いて出来形管理を行うもので，計測した出来形計測点（道路中心，法肩，法尻など）の3次元座標値から，幅員，法長，高さを算出する技術をいいます。

チャレンジ問題！

問1

難	中	易

TS（トータルステーション）・GNSS（衛星測位システム）を用いた盛土の情報化施工に関する次の記述のうち，適当でないものはどれか。

(1) 盛土の締固め管理技術は，工法規定方式を品質規定方式にすることで，品質の均一化や過転圧の防止などに加え，締固め状況の早期把握による工程短縮がはかられるものである。

(2) マシンガイダンス技術は，TSやGNSSの計測技術を用いて，施工機械の位置情報・施工情報および施工状況と3次元設計データとの差分をオペレータに提供する技術である。

(3) まき出し厚さは，試験施工で決定したまき出し厚さと締固め回数による施工結果である締固め層厚分布の記録をもって，間接的に管理をするものである。

(4) 盛土の締固め管理は，締固め機械の走行位置を追尾・記録することで，規定の締固め度が得られる締固め回数の管理を厳密に行うものである。

解説

盛土の品質規定方式では，盛土の品質を確保するために要求する性能に対応した力学特性（せん断強さ，変形係数など）を設定します。工法規定方式では，使用する締固め機械の機種，まき出し厚さ，締固め回数などの工法そのものを規定する方法のため，盛土の締固め管理技術は工法規定方式のほうが品質の均一化や過転圧の防止などに加え，締固め状況の早期把握による工程短縮がはかられます。よって，品質規定方式より工法規定方式のほうが工期を短縮できます。

解答（1）

第1章  土木一般

CASE 2 コンクリート工

まとめ & 丸暗記　この節の学習内容とまとめ

□ コンクリートの材料：
ポルトランドセメントには「普通，早強，超早強，中庸熱，低熱，耐硫酸塩」がある。混合セメントには「高炉，フライアッシュ，シリカ」，各A・B・C種がある。粗骨材に砕石を使う場合単位水量を増加させる必要がある。細骨材の砕砂を使う場合は角ばりが小さく扁平な粒の少ないものとする

□ 配合設計：
スランプは小さく，単位水量も小さく，粗骨材寸法は大きくする。水セメント比は65%以下，空気量は4～7%である

□ 品質を確保するための対応：
高炉セメントB種はアルカリシリカ反応等に有効。寒中コンクリートはAEコンクリートとする

□ 運搬・打込み・締固め
打込み時間外気温25℃以下のときで2時間以内。外気が25℃を超えるときで1.5時間以内

□ 養生
普通ポルトランドセメントの養生日数は10℃以上で7日

□ 型枠・支保工
締付け金物は型枠を取り外した後コンクリート表面に残さない。せき板内面には剥離剤を塗布する

□ 鉄筋の加工・組立て
鉄筋は常温で加工。曲げ加工した鉄筋の曲げ戻しは行わない。曲げ戻しは900～1000℃程度で加熱加工する

□ 耐久性と劣化
ひび割れの原因は「乾燥収縮」,「中性化・塩害」,「アルカリ骨材反応」,「沈みひび割れ」である

コンクリートの材料

1 セメント

セメント[※1]には多くの種類があり，JISに規定されているものに，ポルトランドセメント，混合セメント，それ以外のセメント[※2]などがあります。また，ポルトランドセメントをベースとした特殊なセメントもあります。

ポルトランドセメント

種類	特徴
普通 ポルトランドセメント	最も汎用性の高いセメント
早強 ポルトランドセメント	型枠の脱型を早めるために，早く強度が欲しい時に使用する
超早強 ポルトランドセメント	早強よりさらに短期間で強度を発揮
中庸熱 ポルトランドセメント	普通ポルトランドセメントに比べ水和熱[※3]が低いセメント
低熱 ポルトランドセメント	中庸熱ポルトランドセメントより水和熱が低く耐久性に優れている
耐硫酸塩 ポルトランドセメント	硫酸塩に対する抵抗性を高めたセメント

混合セメント

種類	特徴
高炉セメント A，B，C種	高炉スラグの微粉末を混合したセメントで長期強度の増進が大きい
フライアッシュ[※4]セメント A，B，C種	フライアッシュを混合したセメントでワーカビリティーが向上する
シリカセメント A，B，C種	シリカ質混合材を混合したセメントで耐薬品性に優れている

コンクリートの材料
主に「セメント」「練混ぜ水」「骨材」「混和材料」「空気」で構成されます。

※1
セメント
日本では，普通ポルトランドセメントと高炉セメントB種が全セメントの90%以上を占めます。

※2
それ以外のセメント
ごみ焼却灰や下水汚泥を主原料としたエコセメントなどがあります。

※3
水和熱が低いセメント
大規模な構造物に用いられます。

※4
フライアッシュ
微粉状の石炭灰のこと。

2 骨材

コンクリート用骨材は，粒の大きさによって**粗骨材**と**細骨材**に分類されます。一般的に，**粗骨材**は5mm網ふるいに質量で85%以上とどまる骨材（概略5mm以上の骨材）のことをいい，**細骨材**は10mm網ふるいを全部通り，5mm網ふるいを質量で85%以上通る骨材（概略5mm未満の骨材）のことをいいます。

粗骨材の留意事項

砕石	**単位水量を増加させる**必要があり，扁平なものや細長い形状のものは**粒子形状の良否**の検討を行う
高炉スラグ粗骨材	製造上，品質のばらつきが大きいので品質を確認して使用する必要がある
再生骨材	JIS「コンクリート用再生骨材H」に適合した**再生粗骨材H**を使用する
粘土塊量	0.25%以下

細骨材の留意事項

砕砂 高炉スラグ細骨材		できるだけ**角ばりの程度が小さく，細長い粒や扁平な粒の少ないもの**を選定する
		粒度調整や塩化物含有量の低減を目的に山砂などの細骨材の20～60%を本材料で置き換える場合が多い
再生骨材	**再生骨材H**	コンクリート塊に破砕，磨砕，分級などの高度な処理を行うことで**通常の骨材とほぼ同等の品質**になる
	再生骨材M	乾燥収縮，凍結融解作用の受けにくい地下構造物などへの適用に限定される
	再生骨材L	高い耐久性を必要としない無筋コンクリート，小規模な鉄筋コンクリート，コンクリートブロックなどに使用される
粘土塊量		1%以下

3 練混ぜ水

練混ぜ水はコンクリートの品質に大きな影響を与えます。使用にあたっては次の3つの事項が重要です。

①上水道，JISに適合したものを標準とする

②回収水は，JISに適合したものでなければ使用してはならない

③海水[※5]は一般に使用してはならない

4 混和材料

混和材料はコンクリートの品質を改善するものです。使用量の多少に応じて混和材と混和剤に分類されます。

混和材は種類が多いので，主な効果から覚えておくことが重要です。

混和材の主な効果と種類

主な効果	混和材
ポゾラン活性[※6]が利用できる	フライアッシュ，シリカフューム，火山灰，けい酸白土，けい藻土
潜在水硬性[※7]が利用できる	高炉スラグ微粉末
硬化過程で膨張を起こさせる	膨張材
オートクレーブ養生[※8]で高強度を生じる	けい酸質微粉末
着色させる	着色材
流動性を高め材料分離やブリーディング[※9]を減少させる	石灰石微粉末
その他	高強度用混和材，間げき充てんモルタル用混和材，ポリマーなど

※5
海水の使用
無筋コンクリートで悪影響がないことを確認した上で使用可能です。

※6
ポゾラン活性
水酸化カルシウムと反応して不溶性の化合物を作って硬化する現象のこと。

※7
潜在水硬性
水が混ざることで硬化し水和物に変わる性質のこと。

※8
オートクレーブ養生
常圧より高い圧力で高温の水蒸気を用いて行う蒸気養生のこと。

※9
ブリーディング
コンクリート表面に水が浮き上がる現象のこと。

混和剤の主な効果と種類

主な効果	混和剤
ワーカビリティー[※10]，耐凍害性などを改善	AE剤，AE減水剤
ワーカビリティーを向上させ，単位水量および単位セメント量を減少	減水剤，AE減水剤
大きな減水効果が得られ強度を著しく高める	高性能減水剤，高性能AE減水剤
単位水量を著しく減少させ，良好なスランプ保持性を有し，耐凍害性も改善	高性能AE減水剤
流動性を大幅に改善	流動化剤
粘性を増大させ水中でも材料分離を生じにくくする	水中分離性混和剤
凝結，硬化時間を調整	硬化促進剤，急結剤，遅延剤
気泡の作用で充てん性の改善や質量を調節	起泡剤，発泡剤
増粘，凝集作用で材料分離抵抗性を向上	ポンプ圧送助剤，分離低減剤，増粘剤
流動性を改善させ適当な膨張性を与えて充てん性と強度を改善	プレパックドコンクリート用，間げき充てんモルタル用混和剤
塩化物イオンによる鉄筋の腐食を抑制	鉄筋コンクリート用防錆剤
乾燥収縮ひずみを低減	収縮低減剤など
その他	防水材，防凍・耐寒剤，水和熱抑制剤，防じん低減剤など

混和材料の特徴を次に示します。

●フライアッシュ

①ワーカビリティーを改善し単位水量を減らす。②水和熱による温度上昇の低減。③長期材齢における強度増進。④乾燥収縮の減少。⑤水密性や化学的浸食に対する耐久性の改善。⑥アルカリシリカ反応の抑制。

●高炉スラグ微粉末

①水和熱の発生速度を遅くする。②長期強度の増進。③水密性を高め，塩化物イオン等の浸透の抑制。④硫酸塩や海水に対する化学抵抗性改善。⑤アルカリシリカ反応の抑制。

●シリカフューム

①材料分離が生じにくくなる。②ブリーディングが小さい。③強度増加が著しい。④水密性や化学抵抗性が向上する。ただし，単位水量が増加して乾燥収縮が増加することから減水剤の併用が必要。

※10
ワーカビリティー
フレッシュコンクリートの施工性（作業性）をよくします。

チャレンジ問題！

問1　難　中　易

コンクリート用骨材に関する次の記述のうち，適当でないものはどれか。

(1) 砂は，材料分離に対する抵抗性を持たせるため，粘土塊量が2.0%以上のものを用いなければならない。
(2) 同一種類の骨材を混合して使用する場合は，混合した後の絶乾密度の品質が満足されている場合でも，混合する前の各骨材について絶乾密度の品質を満足しなければならない。
(3) JIS A 5021 に規定されるコンクリート用再生粗骨材Hは，吸水率が3.0%以下でなければならない。
(4) 凍結融解の繰返しによる気象作用に対する骨材の安定性を判断するための試験は，硫酸ナトリウムの結晶圧による破壊作用を応用した試験方法により行われる。

解説

砂は，材料分離に対する抵抗性を持たせるため，粘土塊量が1.0%以下のものを用います。

解答（1）

配合設計

1 スランプ

コンクリートのスランプとは，まだ固まらないコンクリートの軟らかさの程度（コンシステンシー）を表す値で，次の図のような試験で求めます。ワーカビリティーが満足される範囲内でできるだけスランプを小さくすることが基本です。スランプコーンを引き上げた後の水平の広がりをスランプフローといいます。

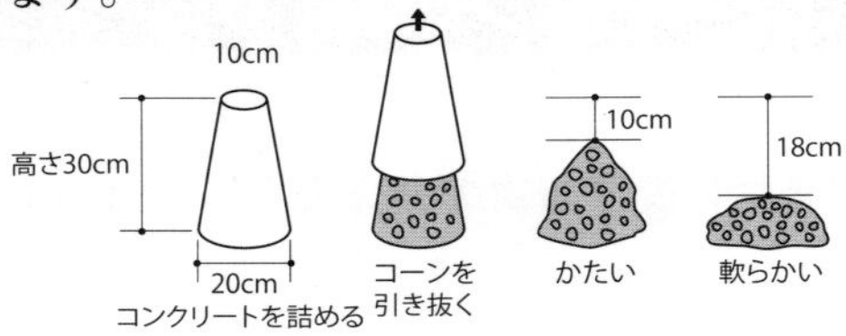

2 水セメント比と単位水量

水セメント比[※11]は水とセメントとの割合で水量をw，セメント量をcとすると「w/c」の百分率で示されます。

水セメント比は65%以下で，かつ設計図書に記載された参考値に基づき，各条件から最も小さい値とします。

単位水量は，作業ができる範囲内でできるだけ小さくなるように，試験によって定めます。単位水量や単位セメント量を小さくし経済的なコンクリートにするには，一般に粗骨材[※12]の最大寸法を大きくするほうが有利です。細骨材率の設定は，所要のワーカビリティーが得られる範囲内で，単位水量ができるだけ小さくなるよう定めます。

3 空気量と単位セメント量

コンクリートの空気量は，増すと強度は低下するため，粗骨材の最大寸法，その他に応じてコンクリート容積の4〜7%を標準とします。

単位セメント量は，それらが少ないとワーカビリティーが低下するので，粗骨材最大寸法が20〜25mmの場合は270kg/m^{3}以上確保します。

※11
水セメント比
水密性を考慮する場合の水セメント比は55%以下とします。

※12
粗骨材の最大寸法
部材寸法，鉄筋のあき，鉄筋のかぶりを考慮して決定します。

チャレンジ問題！

問1

難 | 中 | 易

コンクリートの配合に関する次の記述のうち，適当でないものはどれか。

(1) 水セメント比は，コンクリートに要求される強度，耐久性および水密性などを考慮して，これらから定まる水セメント比のうちで，最も小さい値を設定する。
(2) 空気量が増すとコンクリートの強度は大きくなるが，コンクリートの品質のばらつきも大きくなる傾向にある。
(3) スランプは，運搬，打込み，締固めなどの作業に適する範囲内で，できるだけ小さくなるように設定する。
(4) 単位水量が大きくなると，材料分離抵抗性が低下するとともに，乾燥収縮が増加するなどコンクリートの品質が低下する。

解説

コンクリートに空気が混入されることによってセメントペーストの体積が増大するため，ワーカビリティー（作業性）は良好になりますが，空気量が増すとコンクリートの強度は小さくなり，コンクリートの品質のばらつきも大きくなる傾向にあります。

解答（2）

コンクリートの品質

1 高炉セメントB種[※13]

高炉セメントB種は，アルカリシリカ反応や塩化物イオンの浸透の抑制に有効なセメントの1つですが，打込み初期に湿潤養生を行う必要があります。

2 早強ポルトランドセメント

高温環境下では凝結が早いためにコンクリートにこわばりが生じて均しが困難になったり，コールドジョイントが発生しやすくなります。また，水和熱が大きいため，温度ひび割れが発生しやすくなります。

3 コンクリート構造物の水密性

コンクリートは透水により構造物の機能が損なわれないように所要の水密性を確保するよう施工します。水密性を考慮する場合，水セメント比は55％以下にし，用心鉄筋の配置や膨張材の使用，打継目への立水栓の使用なども行います。

4 塩化物イオンの総量

コンクリート内の塩化物イオンは鋼材を腐食させ，鋼材の体積膨張がひび割れや，剥離の原因となります。練混ぜ時にコンクリート中に含まれる塩化物イオンの総量は，原則として0.30 kg/m^3 以下とします。ただし，塩化物イオン量は承認をうけた場合は0.60kg/m^3以下とすることも認められています。

5 圧縮強度

圧縮強度は材齢28日における標準養生供試体の試験値で表し，1回の試験結果は呼び強度の強度値の85%以上とします。また，3回の試験結果の平均値は呼び強度の強度値以上とします。

※13
高炉セメント
ポルトランドセメントに高炉スラグ微粉末を所定量混合して製造されたセメントです。

チャレンジ問題！

問1　　難　中　易

コンクリートの品質に関する次の記述のうち，適当でないものはどれか。

(1) コンクリート構造物の水密性を確保するためには，ポーラスコンクリートを用い用心鉄筋の配置や膨張材を使用し鉛直打継目には止水板を設ける。
(2) 長期的に凍結融解作用を受けるような寒冷地の AE コンクリートは，所要の強度を満足することを確認の上で6%程度の空気量を確保するとよい。
(3) 練混ぜ時にコンクリート中に含まれる塩化物イオンの総量は，原則として0.30 kg/m^3以下としコンクリート内部の鋼材を腐食から保護する。
(4) 許容打重ね時間間隔は，下層のコンクリートの打込み終了から上層のコンクリートの打込み開始までの時間で，外気温が25℃を超えるときは2.0時間を標準としている。

解説

ポーラスコンクリートは単位細骨材量を極端に減らした多孔質のコンクリートで，透水性（排水性）舗装などに利用されます。

解答（1）

運搬・打込み・締固め

1 運搬

※14 フレッシュコンクリートの品質は，時間の経過，温度，運搬方法の影響を受けやすいので，現場までの運搬，現場内での運搬，バケット，シュートなどを使用する運搬方法における品質の確保が重要です。

①練り混ぜてから打ち終わりまでの時間

練り混ぜてから打ち終わりまでの時間の標準は，外気温が25℃以下のときで2時間以内，外気温が25℃を超えるときで1.5時間以内とします。

②現場までの運搬

運搬距離が長い場合や，スランプが大きなコンクリートの場合，アジテータなどのかく拌機能があるトラックミキサやトラックアジテータを用いて運搬します。

③現場内での運搬

●コンクリートポンプ

※15 コンクリートポンプの輸送管径は，管径が大きいほど圧送負荷は小さくなるので管径の大きな輸送管の使用が望ましいですが，作業性が低下するので注意が必要です。

コンクリートは連続して圧送しますが，長時間の中断が予想される場合は，閉塞を防止するためにインターバル運転や配管内のコンクリートを排出しておきます。

●シュート

シュートを用いる場合は，縦シュートの使用を標準とします。斜めシュートを用いる場合，シュートの傾きは水平2に対して鉛直1とします。

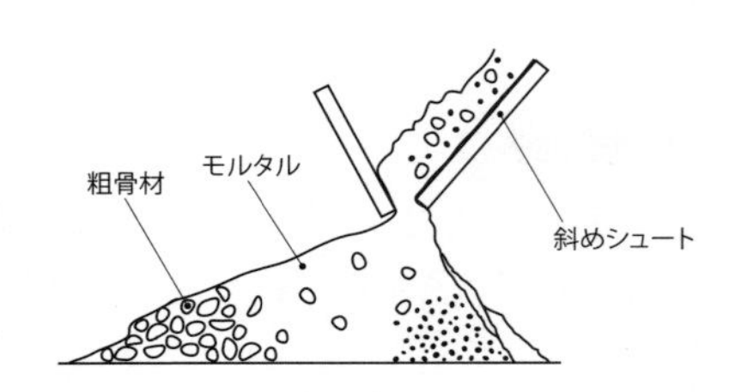

斜めシュートを流した力でモルタルがシュート下に，粗骨材がその先に集

まることで材料分離が生じます。

シュートの構造，使用方法は材料分離が起こりにくいものとします。

2 打込み

①準備

コンクリートを打ち込む前には次のような準備を行い，品質を確保することが重要です。

準備は，鉄筋や型枠などの配置が正確で堅固に固定されていることを確認し，打込みは雨天や強風時を避けそれらの不測の事態を考慮しておきます。清掃は運搬装置，打込み設備，型枠内を行い，コンクリートと接して吸水のおそれがあるところはあらかじめ湿らせておきます。型枠内にたまった水は打込み前に除いておきます。

②コンクリートの打込み

コンクリートの打込みは，鉄筋や型枠が所定の位置から動かないよう注意し，計画した打継ぎ目を守り連続的に打ち込みます。

●材料分離を抑制する方法

打込み時に材料分離を抑制するには，目的の位置にコンクリートを降ろし，型枠内で横移動させると材料分離を生じる可能性が高くなるので横移動させないことが重要です。

●材料分離が生じた場合

現場で材料分離が生じた場合，打込みを中断し原因を調べて対策を講じる必要があります。その際は，練り直して均等質なコンクリートとすることが難しいことに留意します。また，粗骨材はすくい上げてモルタ

※14
フレッシュコンクリート
練混ぜ直後から型枠内に打込まれて凝結，硬化するまでの状態にあるコンクリートのことです。

※15
コンクリートポンプの輸送管径の選定
基本的には，圧送性に余裕のあるものを選定します。

ルの中へ埋め込んで締め固める方法もあります。

●**打込み作業**

コンクリート打込みの1層の高さは40～50cmとし，2層以上に分けて打ち込む場合，許容打重ね時間の間隔は外気温により変わります。

外気温	許容打重ね時間間隔
25℃以下	2.5時間
25℃を超える	2.0時間

型枠が高い場合，シュート，輸送管，バケット，ホッパの高さは打込み面まで1.5m以下を標準とします。打上がり面にたまった水は，スポンジやひしゃく，小型水中ポンプで取り除きます。また，打上がり速度は30分あたり1.0～1.5mを標準とします。

3 締固め

コンクリートの締固めには，原則，棒状バイブレータを用いますが，棒状バイブレータが使用困難な場合で，型枠に近い場所には型枠バイブレータが使用されます。

①**棒状バイブレータの使用**

棒状バイブレータを使用する場合，次の注意点があります。

●コンクリートを打ち重ねる場合，下層のコンクリートへ10cm程度挿入しなければならない

●鉛直で一様に，50cm以下の間隔で差し込まなければならない

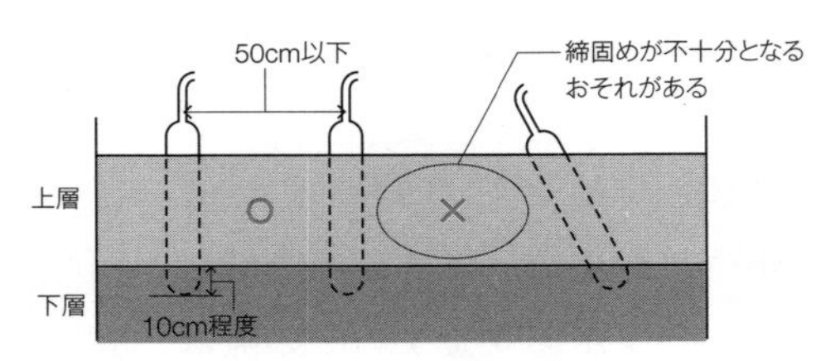

●締固め時間の目安は5～15秒

●引き抜くときは，ゆっくりと引き抜き，後に穴を残さない

●横移動を目的に使用すると材料分離の原因になる

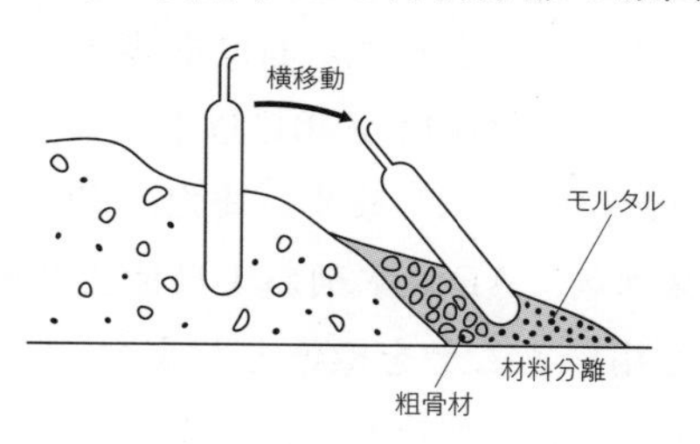

②コンクリートの再振動

コンクリートの再振動を行う場合，締固めは可能な範囲でできるだけ遅い時期とします。締固めを適切な時期に行うことで，コンクリートと鉄筋との付着強度の増加や，沈みひび割れの防止，コンクリート中にできた空隙や余剰水が少なくなるといった効果が得られます。

4 打継ぎ目

打継ぎ目は，できるだけせん断力の小さい位置に設け，打継ぎ面を部材の圧縮力の作用方向と直交させることを原則とします。また，既に打ち込まれたコンクリートの表面のレイタンス[※16]，品質の悪いコンクリート，ゆるんだ骨材を完全に撤去し表面を粗にした後，打込み前には十分に湿らせておきます。

5 暑中コンクリートの施工[※17]

コンクリートを施工する場合，日平均気温が25℃を超えることが予想されるときは，打込み時のコンクリートの温度は35℃以下とし，練混ぜ開始から打ち終わるまでの時間は1.5時間以内を原則とすることに留意して暑中コンクリート[※18]として施工します。

※16
レイタンス
ブリーディング水と一緒に上昇して堆積した泥膜層のことです。

※17
暑中コンクリートの施工
暑中コンクリートには，減水剤，AE減水剤および流動化剤について遅延形のものを用います。

※18
暑中コンクリート
運搬中のスランプの低下や連行空気量の減少などの傾向があり，コールドジョイントの発生などの危険があります。

所定のコンクリート温度が得られない場合は，事前に材料の温度を下げる方法を検討し，その効果を確認しておきます。長時間炎天下にさらされた骨材をそのまま用いるとコンクリート温度が40℃以上になるので，**直射日光を避ける施設を設ける**か**粗骨材に散水**します。また，**練混ぜ水**はなるべく低い温度で使用します。減水剤，AE減水剤および流動化剤は JIS A 6204 に適合する遅延型のものを用いることを標準とします。

コンクリートを打込む前には，地盤，型枠など，コンクリートから吸水するおそれのある部分を湿潤状態に保ちます。型枠，鉄筋などが直射日光を受けて高温になるおそれのある場合には，散水，覆いなどの適切な処置を施します。

6 寒中コンクリートの施工

コンクリートを施工する場合，**日平均気温が4℃以下**になることが予想されるときは，次の事項に留意して**寒中コンクリート**として施工します。

- セメントは**ポルトランドセメント**および**混合セメントB種**を用いることを標準とする
- 配合については**AEコンクリート**を原則とする
- 打込み時のコンクリート温度は**5～20℃の範囲**を保つ
- 練混ぜ開始から打ち終わるまでの時間はできるだけ短くして**温度低下**を防ぐ

チャレンジ問題！

問1

難	中	易

コンクリートの打込みに関する次の記述のうち，適当なものはどれか。

(1) 型枠内に打ち込んだコンクリートは，材料分離を防ぐため，棒状バイブレータを用いてコンクリートを横移動させながら充てんする。
(2) コンクリート打込み時にシュートを用いる場合は，縦シュートではなく斜めシュートを標準とする。
(3) コールドジョイントの発生を防ぐためのコンクリートの許容打重ね時間間隔は，外気温が高いほど長くなる。
(4) コンクリートの打上がり面に帯水が認められた場合は，型枠に接する面が洗われ，砂すじや打上がり面近くにぜい弱な層を形成するおそれがあるので，スポンジやひしゃくなどで除去する。

解説

(1) 型枠内に打ち込んだコンクリートは，材料分離を防ぐため，目的の位置にコンクリートを降ろして打ち込みます。横移動させながら充てんすると材料分離を起こす可能性があります。

(2) コンクリート打込み時にシュートを用いる場合は，斜めシュートではなく縦シュートを標準とします。やむを得ず斜めシュートを用いる場合，シュートの傾きはコンクリートが円滑に流下し，材料分離を起こさない程度のものとし，水平2に対して鉛直1程度を標準とします。

(3) コールドジョイントの発生を防ぐためのコンクリートの許容打重ね時間間隔は，外気温が高いほど短くなります。コンクリートを2層以上に分けて打ち込む場合，上層と下層が一体となるように施工し，コールドジョイントが発生しないよう外気温による許容打重ね時間間隔は「外気温25℃以下で2.5時間」,「外気温25℃を超える場合2.0時間」としています。

解答（4）

養生

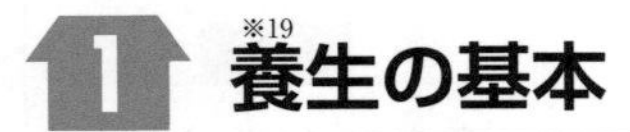

1 養生[※19]の基本

コンクリートが所要の強度，耐久性，ひび割れ抵抗性，水密性，鋼材を保護する性能，美観などを確保するためには，セメントの水和反応[※20]を十分進行させる必要があります。そしてその期間，打込み終了後適当な温度のもとで十分な湿潤状態を保ち，有害な作用を受けないようにする作業が養生です。

コンクリート種類によって主となる目的は次のように変わります。

目的	対象
湿潤状態に保つ	コンクリート全般
温度を抑制する	暑中コンクリート
	寒中コンクリート
	マスコンクリート
	工場製品
有害な作用に対して保護する	コンクリート全般
	海洋コンクリート

2 湿潤養生と膜養生

湿潤養生の手順と留意点は次の通りです。

①打込み後，表面からの乾燥を防止するためにシートなどで日よけや風よけを設けます。これによりセメントの水和反応が阻害されないようになります。

②固まらないうちは，コンクリート表面を荒らさないよう散水や被覆などは行いません。

③作業ができる程度に硬化した後，湿潤養生を開始します。コンクリート

露出面は給水養生を基本とし，散水，湛水，十分に水を含んだ湿布や養生マットで給水養生を行います。

養生期間

気温	15℃以上	10℃以上	5℃以上
普通ポルトランドセメント	5日	7日	9日
混合セメントB種	7日	9日	12日
早強ポルトランドセメント	3日	4日	5日

●膜養生

膜養生は，コンクリート表面に膜養生材を散布して被膜を形成し，水分の蒸発を防ぐ養生方法です。

コンクリートの膜養生は，一般に打ち込まれたコンクリート表面の水光りが消えた直後に膜養生剤の散布を行います。やむを得ず散布が遅れるときは，膜養生剤を散布するまでコンクリート表面を湿潤状態に保たなければいけません。

3 暑中コンクリートの養生

暑中コンクリートでは，コンクリートの打込み温度をできるだけ低くするため，次のようなことが考えられることから養生時にも配慮を必要とします。

- 運搬中のスランプの低下
- 連行空気量の減少
- コールドジョイント[※21]の発生
- 表面の水分の急激な蒸発によるひび割れの発生
- 温度ひび割れの発生などの危険性が増える

※19
養生
●湿潤状態に保つ養生
湛水・散水・シート被膜・膜養生剤・日覆いなどの方法があります。

●温度を抑制する養生
散水・日覆い・保温マット・ジェットヒータ・断熱材・オートクレーブなどの方法があります。

●保護する養生
防護シート・せき板存置などの方法があります。

※20
水和反応
セメントと水が反応して骨材と結びつき，固まるときの化学反応です。この時発生する熱を水和熱といいます。水和熱が低いセメントは大規模な構造物に用いられます。

※21
コールドジョイント
先に打ち込んだコンクリートと後に打ち込んだコンクリートとの間が完全に一致していない継目のことです。

4 寒中コンクリートの養生

寒中コンクリートでは，初期凍害を防止できる強度が得られるまでコンクリートの温度を5℃以上に保ち，さらに2日間は0℃以上に保つことを標準とします。ただし，寒さが厳しい場合あるいは部材厚が小さい場合には10℃程度とします。また，断面が厚いと水和熱の影響で20℃以上の高い温度になることがあるので養生が終わっても急冷しないようにします。一般的にはコンクリート表面温度が20℃を超えないように養生を行います。

寒中コンクリートの養生は，保温養生と給熱養生に分類され，保温養生は断熱性の高い材料で水和熱を利用して保温します。給熱養生は，保温のみで凍結温度以上を保つことができない場合，外部から熱を供給します。

養生終了後に急に寒気にさらすと，コンクリート表面にひび割れが生じるおそれがあるので，適当な方法で保護し表面が徐々に冷えるようにします。

寒中コンクリートの養生期間

構造物の露出状態	養生温度	普通ポルトランドセメント	早強ポルトランドセメント	混合セメントB種
①連続か，しばしば水で飽和される部分	5℃	9日	5日	12日
	10℃	7日	4日	9日
②普通の露出状態にあり①に属さない部分	5℃	4日	3日	5日
	10℃	3日	2日	4日

※寒中コンクリートにおいては，部材の断面寸法が小さいと凍結しやすいため養生温度を高めに設定します。

チャレンジ問題！

問1

難 中 易

コンクリートの養生に関する次の記述のうち，適当なものはどれか。

(1) 膨張材を用いた収縮補償用コンクリートは，乾燥収縮ひび割れが発生しにくいので，一般的に早強ポルトランドセメントを用いたコンクリートと比べて湿潤養生期間を短縮することができる。
(2) 高流動コンクリートは，ブリーディングが通常のコンクリートに比べて少なく保水性に優れるため，打込み表面をシートや養生マットで覆わなくてもプラスティック収縮ひび割れは防止できる。
(3) マスコンクリート部材では，型枠脱型時に十分な散水を行い，コンクリート表面の温度をできるだけ早く下げるのがよい。
(4) 寒中コンクリートにおいて設定する養生温度は，部材断面が薄い場合には，初期凍害防止の観点から，標準の養生温度よりも高く設定しておくのがよい。

解説

(1) 膨張材を用いた収縮補償用コンクリートは，乾燥収縮や硬化収縮に起因するひび割れが発生しにくいですが，膨張材も水和反応させて硬化を発揮するものなので一般的に早強ポルトランドセメントを用いたコンクリートと比べて湿潤養生期間を短縮することはできません。

(2) 高流動コンクリートは，ブリーディングが通常のコンクリートに比べて少ないですが，急激な表面乾燥によって生じるプラスティック収縮ひび割れに対し湿潤養生は必要です。

(3) マスコンクリート部材では，型枠脱型時に必要以上の散水を行わないようにし，コンクリート表面の急冷を防止するためにシートなどによりコンクリート表面の保温を継続するほうが温度ひび割れに対しては有効です。

解答（4）

型枠・支保工

1 型枠・支保工の施工

①型枠の施工時の留意事項

- **締付け金物**は型枠を取り外した後，コンクリート表面に残さないようにする
- せき板内面には**剥離剤を塗布し**，コンクリートの付着を防ぎ，取外しを容易にする
- 打込み前，打込み中に**はらみ**※22などが発生していないか，寸法や不具合の有無を確認する（はらみの発生は**ひび割れ**※23を生じさせるため）

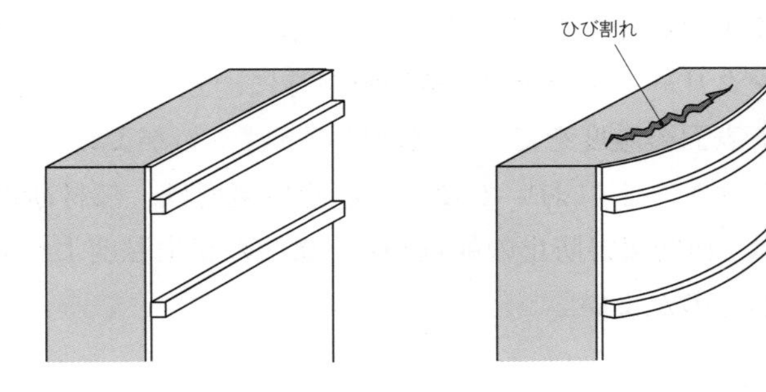

②支保工施工時の留意事項

支保工を立てる基礎地盤は，所要の**支持力**が得られるように整地します。また，沈下防止には敷板などに支柱を立てます。

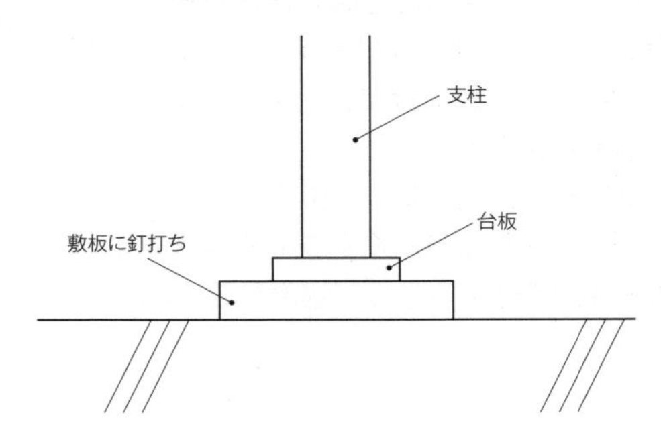

掘削後の埋戻し土に支持させる場合は，十分に転圧させて沈下が生じないようにします。

支保工の根本が水で洗われる場合は，傾きの原因になるので排水方法に注意します。支保工の基礎部の沈下は，図の様にコンクリートにひび割れを生じさせるので十分な対策が必要です。

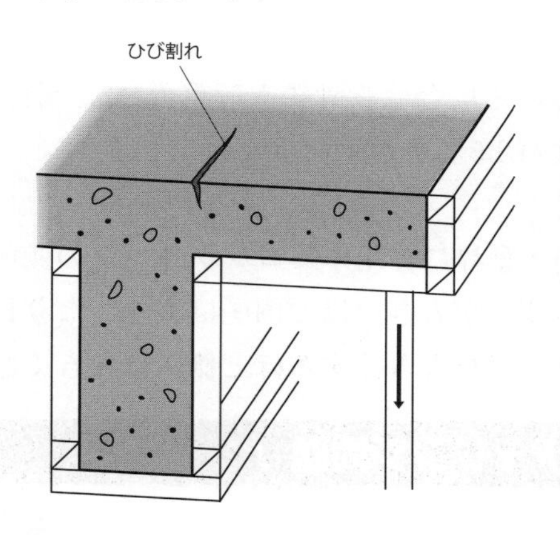

③型枠，支保工の取外し

型枠，支保工の取外しはコンクリートが所要の強度に達してから取り外します。

部材面の種類	例	圧縮強度 (N/mm^2)
厚い部材の鉛直または鉛直に近い面，傾いた上面，小さいアーチの外面	フーチングの側面	3.5
薄い部材の鉛直に近い面，45度より急な傾きの下面，小さいアーチの内面	柱，壁，梁の側面	5.0
橋，建物などのスラブおよび梁，45度よりゆるい傾きの下面	スラブ，梁の底面，アーチの内面	14.0

※22
はらみ
型枠の不具合には，はらみの他にモルタルの漏れや傾き，沈下，ゆるみなどがあります。

※23
ひび割れ
ひび割れの発生はコンクリートの耐久性に影響するため適切な対応が必要です。詳しくはP52を参照して下さい。

2 型枠・支保工に作用する荷重

①鉛直荷重

型枠・支保工の計算で用いるコンクリートの単位重量は23.5kN/m^3を標準とします。また鉄筋コンクリートの場合鉄筋の重量1.5kN/m^3を加算して計算します。

②水平荷重

パイプサポートなどを用いる場合は設計鉛直荷重の5%，鋼管枠組を使用する場合は設計鉛直荷重の2.5%を水平荷重と仮定します。

③側圧と打込み速度など

コンクリート温度が低いと型枠に作用するコンクリートの側圧が大きくなる可能性があり，打込み速度が大きいほど側圧は大きくなり打込み高さに注意します。また，スランプを大きくするほど側圧は大きくなります。

チャレンジ問題！

問1　　難　中　易

施工条件が同じ場合に，型枠に作用するフレッシュコンクリートの側圧に関する次の記述のうち，適当なものはどれか。

(1) コンクリートのスランプを大きくするほど側圧は大きく作用する。
(2) コンクリートの圧縮強度が大きいほど側圧は小さく作用する。
(3) コンクリートの打上がり速度が大きいほど側圧は小さく作用する。
(4) コンクリートの温度が高いほど側圧は大きく作用する。

解説

(2) スランプが同じコンクリートの場合の作用は，コンクリートの圧縮強度が大きいほど側圧は大きくなります。
(3) コンクリートの打上がり速度が大きいほど側圧は大きくなります。
(4) コンクリートの温度が高いほど側圧は小さくなります。

解答（1）

鉄筋の加工・組立て

1 鉄筋の加工

鉄筋は常温で加工します。注意点としては，曲げ加工した鉄筋の曲げ戻しは行わないことや，やむを得ず曲げ戻しを行う場合は，できるだけ大きな半径で行うか，900～1000℃程度で加熱加工するなどがあります。

2 鉄筋の組立て

鉄筋を組み立てる際はさまざまな注意点があります。たとえば，鉄筋を組み立てる前は清掃[※24]して，浮き錆などを除去する必要があります。これは鉄筋とコンクリートとの付着を害さないようにするためです。また，鉄筋を組み立ててから長時間経過した場合には，組立て前と同様に再度鉄筋表面を清掃して浮き錆などを除去します。

鉄筋を正しい位置に配置するためには，鉄筋の交点の要所は直径0.8mm以上の焼きなまし鉄線[※25]，クリップで緊結します。ただし，かぶり内に残さないようにすることが重要です。

型枠に接するスペーサーはモルタル製，コンクリート製を使用します。

スペーサーの数

	1m^{2}当たりのスペーサーの数
梁，床板など	4個以上
壁および柱	2～4個

※24
清掃
これ以外に，コンクリートの打込み前設備の清掃もあります。

※25
焼きなまし鉄線
焼きなまし鉄線は直径0.8mm以上として数か所緊結し，コンクリートの打ち込み中に鉄筋が移動しないように固定します。

3 鉄筋の継手

鉄筋の継手には，重ね継手[※26]，ガス圧接継手，溶接継手，機械式継手などがあり，施工方法が異なります。鉄筋の継手の位置は，一断面に集中させないように鉄筋直径の25倍以上ずらします。

重ね継手

ガス圧接継手

溶接継手

機械式継手

スリーブ，カプラー

チャレンジ問題！

問1　難　中　易

鉄筋の加工・組立てに関する次の記述のうち，適当なものはどれか。

(1) 鉄筋を組み立ててからコンクリートを打ち込む前に生じた浮き錆は，除去する必要がある。

(2) 鉄筋を保持するために用いるスペーサーの数は必要最小限とし，1m^{2}当たり1個以下を目安に配置するのが一般的である。

(3) 型枠に接するスペーサーは，防錆処理が施された鋼製スペーサーとする。

(4) 施工継目において一時的に曲げた鉄筋は，所定の位置に曲げ戻す必要が生じた場合，600 ℃ 程度で加熱加工する。

解説

(2) スペーサーの数は，梁，床版などで1m^{2}当たり4個以上，壁および柱で1m^{2}当たり2～4個程度を配置します。

(3) 防錆処理が施された鋼製スペーサーを用いてもコンクリート表面に露出させると錆び始めて防食上の弱点になるので使用しません。

(4) 施工継目において一時的に曲げた鉄筋は，所定の位置に曲げ戻す必要が生じた場合，900～1000℃程度で加熱加工します。

解答（1）

耐久性と劣化

1 コンクリートに発生するひび割れの原因

コンクリートのひび割れの原因は，材料や施工によってもさまざまですが，主に外力，変形拘束，内部の膨張などによって発生します。

材料によるひび割れの原因

材料	主な原因
セメント	異常凝結，異常膨張，水和熱
骨材	含有鉱物，低品質，アルカリ反応性
コンクリート	含有塩化物量，フレッシュコンクリートの沈下，ブリーディング，乾燥収縮

施工によるひび割れの原因

施工	主な原因
練混ぜ，運搬，打込み，締固め，養生，打継ぎ	混和材料の不均一，長時間の練混ぜ，打込み時の分離，急速な打込み，不十分な締固め，養生中の振動・載荷，初期凍害，打継ぎ不良
鉄筋工	背筋の乱れ，かぶりの不足
型枠工	型枠のはらみ※27，型枠のゆるみによる漏水，早期脱型，支保工の沈下

構造・外力によるもの

構造・外力	主な原因
構造設計	断面・鉄筋量の不足
荷重条件	設計の荷重，不同沈下

※26
重ね継手
重ね継手に焼なまし鉄線を使用したときは，焼なまし鉄線をかぶり内に残さないようにします。

※27
型枠のはらみ
型枠のはらみの確認は，打込み前に行います。詳しくはP46を参照して下さい。

シリカヒューム
シリカヒュームで置換したコンクリートは材料分離が生じにくくなります。単位水量が増加して乾燥収縮が増加します。

環境による原因

環境	主な原因
物理的要因	環境温度・湿度の変化，コンクリート内外の温度・湿度差，凍結融解の繰り返し，火災，表面の加熱，セメント成分の溶脱
化学的要因	酸・塩類の化学作用，中性化，塩化物イオンの侵入

2 ひび割れの原因とその状態

主なひび割れの原因と，発生した場合の状況は次の表の通りです。

ひび割れの原因と状況

ひび割れの原因	状況
乾燥収縮	硬化直後に不十分な養生部分に生じるひび割れ
中性化・塩害	硬化後にかぶり不足の鉄筋に沿って生じるひび割れ
アルカリ骨材反応	コンクリート内の鋼材が腐食して生じるひび割れ
沈みひび割れ	硬化前にセパレータ上縁に生じるひび割れ

3 ひび割れの防止対策

①温度ひび割れの防止対策

温度ひび割れの防止対策には，※28スランプを小さくすることや，セメントをポルトランドセメントから※29フライアッシュセメントに変更すること，粗骨材の最大寸法をできるだけ大きくすることなどがあります。

②アルカリ骨材反応によるひび割れの防止対策

アルカリ骨材反応によるひび割れを防止するため，骨材は，骨材のアルカリシリカ反応性試験で無害とされたものを使用します。

アルカリ総量は3.0kg/m^{3}以下に抑制します。

③鉄筋の腐食によるひび割れの防止対策

鉄筋の腐食によるひび割れの防止対策としては，かぶりを十分に確保すること，水セメント比を50%以下にすること，混合セメント（B種，C種）

を使用することなどがあります。

④その他の注意事項

- 一般に所要のワーカビリティーを得るために必要な単位水量は，最大寸法の大きい粗骨材を用いれば少なくでき，乾燥収縮を小さくできます。
- 同一単位水量のAEコンクリートでは，空気量が多いほど乾燥収縮は大きくなります。
- 単位水量の増加は乾燥収縮を大きくします。

※28
スランプ
P32を参照して下さい。

※29
フライアッシュセメント
P27を参照して下さい。

チャレンジ問題！

問1　難　中　易

混和材を用いたコンクリートの耐久性に関する次の記述のうち，適当でないものはどれか。

(1) 膨張材は，コンクリートの乾燥収縮や硬化収縮に起因するひび割れ抑制に効果的である。

(2) 高炉スラグ微粉末は，水密性を高め塩化物イオンのコンクリート中への浸透の抑制に効果的である。

(3) フライアッシュは，コンクリートの長期材齢における強度増進に効果的である。

(4) シリカフュームは，通常のコンクリートと比べてブリーディングが小さく単位水量が減少するので強度の増加や乾燥収縮の減少に効果的である。

解　説

セメントの一部をシリカフュームで置換したコンクリートは，通常のコンクリートに比べて材料分離が生じにくくなります。しかし，単位水量が増加して乾燥収縮の増加などにつながることから使用にあたっては高性能AE減水剤を使用するなどの配慮が必要です。

解答（4）

第1章

土木一般

CASE 3

基礎工

まとめ & 丸暗記　この節の学習内容とまとめ

□ 直接基礎工

直接基礎の形式は，直接基礎，置換基礎，地盤改良基礎

良質な支持層のＮ値は砂質土で30以上，粘性土で20程度以上

□ 既製杭工

打撃工法は振動騒音が大きい。打込み手順には中央部から周辺へ向かって打ちこむなどがある

中掘り杭工法は騒音，振動が小さく近接構造物への影響も少ない

プレボーリング工法は施工中の排土処理，排水処理が必要である

□ 場所打ち杭工

メリット：振動，騒音が小さい，大径の杭が施工可能，長さの調整が比較的容易，掘削土砂により中間層や支持層の土質を確認することが可能である

デメリット：打撃工法に比べ施工が難しい，施工中の排土処理，排水処理が必要（中掘り杭工法より多い），小径の杭の施工が不可能，既製杭に比べ杭本体の信頼性は低い

□ 地中連続壁工

メリット：振動，騒音が小さい，壁体の剛性が強く止水性がよい

デメリット：施工費が高価になる

□ ケーソン基礎工：オープンケーソンは沈設時に傾いた場合修正作業は困難である

□ 土留工

ボイリング：砂質地盤で地下水が高い場合

ヒービング：含水比の高い粘性土が堆積している場合

盤ぶくれ：掘削底面にある不透水性地盤が用いられる

直接基礎工

1 直接基礎の形式

直接基礎の形式には，直接基礎[※1]，置換基礎[※2]，地盤改良基礎[※3]の各形式などがあります。一般的に擁壁などの構造物の基礎形式としては，支持地盤や背後の盛土（地山）と一体となって挙動する直接基礎が望ましいといわれています。

①直接基礎

良質な支持層に構造物の基礎を支持させます。基礎底面は，基礎材（砕石）などで処理します。

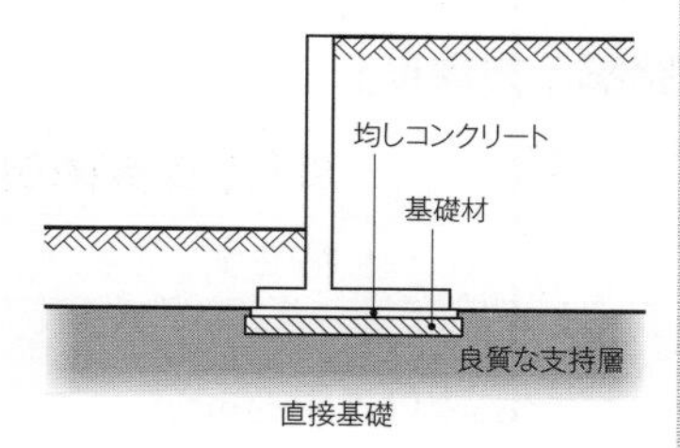

直接基礎

②置換基礎

良質な支持層が深い場合に，そこまでの軟弱な地盤を土で置き換える方法です。

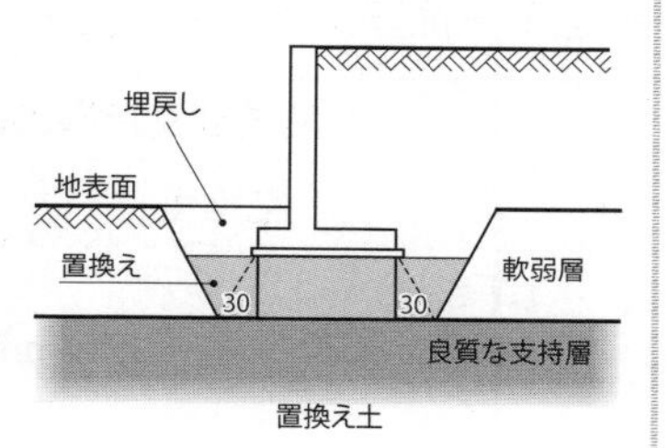

置換え土

③地盤改良基礎（安定処理）

良質な支持層が深い場合で，土を置き換えられない場合などに地盤改良などで安定処理する方法です。

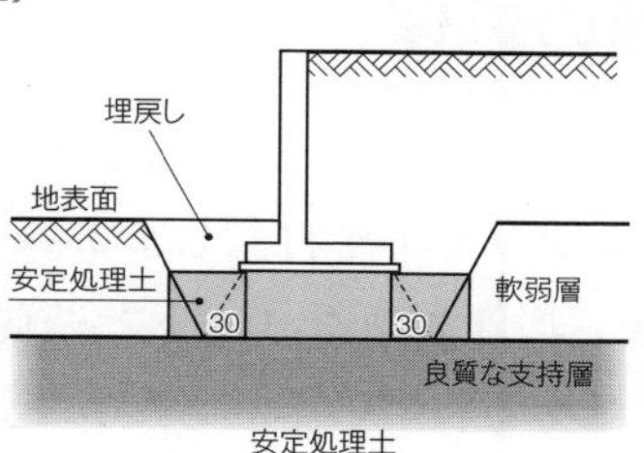

安定処理土

※1
直接基礎の基礎処理
直接基礎の基礎底面にはよく出題される注意事項があるので次頁の処理方法をチェックします。

※2
置換基礎
軟弱地盤対策でも使われます。

※3
地盤改良基礎
軟弱地盤対策での表層混合処理工法にあたります。

2 支持層の選定

良質な支持層とみなすことができるのは砂質土層でN値[※4]が30以上，粘性土層でN値が20程度以上とされています。ただし，粘性土層は砂質土層に比べて大きな支持力が期待できず，沈下量の大きい場合が多いため支持層とする際には十分な検討が必要です。また，良質な支持層と考えられても，層厚が薄い場合や，その下に軟弱な層や圧密層がある場合はその影響の検討が必要です。

良質な支持層の目安（N値とqu[※5]）を下表に示しますが，規定機関によって考え方が異なるので注意が必要です。

「日本道路協会・道路橋示方書Ⅳ」

上部構造物・基礎形式など	良質な支持層の目安(N値とqu)	
	粘性土	砂質土
橋梁・直接ケーソンなど	N≧20 ($qu≧0.4N/mm^2$)	N≧30 (砂礫層も概ね同様)

「日本道路協会・道路土工－擁壁工指針」「道路土工－カルバート工指針」

上部構造物・基礎形式など	良質な支持層の目安(N値とqu)	
	粘性土	砂質土
擁壁・カルバートなど	N≧10～15 ($qu≧100～200kN/mm^2$)	N≧20

3 基礎底面の処理

一般的な砂地盤の場合，割栗石や砕石などを基礎地盤に十分になじませ，その上に均しコンクリートを打設します。

基礎が岩盤の場合，均しコンクリートと基礎地盤が十分に噛み合うよう，基礎底面地盤にはある程度の不陸（ふりく）を残し平滑な面としないように配慮する必要があります。

基礎岩盤を切り込んで直接基礎を施工する場合，切り込んだ部分の岩盤の横抵抗を期待するために岩盤と同程度のもの，貧配合コンクリートなどで埋め戻す必要があります。掘削したときに出たずりで埋め戻してはならないとされています。

※4
N値
N値が低い場合，液状化の恐れがあります。詳しくはP6を参照して下さい。

※5
qu
一軸圧縮強さのことです。

チャレンジ問題！

問1

難	中	易

道路橋の直接基礎の施工に関する次の記述のうち，適当でないものはどれか。

(1) 直接基礎の底面は，支持地盤に密着させることで，滑動抵抗を十分に期待できるように処理しなければならない。
(2) 基礎地盤が砂地盤の場合は，基礎底面地盤を整地し，その上に栗石や砕石を配置するのが一般的である。
(3) 基礎地盤が岩盤の場合は，均しコンクリートと地盤が十分に噛み合うよう，基礎底面地盤にはある程度の不陸を残し，平滑な面としないように配慮する。
(4) 岩盤を切り込んで直接基礎を施工する場合は，水平抵抗を期待するためには，掘削したずりで埋め戻さなければならない。

解説

岩盤を切り込んで直接基礎を施工する場合は，水平抵抗を期待するためには，掘削したずりなどを用いないで直接岩盤に基礎を設けるほうが水平抵抗を期待できます。

解答（4）

既製杭工

1 杭工法の分類

杭工法は下図のように工法で分類されます。ここでは既製杭について説明します。既製杭工法からよく出題されるのは「打込み杭工法－**打撃工法**」と「埋込み杭工法－**中掘り杭工法**」です。

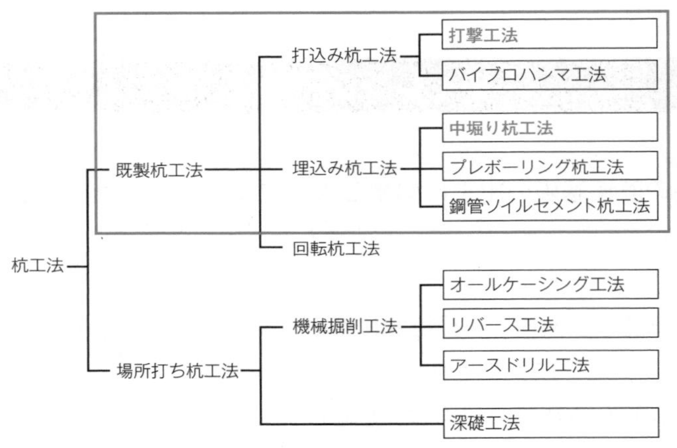

杭を材質で分類すると下図のようになります。一般的に多く使用されるのは「**鋼管杭**」,「**コンクリート杭－PHC杭**」になります。

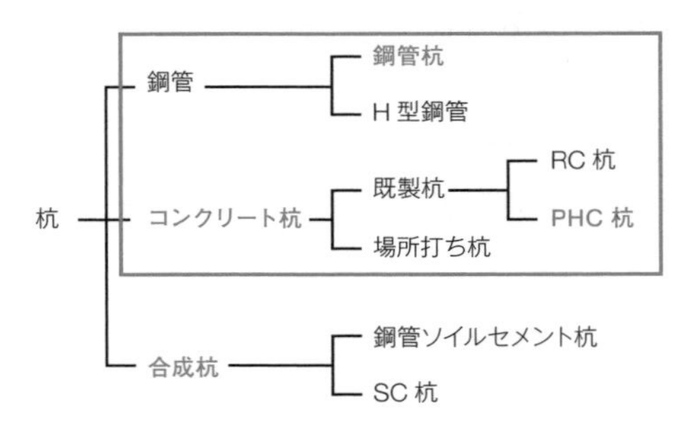

以上から出題される組合せは次のようになります。

「打込み杭工法－**打撃工法**－**鋼管杭**」

「埋込み杭工法－**中掘り杭工法**－**PHC杭**」

2 打撃工法

①打込み順序

杭基礎を構成する杭は一般に群杭を形成し，地盤の締固め効果によって打込み抵抗が増大し貫入不能となったり，すでに打ち込んだ杭に有害な変形が生じるため，下記のように打込み順序を決めておく必要があります。

- 一方の隅から他方の隅へ打ち込んでいく
- 中央部から周辺へ向かって打ち込んでいく
- 既設構造物に近接している場合は，構造物の近くから離れる方向に打ち込む

一般的な施工順序は下図のようになります。

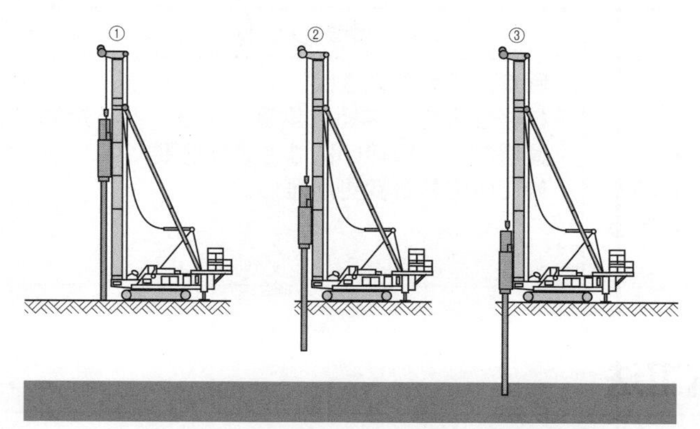

出典：日本コンクリート工業株式会社の資料より作成

図①杭の建込み

図②ハンマーによる打込み

図③打込み終了（支持力の確認）

②打込み時の留意事項

- 打込み精度を高めるためには，試し打ちを行いま

す。これにより杭心の位置や角度を確認して，本打ちに移ることで確実な施工が行えます。

- 軟弱地盤として判断できるN値が5程度以下の場合は，ラム落下高[※6]を調整してできるだけ打撃力を小さくして打ち込みます。また，杭先端の抵抗力が小さいため，杭体の大きな引張応力が生じるのでクラック発生に注意することも重要です。
- ヤットコ[※7]を用いて打ち込む場合は，杭と同じ径のもので所定の打込み深さより50cm以上長いものを使用します。
- 斜杭（斜めに杭を打ち込む）の場合，直杭を打つよりも容量の大きな杭打機を用意する必要があります。

③打撃工法のメリット，デメリット

打撃工法を採用する場合のメリットとデメリットを整理すると下表のようになります。メリット，デメリットは出題されやすいので他の工法と合わせて理解しておくことが重要です。

メリット	デメリット
・杭体の品質はよい ・施工速度が速い ・施工管理が比較的容易 ・小規模工事にも適している ・支持力の確認が可能である ・残土が発生しない	・騒音，振動が大きい ・杭径が大きくなると重量が大きくなるため，運搬など，取扱いには注意が必要 ・施工中の杭長変更が難しい

3 中掘り杭工法

中掘り杭工法は，先端が開放している既成杭の内部にスパイラルオーガなどを通して地盤を掘削しながら杭を沈設し，所定の支持力が得られるよう先端処理を行う工法です。

①打込み順序

図① 杭内に挿入したアースオーガを回転させて杭先端を掘削します。掘削した土は杭頭部から排土しながら杭を沈設します。

図② 継ぎ杭の場合アースオーガの接続と杭の継手作業を行います。

図③ 所定の位置まで杭を沈設した後，アースオーガを引き上げます。

図④ 先端を最終打撃[※8]で行う場合，杭を沈設後ドロップハンマ，油圧ハンマなどで支持層へ打ち込みます。

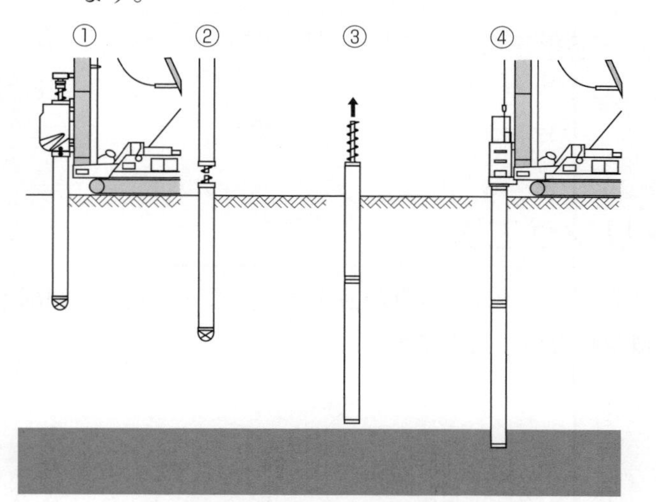

出典：日本コンクリート株式会社の資料より作成

②中掘り杭工法の先端処理

中掘り杭工法の先端処理には下記のように3つの方法があります。施工手順で説明したのは下記分類のなかの「最終打撃方法」です。

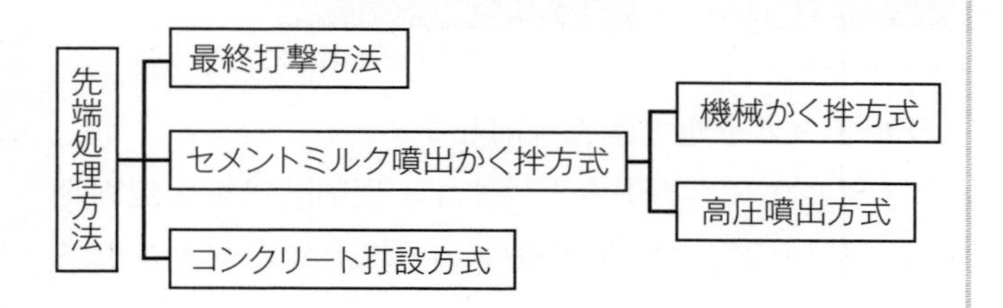

※6
ラム
油圧・ディーゼルハンマで用いる「おもり」のこと。

※7
ヤットコ
地中に打込むために用いる仮杭のこと。

※8
最終打撃
最終打撃を行わない場合は，支持層に先端が近づいたら掘削速度を一定に保ち，オーガ駆動電流の変化を電流計より読み取り支持層の確認を行います。

③中掘り杭工法のメリット・デメリット

打撃工法と正反対のメリット，デメリットになり，出題されやすいところです。

メリット	デメリット
・杭体の品質はよい ・騒音・振動が小さく，近接構造物への影響も少ない ・施工品質が安定している	・打撃工法に比べ施工が難しい ・施工中の排土処理，排水処理が必要

4 プレボーリング工法

スパイラルオーガと先端ビットにより掘削液を注入しながら地盤を掘削して，所定の深度へ既成杭を建て込みます。

①打込み順序

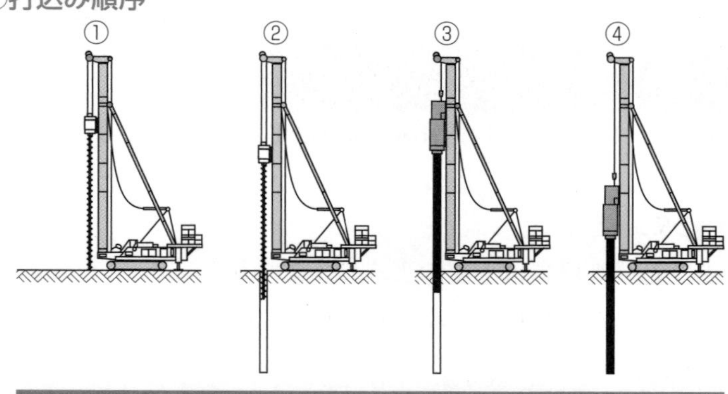

出典：日本コンクリート工業株式会社の資料より作成

図① 杭位置にスパイラルオーガを建て込み掘削します。

図② 掘削終了後，スパイラルオーガを引き上げます。掘削孔に杭周辺固定液を注入する場合，杭周固定部掘削体積の40％以上量のソイルセメント柱を造ります。

図③ 掘削孔に杭を挿入します。

図④ 油圧ハンマーなどで所定の深さまで打ち込みます。

②プレボーリング工法[※9]のメリット・デメリット

メリット	デメリット
・杭体の品質はよい ・打撃工法に比べ騒音・振動が小さく，近接構造物への影響も少ない	・打撃工法に比べ施工が難しい ・施工中の排土処理，排水処理が必要

※9
プレボーリング工法
打撃工法に比べて有利ですが中掘り杭工法より劣ります。

チャレンジ問題！

問1　難　中　易

既製杭の施工に関する次の記述のうち，適当でないものはどれか。

(1) 中掘り杭工法の最終打撃方式は，ある深さまで中掘り沈設した杭を打撃によって所定の深さまで打ち込むが，支持層上面から杭径の3倍程度以上を残して中掘りから打込みへ切替えるのがよい。
(2) プレボーリング杭工法のソイルセメント柱は，あらかじめ掘削・泥土化した掘削孔内の孔底から杭頭部まで杭周固定液を注入し，液面が沈降した場合には適切に補充しながら造成を行う。
(3) プレボーリング杭工法の掘削は，掘削孔に傾斜や曲がりおよび崩壊が生じないよう注意して行い，掘削孔が崩壊するような場合はベントナイトなどを添加した掘削液を使用するのがよい。
(4) 中掘り杭工法のセメントミルク噴出かく拌方式は，沈設中に杭径以上の拡大掘り1m 以上の先掘りを行ってはならないが，根固部においては所定の形状となるよう先掘り，拡大掘りを行う。

解　説

プレボーリング杭工法のソイルセメント柱は，あらかじめ掘削・泥土化した掘削孔内の孔底から杭周固定部掘削体積の40%以上量の杭周固定液を注入し，液面が沈降した場合には適切に補充しながら造成を行います。

解答（2）

場所打ち杭工

1 場所打ち杭工法の分類と概要

場所打ち杭工法は，現場で機械や人力で掘削した中に鉄筋コンクリートの杭体を築造する工法です。この工法にはオールケーシング工法，リバースサーキュレーション工法（リバース工法），アースドリル工法，深礎工法の4つがあります。

①オールケーシング工法

杭の全長にわたり鋼製ケーシングチューブを揺動圧入または回転厚入し，地盤の崩壊を防ぎます。

②リバースサーキュレーション工法

スタンドパイプを建て込み，孔内水位は地下水位より2m以上高く保持し，孔壁に水圧をかけて防ぎます。

③アースドリル工法

表層ケーシングを建て込み，坑内に安定液を注入します。

④深礎工法

ライナープレート，液形鉄板とリング枠，モルタルライニングなどの方法によって，孔壁の土留めをしながら内部の土砂を掘削排土します。

全工法共通のメリット・デメリット

メリット	デメリット
・振動，騒音が小さい ・大径の杭が施工可能 ・長さの調整が比較的容易 ・掘削土砂により中間層や支持層の土質を確認することができる ・打込み杭工法に比べて近接構造物に対する影響が小さい	・打撃工法に比べ施工が難しい ・施工中の排土処理，排水処理が必要（中掘り杭工法より多い） ・小径の杭の施工が不可能 ・既製杭に比べ杭本体の信頼性は低い

2 オールケーシング工法

この工法は，ケーシングチューブを掘削孔全長にわたって揺動（回転）または押込みながらケーシングチューブ内の土砂をハンマーグラブにて掘削，排土し，杭体を築造する工法です。

①施工順序

下図のように，所定の深さまでケーシングチューブを建て込みながらハンマーグラブで掘削します。掘削完了後孔底処理を行い，鉄筋かごを建て込んだ後トレミーによりコンクリートを打込み，ケーシングチューブおよびトレミーを引き抜いて回収を行います。

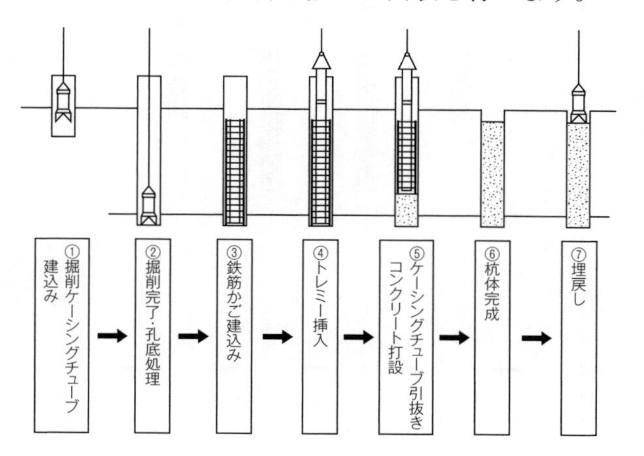

②メリット・デメリット

メリット	デメリット
・ケーシングの使用で孔壁の崩壊が無い ・岩盤の掘削が容易 ・埋設されている障害物の除去が容易	・ボイリング※10，ヒービング※11が発生しやすい ・鉄筋の共上りを起こしやすい ・広い施工ヤードが必要 ・杭径に制約がある

※10
ボイリング
主に砂地盤で地下水と孔底との水位差により泥水が吹き上がる現象をいいます。

※11
ヒービング
主に粘性土地盤で背面の地盤が回り込み，掘削面が膨れ上がる現象をいいます。

3 リバースサーキュレーション工法

リバースサーキュレーション工法とは，泥水を循環させて掘削し杭体を築造する工法です。

①施工順序

表層部では孔壁の保護にスタンドパイプを建て込み，ビットを回転させ地盤を切削し，その土砂を孔内水と共にサクションポンプまたはエアーリフト方式などにより地上に排土し所定深度まで掘進します。掘削完了後，鉄筋かごとトレミーを建て込みますが，スライムが堆積している場合は二次孔底処理を行い，コンクリート杭を築造します。

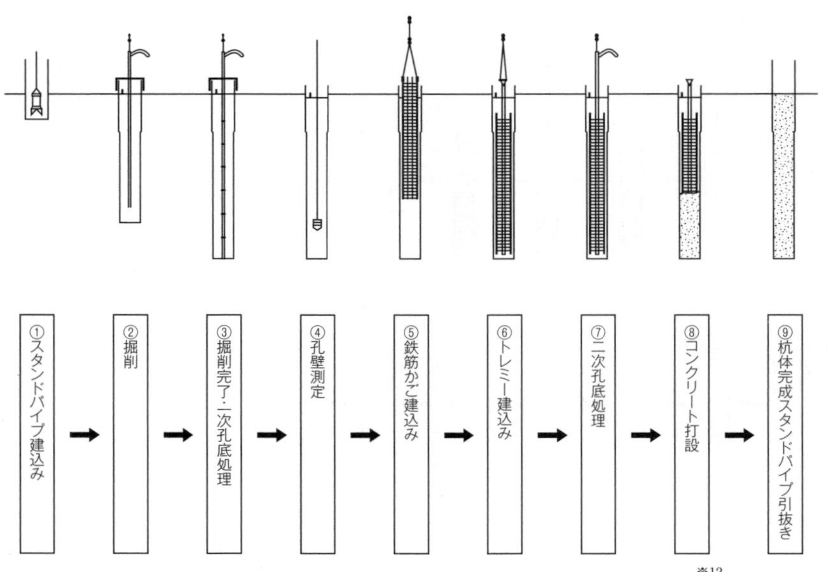

スタンドパイプより下端の孔壁保護は，孔壁に形成されたマッドケーキ[※12]と，孔内水および地下水の水頭差により行います。

②メリット・デメリット

メリット	デメリット
・大径，大深度の杭が施工可能 ・自然水で孔壁保護ができる ・岩の掘削が可能	・廃泥水の処理量が多い ・仮設の規模が大きくなる ・泥水管理に注意が必要

4 アースドリル工法[※13]

ドリリングバケットを回転させて地盤を掘削し，バケット内部に収納された土砂を地上に排土した後，杭体を築造する工法です。

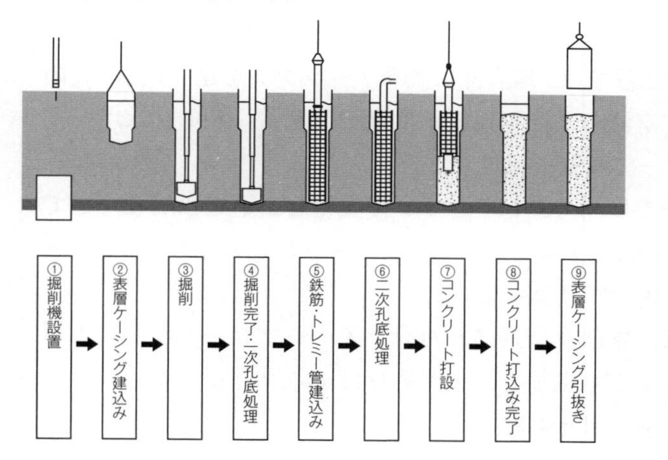

5 深礎工法[※14]

人力，機械で掘削を進めながら鋼製波板などの土留め材を設置する工法です。

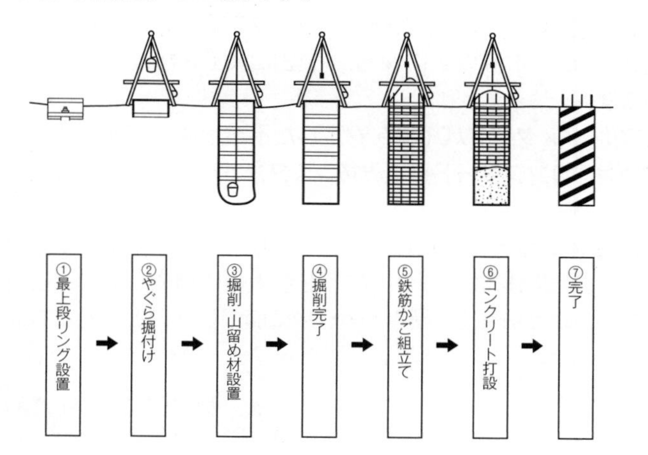

※12
マッドケーキ
ベントナイト安定液で孔壁につくる不透水層槽のこと。

※13
アースドリル工法の留意点
設備が簡単で施工速度も速いですが，礫層の掘削が困難で安定液の管理も注意が必要です。

※14
深礎工法の留意点
人力で行うので，大型の重機が入って行けない場所の施工が可能ですが，地下水の高い場所や有害ガスの発生するおそれがある場所では採用されません。

チャレンジ問題！

問1　　難 中 易

場所打ち杭基礎の施工に関する次の記述のうち，適当なものはどれか。

(1) アースドリル工法では，地表部に表層ケーシングを建て込み，孔内に注入する安定液の水位を地下水位以下に保ち，孔壁に水圧をかけることによって孔壁を保護する。
(2) リバース工法では，スタンドパイプを安定した不透水層まで建て込んで孔壁を保護・安定させ，コンクリート打込み後も，スタンドパイプを引き抜いてはならない。
(3) 深礎工法では，掘削孔全長にわたりライナープレートなどによる土留めを行いながら掘削し，土留め材はモルタルなどを注入後に撤去することを原則とする。
(4) オールケーシング工法では，掘削孔全長にわたりケーシングチューブを用いて孔壁を保護するため，孔壁崩壊の懸念はほとんどない。

解 説

(1) アースドリル工法では，地表部に表層ケーシングを建て込み，孔内に注入する安定液の水位を地下水位以上に保ち，孔壁に水圧をかけることによって孔壁を保護します。
(2) リバース工法では，スタンドパイプを安定した不透水層まで建て込んで孔壁を保護・安定させ，コンクリート打込み後，スタンドパイプを引き抜きます。
(3) 深礎工法では，掘削孔全長にわたりライナープレートなどによる土留めを行いながら掘削し，土留め材はモルタルなどを注入後に撤去しないことを原則とします。ただし，硬質粘性土，硬岩，明らかに崩壊しないと判断される場合を除きます。

解答（4）

地中連続壁工

1 工法の概要

地中連続壁工法とは，ベントナイト[※15]やポリマーなど安定液を用いて掘削した掘削溝に鉄筋かごを挿入し，コンクリートを打設して地中に連続した鉄筋コンクリート壁を構築する工法です。

※15
ベントナイト
粘土鉱物の一種のこと。ベントナイト系の安定液は砂質土層が多い場合は泥膜形成性が高いものが用いられます。その配分は掘削深さや地質などに応じて求めます。

2 工法の特徴と施工手順

・**騒音振動**が少ない
・壁体の**剛性が強く止水性がよい**
・周辺地盤の沈下を防止できる
・ほとんどの地盤に適合して大きな支持力が得られるが，施工費は高価になる場合がある

一般的な施工手順

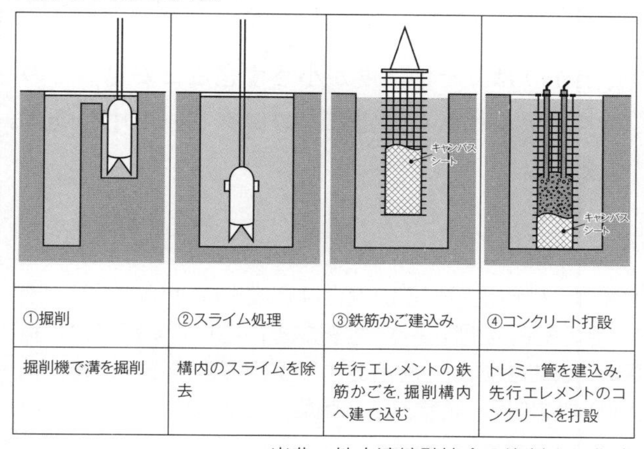

出典：地中連続壁協会の資料より作成

チャレンジ問題！

問1

難 **中** 易

鉄筋コンクリート地中連続壁工法の施工に関する次の記述のうち，適当でないものはどれか。

(1) 鉄筋かご建込み直前には，二次スライム処理時に新たなスライムの発生を極力抑えるため，溝内安定液を良液に置換する工法もある。
(2) ベントナイト系安定液は，砂質土層が多い場合は泥膜形成性が高い安定液が用いられ，その配合は掘削地盤の平均の透水係数を考慮して求められる。
(3) 溝壁の安定確保には，溝壁の周辺地盤の地下水位を低下させ，溝壁内外の水位差を利用する地下水位低下工法が一般に用いられている。
(4) コンクリートの打上がりは，その速度が小さすぎると安定液との接触時間が長くなり，ゲル化した安定液をコンクリート中へ巻き込み品質低下につながる。

解説

ベントナイト系安定液は，砂質土層が多い場合は泥膜形成性が高い安定液が用いられます。また，その配合は掘削深さ，地質などに応じて安定液の材料および濃度，比重を定めて調合計画し，配合および安定液の濃度，比重，粘性，ph 等，管理のための試験項目，試験方法，頻度などを考慮して求められます。

解答（2）

ケーソン基礎工

1 オープンケーソン[※16]工法

オープンケーソン工法は，地上で築造した鉄筋コンクリート製のケーソン本体中空部を掘削しながら沈設する工法で，所定の位置に到達した後ケーソン本体を基礎とする工法です。沈設時に傾いた場合修正作業は困難です。

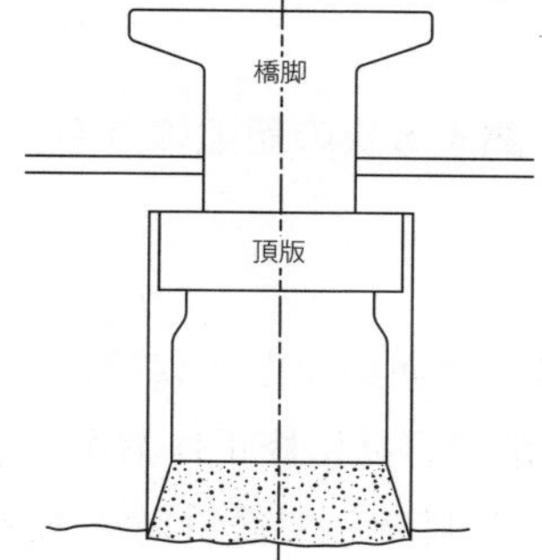

2 ニューマチックケーソン工法

ニューマチックケーソン工法は，地上で作業室を設けた鉄筋コンクリート製のケーソンを築造し，地下水を排除しながら常にドライな環境で掘削・沈下を行って所定の位置に構築物を設置する工法です。

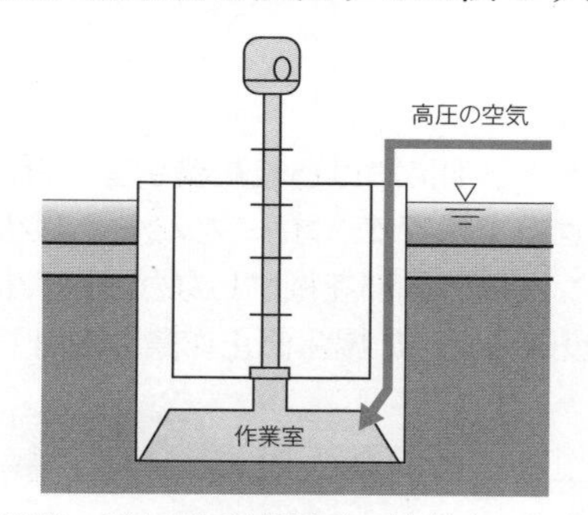

出典：日本圧気技術協会の資料より作成

※16
ケーソン
ケーソンとは，コンクリートや鋼製の大きな箱のことをいいます。

チャレンジ問題！

問1　難　中　易

オープンケーソン基礎の施工に関する次の記述のうち，適当でないものはどれか。

(1) オープンケーソン基礎が沈設時に傾いたときには，ニューマチックケーソンに比べケーソン底部で容易に修正作業ができる。
(2) 沈設完了時の地盤が掘削土から判断して設計時のものと異なり，支持力に不安があると考えられる場合は，ケーソン位置でボーリング等を行い支持力の確認を行う。
(3) 最終沈下直前の掘削にあたっては，中央部の深掘りは避けるようにするのがよい。
(4) 水中掘削を行う際には，ケーソン内の湛水位を地下水位と同程度に保っておかなければならない。

解説

ニューマチックケーソンは，本体下部に設けられた機密室で掘削排土を行いながらケーソン本体を沈下させる工法です。オープンケーソンは，円筒および小判型の開放されたケーソン本体の底部を掘削しながら徐々にケーソン本体を沈下させることから，沈設時に傾いた場合修正作業は困難です。

解答（1）

土留工

1 土留支保工の各部名称と特徴

土留支保工の種類を同じ図にすると下図のようになります。土留壁は，通常現場の条件に合わせて**鋼矢板**，**親杭横矢板**，**柱列式連続壁**から選ばれます。

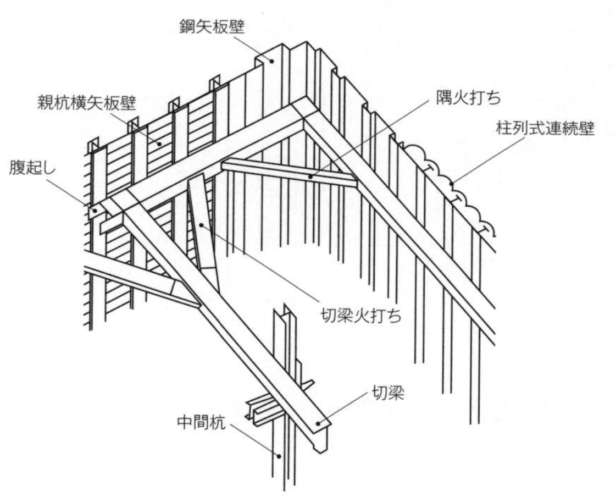

● 土留壁の種類と特徴 ※17

土留壁には下記のような特徴があります。

・鋼矢板壁：鋼矢板の噛み合わせにより**止水性が高い**。耐久性があり転用も可能。引抜き時に周辺地盤へ沈下の影響がある

・親杭横矢板壁：H鋼の親杭に木矢板の横矢板を設置。安価で施工も速い。**止水性がない**

・柱列式連続壁：セメントミルクと土を混合して形成する壁体。**剛性**，**止水性が高く**，振動騒音が低い。セメントミルクの汚泥処理が必要

※17

土留壁の種類

止水性の高い土留壁であっても，鋼矢板壁の継手部の噛み合わせ不良や柱列式連続壁のラップの不良など，土留め欠損部などから地下水や土砂の流出が生じ，背面地盤の沈下や陥没の原因となることがあります。そのため，鋼矢板打設時の鉛直精度管理を十分に行い，掘削中にこのような現象が見られた場合には直ちに対策を講じて土砂の流出を防止する必要があります。

・その他：アンカーによる土質，控え杭[※18]タイロッド式土留め

●支保工の種類と特徴

土留壁を支持するのは，切梁と腹起しなどの支保工です。何段にも設置して深い掘削にも対応できます。

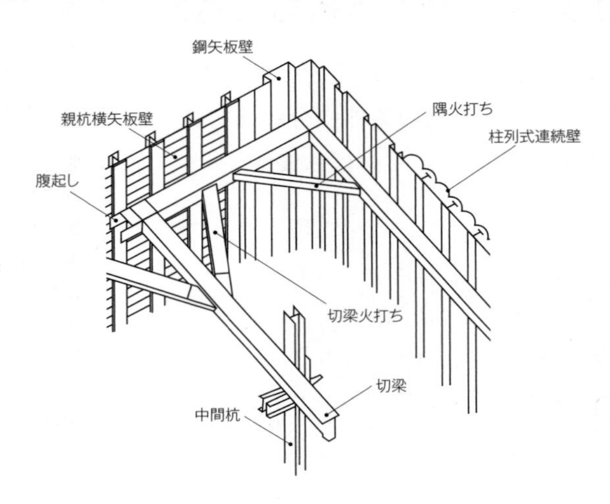

・切梁設置の留意点
水平間隔5m程度以下，垂直間隔3m程度とします。

・腹起し設置の留意点
垂直間隔は3m程度として土留の頂部から1m程度以内のところに第1段の腹起しを設置します。

・中間杭設置の留意点
切梁の水平間隔が5mですから，図の様に交差する場所へ打ち込みます。

●その他の土留工

切梁支保工の代わりに土留アンカーと地盤の抵抗により土留壁を支持する方法です。

掘削面に切梁がないことで施工は非常にやり易いですが，良好な定着地盤が必要で埋設物に注意が必要です。

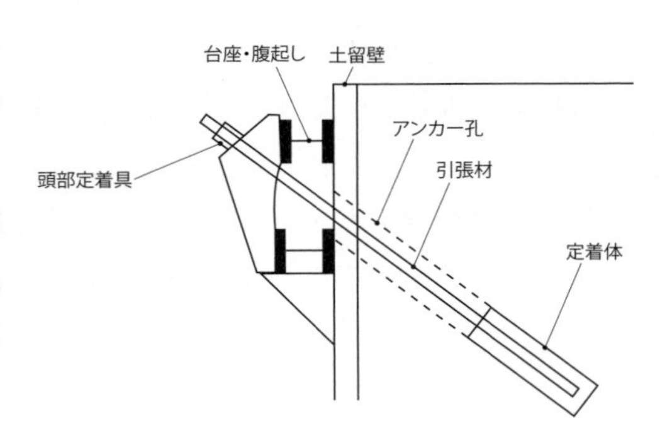

2 掘削底面の安定

掘削の進行に伴い，掘削面側と背面側の力の不均衡が増大して掘削底面の安定が損なわれると，地盤の状況に応じた下記のような種々の現象が発生します。

●ボイリング[※19]

砂地盤のような透水性の大きい地盤で浸透圧が掘削面側地盤の有効重量をこえると，砂の粒子が**湧き立つ状態**になる現象です。

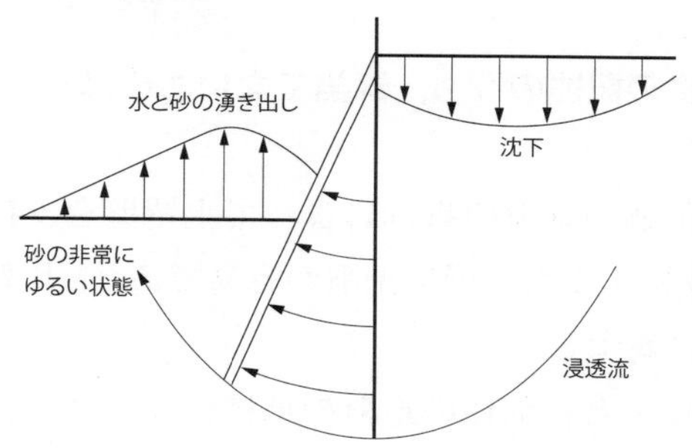

●ヒービング[※20]

粘性土の地盤で，掘削背面土の重量が掘削面下の地盤支持力より大きくなると，**地盤内にすべり面**が発生し**掘削底面が盛り上がる**現象です。

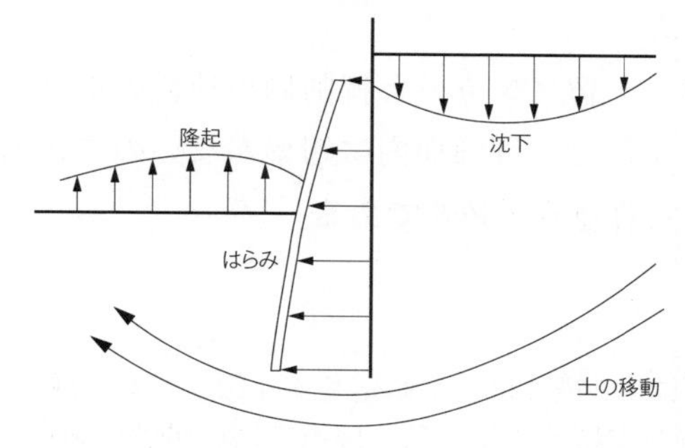

●盤ぶくれ

掘削底面より下に存在する**地下水**により，掘削底面の**不透水性地盤**が**持ち上げられる**現象です。

※18
控え杭タイロッド式土留め
控え杭と土留壁をタイロッドでつなげて，地盤の抵抗により土留壁を支持する工法です。良質で浅い地盤の掘削に用いられます。

※19
ボイリングの発生
地下水の高い場合，付近に河川，海など地下水の供給源がある砂質土で起こる可能性があります。

※20
ヒービングの発生
含水比の高い粘性土が掘削底面付近に堆積している場合に発生する可能性があります。

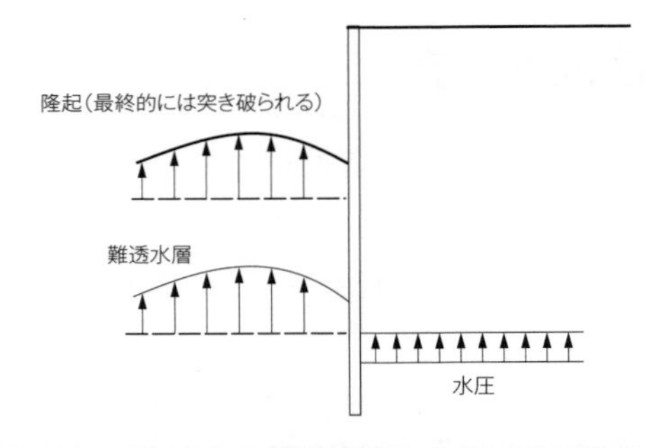

チャレンジ問題！

問1

難	中	易

土留工の施工に関する次の記述のうち，適当でないものはどれか。

(1) 自立式土留めは，掘削側の地盤の抵抗によって土留壁を支持する工法で，掘削面内に支保工がないので掘削が容易であり，比較的良質な地盤で浅い掘削に適する。

(2) 切梁式土留めは，支保工と掘削側の地盤の抵抗によって土留め壁を支持する工法で，現場の状況に応じて支保工の数，配置などの変更が可能である。

(3) 控え杭タイロッド式土留めは，控え杭と土留壁をタイロッドでつなげ，これと地盤の抵抗により土留壁を支持する工法で，軟弱で深い地盤の掘削に適する。

(4) アンカー式土留めは，土留アンカーと掘削側の地盤の抵抗によって土留壁を支持する工法で，掘削面内に切梁がないので掘削が容易であるが，良質な定着地盤が必要である。

解説

控え杭タイロッド式土留めは，控え杭と土留壁をタイロッドでつなげ，これと地盤の抵抗により土留壁を支持する工法で，良質で浅い地盤の掘削に適しています。

解答（3）

第一次検定

第2章

専門土木

第2章 専門土木

CASE 1 鋼構造物

まとめ & 丸暗記　この節の学習内容とまとめ

- □ 耐候性鋼材：
  適量の合金元素（Cu，Cr，Niなど）を含み，表面に緻密な錆を形成し腐食進展を抑制する
- □ 緻密な錆が形成される条件：
  ①風通しがよく乾と湿を繰り返す環境。②塩分や硫黄酸化物などに長期間接触しない。③凍結防止剤を多量に散布しない地域であること
- □ 鋼橋の桁架設工法：ベント工法，送り出し工法，片持ち式工法，ケーブルエレクション工法，フローティングクレーン工法
- □ ボルトの接合方法：摩擦接合，支圧接合，引張接合がある
- □ 接合面処理の留意点：
  ①接触面の黒皮（ミルスケール：酸化皮膜）を除去し，浮き錆，油，泥を取り除き清掃。接触面に塗装をする場合は厚膜型無機ジンクリッチペイントを塗布。②接合母材の厚さが異なる場合は，フィラーを挟み込むか，母材にテーパを付け接合の厚さを揃え，溶接金属を盛って溶接する。③隅肉溶接は，鋼板同士を重ねる場合や，直角に配置する
- □ ボルトの締付け方法：
  ①トルク法は，60%導入の予備締めと110%導入の本締めで行い，検査はボルト群の10%を実施。②トルシア形高力ボルトは，専用の締付機で締め付け，検査はボルト全数についてピンテールの破断を確認。③耐力点法は，ボルトの伸びをセンサーで感知して締め付け，検査は，ボルト全数をマーキングし，ボルト5組の軸力平均を判定

鋼橋の架設

1 鋼材の種類と規格

鋼材の種類とJIS規格を次の表に示します。溶接構造用耐候性熱間圧延鋼材は，錆の進展が時間の経過とともに次第に抑制されます（ライフサイクルコスト《LCC》に配慮）。

鋼材の種類とJIS規格

鋼材	規格番号	規格名称	鋼材記号
構造用鋼材	JIS G 3101	※1 一般構造用圧延鋼材	SS400
	JIS G 3106	※2 溶接構造用圧延鋼材	SM400，SM490，SM490Y，SM520，SM570
	JIS G 3114	溶接構造用耐候性熱間圧延鋼材	SMA400W，SMA490W，SMA570W

2 耐候性鋼材

耐候性鋼材は，適量の合金元素（Cu，Cr，Niなど）を含み，大気中で鋼材の表面に緻密な錆を形成します。緻密な錆が鋼材表面を保護し，錆の進展が時間の経過とともに次第に抑制されていきます。一般的な鋼材に比べて錆びにくい鋼材です。

●緻密な錆が形成される条件

緻密な錆が形成される条件としては，風通しがよく乾と湿を繰り返す環境や，潮風の塩分や硫黄酸化物な

※1
一般構造用圧延鋼材
鉄鋼材料の代表的な鋼材で広汎な用途で使われます。鋼材記号はSSで続く記号は引張り強さの下限を表します。
例：SS400

※2
溶接構造用圧延鋼材
溶接接合に使う溶接性に優れた鋼材です。鋼材記号はSMで続く記号は引張り強さの下限を表します。
例：SM400A

高耐候性鋼材
溶接構造用耐候性熱間圧延鋼材よりも耐候性を高めた鋼材です。
例：SPA-H

耐候性鋼材の塗装
箱桁内部などの適用不可能な環境では，普通鋼材と同様に内面用塗装を行います。

耐候性鋼材用表面処理
初期段階の錆むらや錆汁による景観および塩害が懸念される橋梁には，安定化処理剤を塗布して緻密な錆を安定させることや生成を促進させることが有効です。しかしながら塩分過多の条件下では適用不可となります。

どに長期間接触しないこと，凍結防止剤を多量に散布しない地域であることなどがあります。塩害が懸念される橋梁には安定化処理を行います。

3 鋼橋の架設工法の種類

鋼橋の桁架設の工法選定は，形式，規模，現場の地形，桁下の状況などを吟味して決定します。代表的な工法は次の通りです。

①ベント工法

最も一般的な工法です。架設する桁の下部空間が利用できる場合に適用されます。桁下に仮設したベント（支持台）の上に桁を載せて連結作業を行う工法です。桁の完成時にはベントは撤去されます。

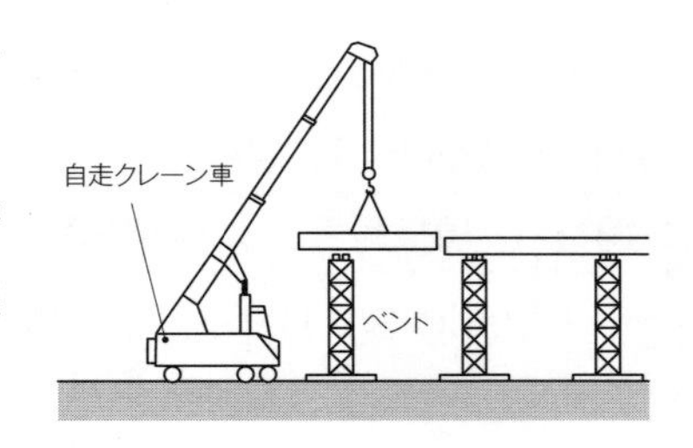

②送り出し工法（手延べ式工法）※3

桁下空間が道路や河川などで利用できない（ベント工法が適用できない）場合に採用される工法です。手延機に組み立てた桁を連結して送り出して架設する工法です。

③片持ち式工法

山間部など桁下空間の高さが高く利用できない（ベント工法が適用できない）場合に適用されます。組み立てた連続トラスの上面にレールを設置し，トラベラクレーンを移動し片持ち梁の原理を応用して部材を組み立てる工法です。

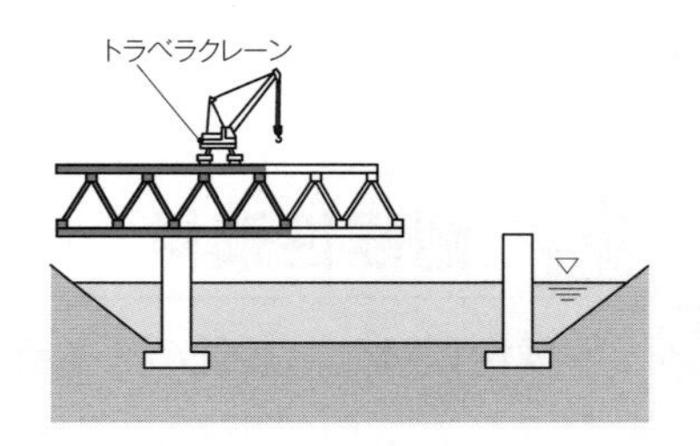

④ケーブルエレクション工法

深い谷の地形で桁下空間の高さが高い場合で，鉄塔やアンカーブロックを設置し，ケーブルが張れる場合に適用されます。両岸からケーブルを張り，架設部材をケーブルクレーンにより吊り下げながら，逐次架設する工法です。

●フローティングクレーン工法

地上で組み立てた橋体本体の大ブロックを台船でフローティングクレーンを用いて水上を移動し，架設する工法です。

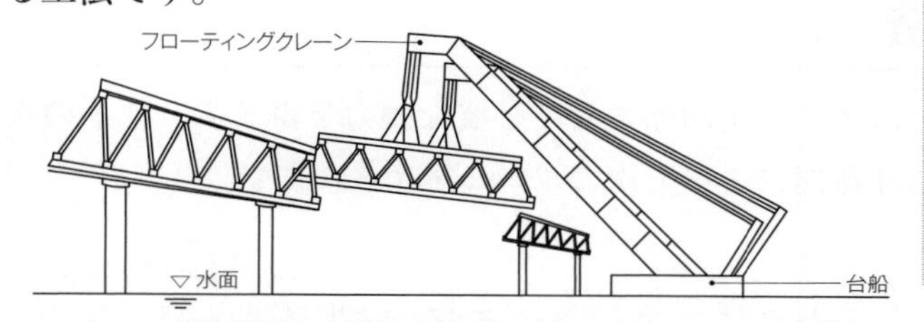

※3
送り出し工法の留意点
架設工事中にのみ圧縮力を受けるフランジは施工中に発生する応力で座屈することが懸念されます。このため，架設時の応力度照査を実施する必要があります。

チャレンジ問題！

問1　難　中　易

鋼道路橋に用いる耐候性鋼材に関する次の記述のうち，適当でないものはどれか。

(1) 耐候性鋼材の箱桁や鋼製橋脚などの内面は，閉鎖された空間であり結露が生じやすく，耐候性鋼材の適用可能な環境とならない場合には，普通鋼材と同様に内面用塗装仕様を適用する。
(2) 耐候性鋼用表面処理剤は，塩分過多な地域でも耐候性鋼材を使用できるように防食機能を向上させるために使用する。
(3) 耐候性鋼材は，普通鋼材に適量の合金元素を添加することにより，鋼材表面に緻密な錆層を形成させ，これが鋼材表面を保護することで鋼材の腐食による板厚減少を抑制する。
(4) 耐候性鋼橋に用いる高力ボルトは，主要構造部材と同等以上の耐候性能を有する耐候性高力ボルトを使用する。

解説

耐候性鋼用表面処理剤は，初期段階の錆むらによる景観や塩害が懸念される橋梁には効果的ですが，塩分過多条件下では適用不可となります。

解答（2）

高力ボルト

1 接合方法

高力ボルトの接合はナットを回転させて必要な軸力を得ます。継手の接合方法は，応力の伝達機能によって次の3つに分けられます。

①摩擦接合

継手材間を高力ボルトで締め付けることによって，ボルト軸に直角に働く摩擦力[※4]で応力を伝達します。

②支圧接合

高力ボルト自体のせん断力および部材の孔とボルト軸部との支圧抵抗で応力を伝達します。

③引張接合

継手材間をボルトで締め付け，ボルト軸に平行な応力（引張力）を伝達します。

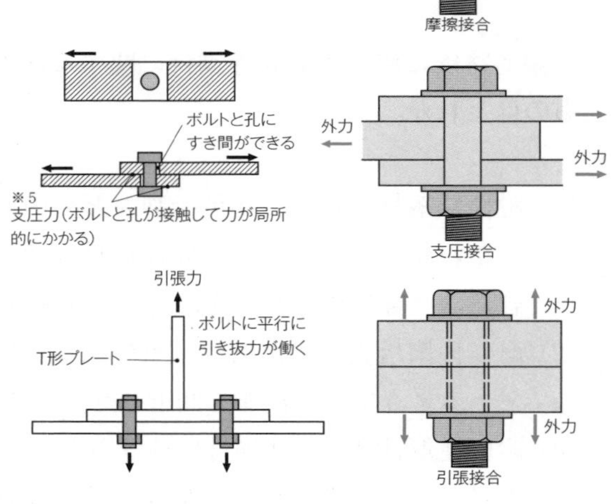

2 接合面処理の留意点

摩擦接合では必要とされるすべり係数[※6]（0.4以上・道路橋示方書）が得られるように材片の接触面への適切な処理が必要になります。すべり係数の値が極端に小さいと滑って接合部はすぐに壊れます。

接触面に塗装をしない場合は接触面の黒皮（ミルスケール：酸化皮膜）を除去し，接触面の浮き錆，油，泥を取り除きます。接触面に塗装をする場合は厚膜型無機ジンクリッチペイントを塗布し，すべり係数を確保します。

①接合母材の厚さが異なる場合

フィラーを挟み込むか，母材にテーパを付け，接合の厚さを揃えます。フィラーは2枚以上重ねて使用できません。

3 ボルトの締付け方法

①ナット回転法（回転法）

ボルトの伸びをナットの回転角度で管理します。ボルトの頭を回して締め付けるときは，トルク係数値をキャリブレーションし把握する必要があります。F8T[※7]のボルトに適用します。検査は，ボルト全数をマーキングし外観検査を行います。

②トルク法（トルクレンチ法）

レンチのキャリブレーションを行い導入軸力と締付けトルクの関係を調べて管理します。60%導入の予備締めと110%導入の本締めを行い，予備締め後にボルト群の10%をマーキングし外観検査を行います。

③トルシア形高力ボルト

ピンテールの破断溝がトルク反力でせん断破壊する機構で，専用の締付機で締め付けます。検査は，ボルト全数についてピンテール[※8]の破断とマーキングの確認を行います。

④耐力点法

導入軸力とボルトの伸びの関係が弾性範囲を超えて非線形を示す点をセンサーで感知し，締付けを終了させる方法です。検査は，ボルト全数をマーキングし，ボルト5組の軸力平均を判定します。

⑤締め付ける順序

中央から外側に向かって順次締付けを行い，2度締

※4
摩擦力
床の上の物体を動かそうとすると，それを邪魔しようとする摩擦力が接触面に働きます。

※5
支圧力
部分的にかかる局部圧縮力のことです。

※6
すべり係数
高力ボルト摩擦接合において，部材の摩擦面が外力によりすべりを起こすときのすべり荷重（P）を導入した初期ボルト軸力（N）で除した値です。

※7
F8T
溶融亜鉛メッキ高力六角ボルトです。屋外で使われることを想定し，錆止めが施された高力ボルトです。

※8
ピンテールの破断
所定のトルクが入ると，ピンテールがねじ切れる仕組みです。

めを行うことを原則とします。継手の外側から中央に向かうと連結板が浮き上がり密着性が悪くなる傾向があります。

⑥溶接と摩擦接合との併用

溶接に対する拘束を小さくし，溶接変形によるすべり耐力の低下防止のために，溶接の完了後にボルトを締め付けるのが原則です。

チャレンジ問題！

問1　難　**中**　易

鋼道路橋における高力ボルトの締付け作業に関する次の記述のうち，適当なものはどれか。

(1) トルク法によって締め付けたトルシア形高力ボルトは，各ボルト群の半分のボルト本数を標準として，ピンテールの切断の確認とマーキングによる外観検査を行う。

(2) ボルト軸力の導入は，ナットを回して行うのを原則とするが，やむを得ずボルトの頭部を回して締め付ける場合は，トルク係数値の変化を確認する。

(3) 回転法によって締め付けた高力ボルトは，全数についてマーキングによる外観検査を行い，回転角が過大なものについては，一度ゆるめてから締め直し，所定の範囲内であることを確認する。

(4) 摩擦接合において接合される材片の接触面を塗装しない場合は，所定のすべり係数が得られるよう黒皮をそのまま残して粗面とする。

解 説

トルシア形高力ボルトのマーキングとピンテール切断確認は全数行います。 回転法で回転角が過大なものは，交換して締め直します。発錆の妨げになるので，黒皮は除去します。

解答（2）

溶接

1 接合継手の形式

溶接継手の形式は，部材の組合せ方によって次の種類に分類されます。

突合せ継手	T継手・十字継手
溶接部 接合する2つの部材がほぼ同一面に位置する	ほぼ直交する2つの部材がT字形を形成し，3つの部材の場合は十字継手になる
角継手	**重ね継手**
ほぼ直交する2つの部材がL字形の角を形成する	2つの部材の一部分を重ねたものである

へり継手

ほぼ平行に重なっている部材の端面に形成される

※9

隅肉溶接

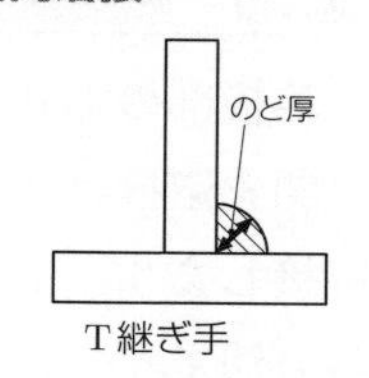

T継ぎ手

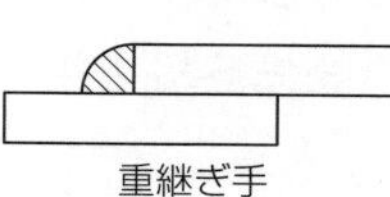

重継ぎ手

2 接合の種類

溶接部の形状によって開先溶接，隅肉溶接[※9]，プラグ溶接などがあります。

開先溶接は接合する部材と部材の間にすき間を作り，溶接金属を盛って溶接します。隅肉溶接は鋼板同士を重ねる場合や，直角に配置して溶着する方法です。溶接線に直角な方向に引張応力が発生する継手は，完全溶込み開先溶接を用います。部分溶込み開先溶接[※10]を用いることはできません。

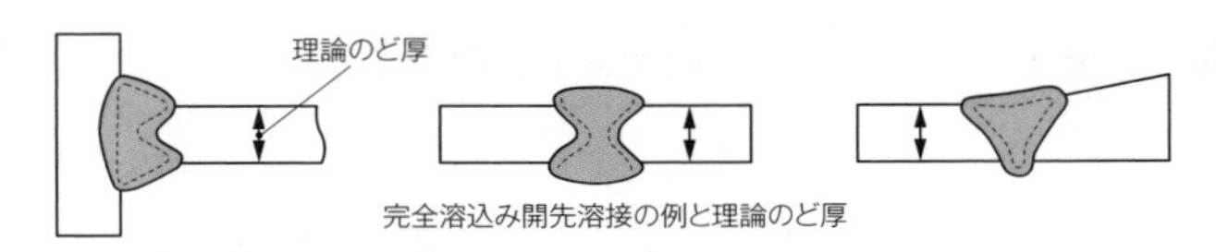

完全溶込み開先溶接の例と理論のど厚

●完全溶込み開先溶接：理論のど厚

部材の厚さが異なる場合は，薄い方の部材厚さとします。

3 施工の留意点

①溶接部材の清掃

溶接線近傍の黒皮，錆，油は，溶接時に生じる空洞であるブローホールや割れの原因となるので，溶接の前に清掃し乾燥させます。

②エンドタブの使用

開先溶接の始点や終点は欠陥が発生しやすいため，エンドタブを取り付けて溶接不良を防ぎます。溶接終了後は除去するため，エンドタブ取付け範囲の母材を大きくします。

4 検査方法

溶接の検査には，肉眼で行う外部きず検査と非破壊検査で行う内部きず検査があります。

外部きず検査では，溶接割れ検査（疑わしい場合は，磁粉探傷試験または浸透液探傷試験を行う），溶接ビート表面のピットや凹凸，のど厚やサイズ不良，アンダーカット，オーバーラップの確認を行います。主要部材の突合せ継手および断面を構成するT継手，角継手には，溶接ビート表面のピットは許容されません。その他の隅肉溶接および部分溶込み開先溶接には，1継手について3個または継手長さ1mにつき3個が許容されます。

内部きず検査とは，放射線透過試験または超音波探傷試験を行い，疲労亀裂，ブローホール，スラグ巻き込み，融合不良の確認を行います。

※10

部分溶込み開先溶接
部分的に開先を取り，溶込み溶接する方法です。

ガウジング
溶接の不良や欠陥が生じた部分を取り除くために溝をつけることです。

チャレンジ問題！

問1　難　中　易

鋼道路橋の溶接の施工に関する次の記述のうち，適当なものはどれか。

(1) 溶接を行う部分は，溶接に有害な黒皮，錆，塗料，油などを取り除いた後，溶接線近傍を十分に湿らせる必要がある。

(2) エンドタブは，部材の溶接端部の品質を確保できる材片を使用するものとし，溶接終了後，除去しやすいように，エンドタブ取付け範囲の母材を小さくしておく方法がある。

(3) 組立溶接は，組立終了時までにスラグを除去し溶接部表面に割れがある場合には，割れの両端までガウジングをし，舟底形に整形して補修溶接をする。

(4) 部材を組み立てる場合の材片の組合せ精度は，継手部の応力伝達が円滑に行われ，かつ継手性能を満足するものでなければならない。

解 説

溶接部分は乾燥させていなければいけません。エンドタブの母材は大きくしておきます。溶接部表面に割れがある場合，欠陥の両端から50mm以上長めにガウジング（はつり）をし，舟底形に整形して補修溶接をします。

解答（4）

第2章 専門土木

CASE 2 コンクリート構造物

まとめ & 丸暗記　この節の学習内容とまとめ

- □ 乾燥収縮：硬化後の乾燥で体積が減少し表面にひび割れが発生
- □ 乾燥収縮の原因：単位水量が多い，部材の厚さが薄いこと
- □ 自己収縮とその原因：
  硬化前にセメントの水和反応で体積が減少することを自己収縮といい，セメントが多く温度が高いと水和反応が活発化し発生
- □ アルカリシリカ反応：アルカリ成分と骨材中のアルカリ反応性鉱物が水と反応して膨張する現象。膨張率はペシマム混合率により変化する
- □ 中性化：打設直後のコンクリートは強アルカリ性だが，経年変化によって空気中の二酸化炭素と反応することで起こる
- □ 塩害：コンクリート中の塩化物イオンにより鉄筋が腐食し体積が増え，コンクリートにひび割れが発生し耐久性が低下する
- □ プレテンション方式：
  あらかじめPC鋼材を緊張しておき，コンクリートが硬化後に緊張力を開放し引張力に強いコンクリート部材を作る方式
- □ ポストテンション方式：コンクリートの硬化後に，シース管内にPC鋼材を挿入し，ジャッキと定着具を使用し，プレストレスを導入する方式
- □ 下面増厚工法：床版下面に補強材を配置し，ポリマーセメントモルタルを用いて増厚し，性能の向上をはかる工法
- □ 外ケーブル工法：外部に緊張材を配置し，部材に緊張力を与え，性能の向上をはかる工法

コンクリートの体積変化

1 乾燥収縮

コンクリートは硬化後に乾燥によって収縮します。この収縮で工事完了後，数週間から数年後にコンクリート表面にひび割れが発生することもあります。

収縮したコンクリート構造物は，鉄筋や構造物によって拘束を受けるとコンクリートに引張応力が発生し，ひび割れます。このような体積変化を**乾燥収縮**といいます。

●乾燥収縮の要因

単位水量[※1]が多いほど余剰水も多くなり，蒸発することによって収縮が増大し，セメントの**比表面積**[※2]が大きいほど，水分が吸着されセメントペーストの収縮が増大します。また，壁の厚さは厚いものより**薄い**方が内部の水分が蒸発しやすく，ひび割れも発生しやすくなります。

2 自己収縮

コンクリートが硬化する前（**凝結開始後**）に，セメントの**水和反応**[※3]によってコンクリートの体積が減少します。普通コンクリートよりも高い強度のコンクリートの方が，**自己収縮**は大きくなります。

●自己収縮の要因

水セメント比[※4]が小さく，セメント量が多く，**温度が高い**ほど水和反応が活発になるため**自己収縮**は大きくなります。

※1
単位水量（kg/m³）
コンクリートを配合するときに使う用語で，1 m³あたりの水量を意味します。

※2
比表面積
1グラムあたりの粒子の表面積を表す用語です。単位は（cm²/g）で比表面積の測定は，ブレーン空気透過装置を使用して行い，ブレーン方法ともいわれます。

※3
水和反応
セメントの主成分は，珪酸三カルシウム，珪酸二カルシウム，アルミン酸三カルシウム，鉄アルミン酸四カルシウムから構成されています。これらの物質が水と反応して水酸化カルシウムや珪酸カルシウム水和物となって固まります。この化学反応過程を水和反応といいます。

※4
水セメント比（W/C）
コンクリートの配合において，水とセメントの割合をいい，セメントが多く緻密で耐久性のあるコンクリートは，（W/C）が小さいです。

3 コンクリートの劣化

①劣化機構

コンクリート構造物，部材の劣化が進むメカニズムのことを**劣化機構**といいます。代表的な**劣化現象**は次の通りです。

●アルカリシリカ反応

コンクリート中のセメントや混和剤に含まれるアルカリイオンと骨材中のアルカリ反応性鉱物が水と反応して膨張する現象です。水分とアルカリ成分が供給される環境で長期間にわたってゆっくり膨張し，コンクリートにひび割れが発生します。抑制対策には，①コンクリート中のアルカリ総量を3.0kg/m^3以下とする，②混合セメントを使用する，③アルカリシリカ反応性試験結果が無害と判定された区分Aの骨材を使用する，などの方法があります。

●中性化

材齢が若い打設したばかりのコンクリートは，セメントの水和反応で水酸化カルシウムが存在し強アルカリ性を示しますが，空気中の二酸化炭素と反応し時間とともにアルカリ性が弱くなります。この反応を中性化といいます。中性化が起こるとコンクリート中の鉄筋は表面の不動態被膜が壊れ腐食が始まります。抑制対策は，緻密なコンクリートにすることや表面被覆工法によって，水分や二酸化炭素を浸透させないことです。

●塩害

コンクリート中に含まれる塩化物イオンが鉄筋などの鋼材と反応して腐食が発生し，膨張によってコンクリートがひび割れる現象です。腐食で鉄筋の断面が減少すると構造物は耐力が失われます。抑制対策は，緻密なコンクリートにすることや，表面被覆工法で有害物質を浸透させない，あるいは脱塩工法で塩化物イオンを排出するといった方法があります。

●凍害

寒冷地で外気が氷点下になると，コンクリート表面の水分が凍結して膨張します。凍害は，日中の日射で凍結と融解が繰り返されるとコンクリート表面にひび割れやスケーリングが発生し耐久性が損なわれることをいい，表面被覆工法で水分の浸透を防止します。

ペシマム混合率
膨張量が最も大きくなるときの全骨材中に含まれるアルカリ反応性骨材の割合をいい，コンクリート中のアルカリ量や骨材の種類および粒度などによって変化します。

チャレンジ問題！

問1 難 **中** 易

コンクリート構造物の劣化に関する次の記述のうち，適当なものはどれか。

(1) 中性化と水の浸透にともなう鋼材腐食は，乾燥・湿潤が繰り返される場合と比べて常時滞水している場合の方が腐食速度は速い。
(2) 塩害環境下においては，一般に構造物の供用中における鉄筋の鋼材腐食による鉄筋断面の減少量を考慮した設計を行う。
(3) 凍結防止剤として塩化ナトリウムの散布が行われる道路用コンクリート構造物では，塩化物イオンの影響によりスケーリングによる表面の劣化が著しくなる。
(4) アルカリ骨材反応を抑制する方法は，骨材のアルカリシリカ反応性試験で区分A無害と判定された骨材を用いる方法に限定されている。

解 説

(1) は常時滞水している場合は酸素の浸透がないため進行は遅くなり，(2) は有害物質の浸透防止のため表面被覆などを考慮した設計が望ましいです。(4) は別法の①コンクリート中のアルカリ総量を規制，②混合セメントの使用があります。

解答 (3)

プレストレストコンクリート

1 プレストレストコンクリートの方式

プレストレストコンクリートの工法では，PC[※5]鋼材を緊張させて，コンクリート部材にあらかじめ圧縮力を与え，見かけの引張強度を発現させ，引張部材や曲げ部材として使用します。

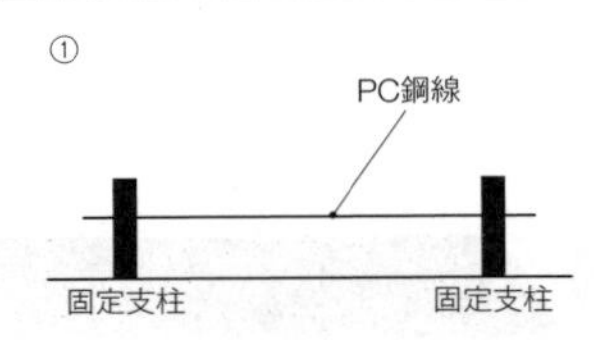

②
コンクリート打設

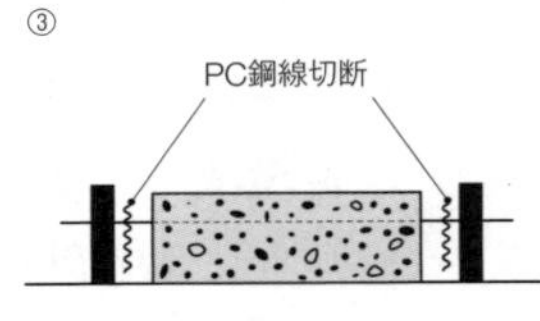

①プレテンション方式

PC鋼材に所定の緊張力を与えておき，コンクリートを打設し，硬化後に緊張力を開放することで，プレストレスを導入する方式です。

②ポストテンション方式

型枠と鉄筋を組立て，内部にシース[※6]管を配置しコンクリートを打設します。コンクリートの硬化後に，シース管内にPC鋼材を挿入して，**ジャッキ**と**定着具**を使用してコンクリートにプレストレスを導入する方式です。

2 プレストレッシング

PC鋼材に所定の緊張力がかかるように，**荷重計の値**とPC鋼材の**伸び**の量をPC鋼材1本ごとおよびグループの平均値両方で管理します。

3 グラウト

PC鋼材は鉄筋コンクリート内に設置したシース管の中を通して挿入します。グラウトの施工目的は，PC鋼材の腐食を防止し，PC鋼材とコンクリートの付着による一体化を目的として行います。シース管内の空隙にグラウト材を注入し充てんします。**暑中におけるグラウト施工**は，注入するグラウト材の温度が高くなることが懸念されるため，発熱量が少ない材料の選定や注入温度の管理を行い，グラウト材に急激な硬化が生じないように注意します。グラウト注入は，緊張後速やかに行いPC鋼材の腐食を防止します。PC鋼材定着部の後埋め部は，本体コンクリートと密着させるため粗面にして，無収縮モルタルで復旧します。

4 型枠支保工

支保工は，構造物本体の重量や作業重量，プレストレスの影響に対して十分耐える性能が必要です。組立て解体にあたっては，構造計算を行い設計図や手順の計画書を作成することが必要です。

5 施工の留意点

①PC鋼材の固定

PC鋼材やシース管および固定具がコンクリートの打設時に動かないように固定します。

②緊張時の事故防止

PC鋼材に与える引張力は非常に大きいため，緊張前には緊張装置やPC鋼材の取付け状態を確認します。緊張時は，プレストレッシング装置の背後に防護対策を施し，作業員の立入りを禁止します。

③シース管の注入前準備

グラウト材の注入にあたっては，シース管内を水で洗浄し清掃を行います。洗浄水は圧縮空気で排出し，同時に導通状態や気密性を確認します。注入前はシース管内を湿潤状態にして，グラウト材とシース管を密

※5

PC鋼材

ギルト鋼を熱間圧延して製造し，鉄筋の5～6倍の強度を持っています。プレストレストコンクリートを作るために緊張材として使用します。

鉄筋（SD295A）の降伏点は295以上，PC鋼棒（SBPR785／1030）の降伏点は785以上です。

※6

シース管

プレストレストコンクリートにおいて，PC鋼材の緊張時の摩擦低減とPC鋼材の保護およびグラウト材の充てん管として使われます。

プレストレストコンクリートの活用例

① PC橋
② 鉄道用PCまくら木
③ ボックスカルバート
④ 風力発電施設
⑤ PCタンク（上水道，農業用水）
⑥ 建築構造部材

着させます。

④長スパンの注入対策

シース管の延長が長くなる場合，途中で空気の混入によりすき間ができないようスパンの途中に排気口を設け，空気が溜まらないよう充てんします。

⑤型枠と支保工の点検

プレストレッシングを導入するとコンクリートは弾性変形します。変形を拘束するような型枠は緊張前に撤去し，ひび割れを防止します。

チャレンジ問題！

問1 難 中 易

プレストレストコンクリート（PC）橋施工の留意点に関する次の記述のうち，適当でないものはどれか。

(1) PC 鋼材定着部や施工用金具撤去跡などの後埋め部は，コンクリートの表面を粗にし，膨張コンクリートまたはセメント系無収縮モルタルを用いて行うものとする。
(2) プレキャスト部材を用いた構造物の施工にあたっては，所定の品質，精度を確保できるようプレキャスト部材の製作，運搬，保管，接合について，あらかじめ計画を立て，安全に施工しなければならない。
(3) 支保工は，プレストレッシング時のプレストレス力による変形および反力の移動を防止する堅固な構造としなければならない。
(4) 暑中におけるグラウト施工は，注入時のグラウトの温度をなるべく低く抑え，グラウトの急激な硬化が生じないようにする。

解説

支保工は，現場でコンクリートを打設するため，コンクリートや型枠鉄筋などの重量を支えるものであり，プレストレス力による変形および反力の移動を防止することはできません。

解答（3）

補修・補強

1 補修工法

コンクリート構造物の補修・補強は，構造物の性質をある一定水準以上に保つための維持管理対策です。

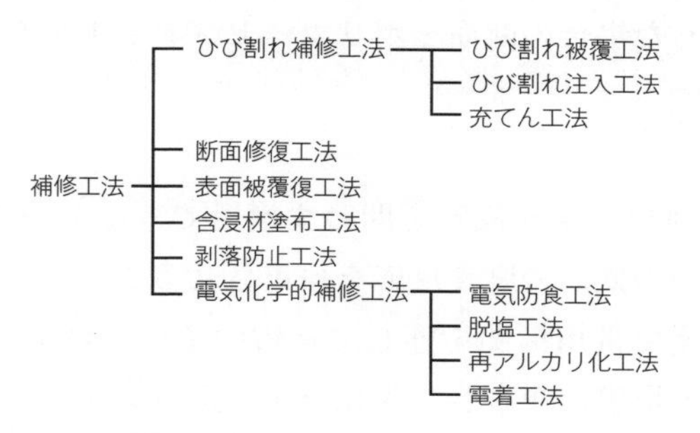

①ひび割れ被覆工法

微細なひび割れ被覆工法（一般に0.2mm以下）の上に，ひび割れ追従性に優れた表面被覆材を塗布する工法です。セメント系材料を使用する場合は施工前に補修部を湿潤状態にしておく必要があります。

②ひび割れ注入工法

1.0mm以下のひび割れに対して防水性および耐久性を向上させる目的として最も普及しています。注入方法は，グリースポンプを利用した手動による注入方法とゴムの復元力を利用した専用の治具が開発され，注入圧力0.4MPa以下の低圧，かつ低速で注入する工法が主体になっています。

③充てん工法

1.0mm以上の大きな幅のひび割れの補修に採用され，ひび割れに沿ってコンクリートをカットし，その部分に補修材を充てんする工法です。

※7

補強工法

① 打換え工法：鋼材腐食などで耐力が低下している既存の部材を撤去した後，必要な耐力を有する新たな部材を構築します。

② 上面増厚工法：床版コンクリート上面を切削，研掃後，鋼繊維補強コンクリートを打ち込み，増厚することで性能の向上をはかります。

③ 下面増厚工法：床版下面に鉄筋などの補強材を配置し，増厚材料に付着性の高いポリマーセメントモルタルを用い左官や吹付けで増厚し，性能の向上をはかる工法です。

④ 鋼板接着工法：引張り応力作用面に鋼板を取り付け，鋼板とコンクリートの空隙に注入用接着剤を圧入し，性能の向上をはかる工法です。

⑤ 外ケーブル工法：緊張材を外部に配置し，定着部あるいは偏向部を介して部材に緊張力を与え，性能の向上をはかる工法です。

④含浸材塗布工法

コンクリート表面に含浸材を塗布することによって，劣化因子の浸入防止または鉄筋腐食作用を抑制する工法です。シラン系表面含浸材を用いた場合，コンクリート中の水分低減効果が期待できるのでアルカリシリカ反応の抑制ができます。

⑤断面修復工法

コンクリートが劣化により元の断面を欠損した場合の修復や，劣化因子を含むコンクリートを撤去した場合の断面をポリマーセメントモルタルなどの材料で修復する工法です。

⑥電気防食工法

塩害で劣化した構造物を対象に劣化段階を問わず適用できる工法です。補修目的は，コンクリート中の鉄筋の腐食反応を停止させることです。電流密度は10～30mA/m^2程度で供用機関を通して通電するのが特徴です。また，アルカリシリカ反応と塩害が複合して劣化を生じたコンクリート構造物に適用すると，アルカリ金属イオンが鉄筋周辺に集積することで，アルカリシリカ反応を促進することがあるので注意が必要です。

⑦脱塩工法

塩害により劣化した構造物が対象で，劣化段階を問わず適用でき，補修目的はコンクリート中の塩化物イオン除去および鋼材の不導態化です。

⑧再アルカリ化工法

コンクリート表面に炭酸カルシウムなどのアルカリ性溶液を含んだ仮設陽極材を約1～2週間程度設置し，直流電流（標準的には1～2A/m^2）を仮設陽極材からコンクリート中の鋼材に向かって流し，アルカリ性溶液をコンクリート中の鋼材に向かって電気浸透させる工法です。

2 補強工法

コンクリートの補強工法[※7]は，土木構造物と建築物に分けられ，土木構造物の補強は，土木学会制定の「コンクリート標準仕方書：維持管理編」に示されています。建築物については，日本建築防災協会の「既存鉄筋コンクリート造建築物の耐震改修設計指針」で制定されています。

チャレンジ問題！

問1　難　**中**　易

損傷を生じた既設コンクリート構造物の補修に関する次の記述のうち，適当でないものはどれか。

(1) 断面修復工法は，劣化または損傷によって喪失した断面やコンクリートの劣化部分を除去し，ポリマーセメントなどで当初の断面寸法に修復する工法である。
(2) 電気防食工法は，塩害の対策として用いられるが，アルカリシリカ反応と塩害が複合して劣化を生じたコンクリート構造物に適用すると，アルカリシリカ反応を促進することがある。
(3) シラン系表面含浸材を用いた表面処理工法は，コンクリート中の水分低減効果が期待できるのでアルカリシリカ反応抑制効果が期待できる。
(4) 有機系表面被覆工法は，被覆に用いる塗膜に伸縮性があるため，コンクリート中に塩化物イオンが多く浸透した状態での補修に適している工法である。

解説

塩化物イオンが多く浸透した状態では，鉄筋が腐食するため，脱塩工法で塩化物イオンを排出する工法が適当です。脱塩処理後は，表面被覆工法で有害物質の侵入を防止するのが効果的です。

解答（4）

第2章  専門土木

CASE 3 河川・砂防・ダム

まとめ & 丸暗記 この節の学習内容とまとめ

□ 堤外地：堤防で挟まれて川が流れている側を堤外地という

□ 盛土材料の条件：
条件には，「耐水性」「耐侵食性」「耐浸透性」「湿潤膨張しない」「有機物を含まない」「施工性がよく圧縮や膨張しない」「せん断強度が大きい」などがある

□ 段切り：
既設の堤防を腹付けする際に，既設堤防の法面と接着面が密着し滑らないようにするための施工方法

□ 河川護岸基礎工の天端高さ：過去の実績を評価して計画する

□ 重力式コンクリートえん堤の基礎掘削：0.5m程度は人力で丁寧に掘削する

□ 砂防えん堤基礎の根入れ：岩盤の場合は1m以上，砂礫層の場合は2m以上とする

□ コンソリデーショングラウチングの施工範囲：
堤敷上流端部から基礎排水孔までの間にわたってグラウチングする

□ カーテングラウチング：
基礎地盤および両岸リム部の遮水性の改善を行う。コンソリデーショングラウチングより長く削孔し，施工位置はコンクリートダムの場合は上流フーチングから，ロックフィルダムの場合は監査廊から行う

河川堤防

1 河川護岸の構造

堤内地への氾濫を防止するために，連続して河川の両岸に設置される堤防を本堤といいます。

河川側を表，**堤外地**といい，堤防で守られる側を裏，堤内地といいます。**表法面**とは，河川側の法面をいいます。

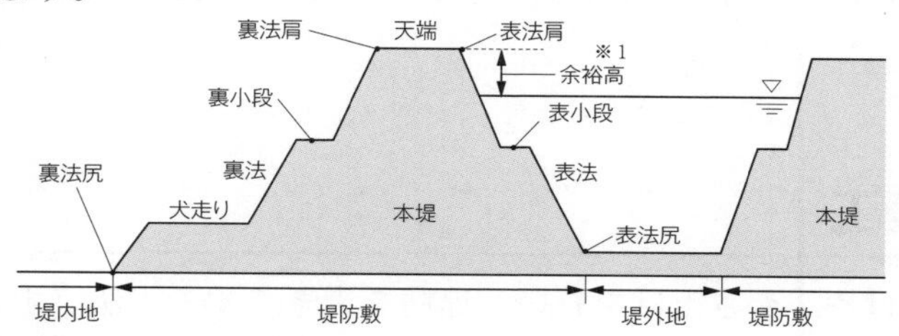

2 河川堤防の施工

本堤の盛土に要求される性能は，耐水性，耐侵食性，耐浸透性です。そのために良質な材料を縦断方向と横断方向に十分締め固める必要があります。

①良質な材料

河川堤防の施工に使用される良質な材料の条件に，「水を吸って膨張しない」「水に溶ける成分や有機物（植物など）を含まない」「施工性がよい」「圧縮や膨張しない」「水を通さない」「せん断強度が大きく円弧すべりしにくい」があります。

②施工手順

手順1：準備工（測量・丁張り，仮設道路工，排水施設工）。

手順2：基礎地盤処理（軟弱地盤の場合は改良し強度

天端

堤防天端は雨水が堤体へ浸透しないように，また河川巡視の効率化の観点から，舗装されていることが望ましいです。

※1

余裕高

堤防の高さは，計画高水流に応じ，計画高水位に定められた値を加えた値以上として決めます。ただし，堤防に隣接する堤内の地盤高が計画高水位より高く，かつ，地形状況などにより治水上の支障がないと認められた区間は除きます。

計画高水流量が200m^3/秒未満では0.6mを加え，500m^3/秒以上2,000m^3/秒未満では，1mを加えます。

を上げる処置を行います)，築堤・盛土。

手順3：法面工，堤防拡築工（堤防拡築工は既設の堤防断面を大きくする必要がある場合に実施します)。

●軟弱地盤対策

軟弱地盤対策にはいくつかの工法があります。**段階載荷工法**は，軟弱地盤が圧密によってせん断強度が増加するまで，段階的に時間をかけて盛土を行います。**押さえ盛土工法**は，盛土の荷重で基礎地盤が円弧すべりしようとする力に対抗して，本堤側面に押さえ盛土をして抵抗モーメントを増加させる工法です。**掘削置換工法**は，基礎地盤の軟弱層の一部または全部を掘削除去し，せん断強度を有する良質材で置き換えるもので，圧密沈下も小さくなります。

3 堤防拡築工

既設の堤防の腹付けや，かさ上げを行い，堤防を大きくする工法です。既設堤防の法面と腹付けを行う接着面が密着し，滑らないように**段切り**を行います。

●法面の締固め施工

法面や法肩部は，締固め不足になりやすいため，小型の振動ローラをブルドーザに取り付けたウィンチで巻き上げるなどして法尻から盛土天端に向かって転圧を行います。**法面勾配が2割**以上の緩斜面では，ブルドーザで堤防延長と直角方向（横断方向）に転圧します。堤防断面が小規模で重機が使えない場合は，ランマなどの小型転圧機を使用して人力で締め固めます。

4 護岸

護岸は，堤防を流水の浸食作用から保護する役割の構造物です。**低水護岸**と**高水護岸**および**堤防護岸**があります。護岸は，**法覆工**[※2]，**基礎工**，および**根固工**で構成されます。基礎工の天端高さは，洪水時に洗掘されないために，過去の実績を評価して計画します。基礎工の前には根固工を設けて，河床高さより0.5～1.5m深くします。

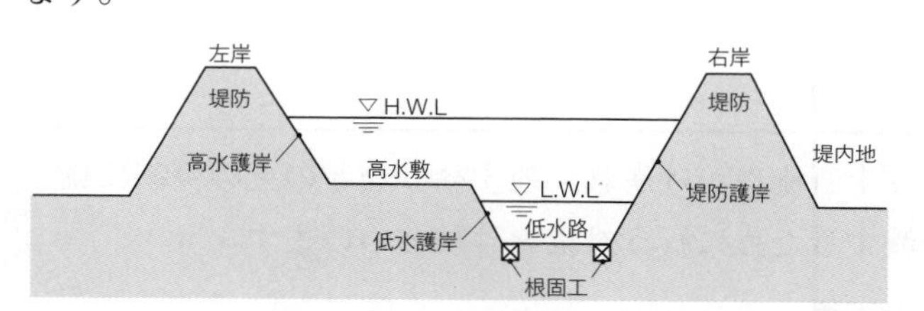

※2
法覆工
コンクリートブロックの法覆工では，流木による一部の法面の破壊が全体に及ばないように，縦断方向に10～20m間隔で構造目地を設けます。

チャレンジ問題！

問1　　難　中　易

河川堤防における軟弱地盤対策工に関する次の記述のうち，適当でないものはどれか。

(1) 段階載荷工法は，基礎地盤がすべり破壊や側方流動を起こさない程度の厚さでゆっくりと盛土を行い，地盤の圧密の進行にともない，地盤のせん断強度の減少を期待する工法である。
(2) 押さえ盛土工法は，盛土の側方に押さえ盛土を行いすべりに抵抗するモーメントを増加させて盛土のすべり破壊を防止する工法である。
(3) 掘削置換工法は，軟弱層の一部または全部を除去し，良質材で置き換えてせん断抵抗を増加させるもので，沈下も置き換えた分だけ小さくなる工法である。
(4) サンドマット工法は，軟弱層の圧密のための上部排水の促進と，施工機械のトラフィカビリティの確保をはかる工法である。

解説

段階載荷工法は，軟弱地盤に段階的に盛土を行う工法です。圧密の進行にともない，地盤のせん断強度の増大を期待します。

解答（1）

砂防

1 砂防

雨や地震などに伴う土石流やがけ崩れ，地すべりなどの**土砂災害**に備え，被害を防止・軽減するために行う対策を**砂防**といいます。

主な砂防計画と砂防の工種

砂防施設配置計画	砂防の工種	土砂生産・流送の場所
土砂生産抑制施設 （土砂の生産源において山腹・渓岸・渓床を保護し，土砂の生産を抑制する）	山腹基礎工，山腹緑化工，山腹斜面補強工，山腹保育工	山腹
	砂防えん堤，根固工，帯工，護岸工，渓流保全工	渓床・渓岸
土砂流送制御施設 （土砂が流送される区間において，流出する土砂を抑制する）	砂防えん堤，根固工，帯工，護岸工，渓流保全工，水制工，導流工，遊砂工	渓流・河川

2 砂防えん堤

●重力式コンクリートえん堤の構造

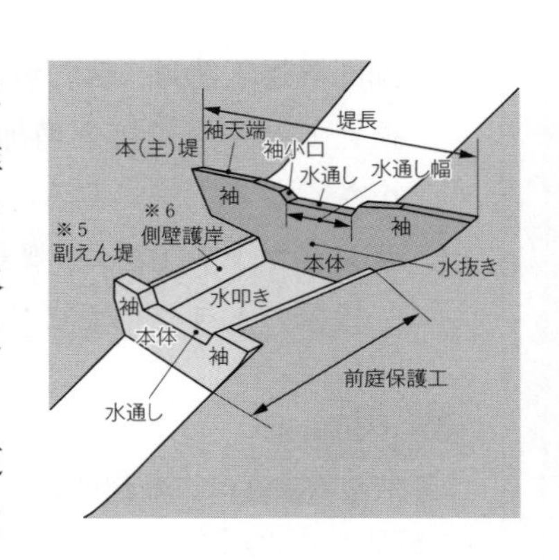

本堤の天端には，**水通し**[※3]を設け，堤体には必要に応じ，施工中の流水の切替えや堆砂後の水圧軽減のために**水抜き**を設けます。**袖**[※4]は洪水時に越流したときに，越流水が両岸に向かわないようにするため両岸に向かって上り勾配に作ります。

本堤を落下する越流水が，前庭部の河道を洗掘しないように，前庭保護工を設けます。本堤本体は，基礎地盤を掘削して構築し，安定性を高め，支持，滑動，洗掘を防止します。

3 砂防えん堤の計画

砂防えん堤の向きは，計画箇所の下流側の流心線に直角に定めます。基礎地盤は，原則として**岩盤**とします。基礎地盤が**砂礫層**の場合は，えん堤の高さを**15 m未満**とし，**均質な地層**を選定します。

基礎部が軟弱な場合は，軟弱部を取り除きコンクリートで置き換えるのが一般的です。

4 重力式コンクリートえん堤の施工

①基礎の掘削

砂礫基礎の仕上げ面付近の掘削は，掘削用重機の履帯（クローラ）などによってかく乱されることを防止するため，0.5m程度は**人力**で丁寧に掘削します。基礎は本堤の基礎地盤への貫入による支持，滑動，洗掘などに対する抵抗力の改善や安全度の向上をはかるため，**えん堤基礎の根入れ**は，所定の強度が得られる地盤であっても，基礎の不均質性や風化を考慮して，岩盤の場合は**1 m以上**，砂礫層の場合は**2 m以上**とします。

砂礫基礎の仕上げ面に大転石があり，その$\frac{2}{3}$以上が地下にもぐっていると予想されるものは取り除く必要はありません。コンクリートと転石を密着させるために転石の表面は洗浄します。

②基礎掘削完了後の処理

基礎掘削の完了後は，本堤のコンクリートが漏水や湧水で品質低下しないように，基礎と一体となるようにコンクリートを打ち込みます。

※3
水通し
断面は上下逆向きの台形とし，計画する流量に対して十分な断面とします。流水による下流の水叩き部の洗掘を軽減するために，越流水深はなるべく浅くします。

※4
袖
袖を屈曲部に築造する砂防えん堤の場合は，凹岸側の袖の高さは，凸岸側の袖の高さよりも高くなるように計画し水流による岸の洗掘を防ぎます。

※5
副えん堤
主えん堤の下流部において，洗掘防止を目的として築造します。

※6
側壁護岸
えん堤の水通しから落下する越流水によって，下流部の側方の岸の浸食を防止する目的で築造されます。

③コンクリートの施工

ブロック割を計画して，コンクリートを打設します。規模はえん堤の軸方向の横目地を兼ねて，10 m程度に区切ります。高さ方向の1リフトの高さは，1.5 m～2.0 mとします。打上げ面は，下流側に5％以内の下り勾配で仕上げ，打継ぎ面はコンクリートが硬化する前にレイタンスを高圧水やワイヤーブラシなどで除去します。

チャレンジ問題！

問1　難　中　易

砂防えん堤の基礎の施工に関する次の記述のうち，適当でないものはどれか。

(1) 基礎掘削は，砂防えん堤の基礎として適合する地盤を得るために行われ，えん堤本体の基礎地盤への貫入による支持，滑動，洗掘などに対する抵抗力の改善や安全度の向上がはかられる。
(2) 基礎掘削の完了後は，漏水や湧水により，水セメント比が変化しないように処理を行った後にコンクリートを打ち込まなければならない。
(3) 砂礫基礎の仕上げ面付近の掘削は，掘削用重機のクローラ（履帯）などによって密実な地盤がかく乱されることを防止するため 0.5m 程度は人力掘削とする。
(4) 砂礫基礎の仕上げ面付近にある大転石は，その$\frac{1}{2}$以上が地下にもぐっていると予想される場合は取り除く必要はないので存置する。

解説

砂礫基礎の仕上げ面に大転石があり，その$\frac{2}{3}$以上が地下にもぐっていると予想されるものは取り除く必要はありません。転石の表面を洗い，コンクリートで密着させます。

解答（4）

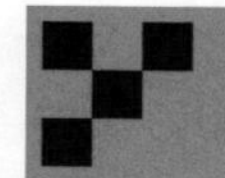

ダム

1 ダムの形式

ダムは，構築する材料からコンクリートダムとフィルダムに大別されます。

コンクリートダム	重量式コンクリートダム	コンクリートの自重を利用して水圧などの荷重に耐える構造のダムである
	中空重力式コンクリートダム	コンクリートの内部に空洞を設けてコンクリート材料を節約する形式のダムである
	アーチ式コンクリートダム	アーチの形状により，水圧の荷重を軸力に分散させる構造のダムである
フィルダム	ゾーン型ダム	透水性が異なる材料でゾーンを分ける構造のダムである
	均一型ダム	均一な細粒土質材料を特徴とした構造のダムである
	表面遮水壁型ダム	堤体の上流側に遮水壁を設けた構造のダムである

2 ダムの施工

①準備工事

●河川処理

堤体の基礎掘削前に掘削箇所をドライの状態にするため，河川水を切り回します。

●濁水処理

工事で発生する濁水は，骨材製造プラントとコンクリートプラントおよびグラウチング作業によるもので

※7

凝集分離

ダムの濁水処理方法は，自然沈殿方式，凝集沈殿方式，機械処理沈殿方式，機械処理脱水方式があります。凝集沈殿方式は，自然沈殿方式に薬品を添加して浮遊物質量を沈殿促進させる方式です。沈殿池は，自然沈殿方式に比べ沈降速度が速いだけ小規模でも可能となりますが，凝集剤添加用の凝集剤貯留槽，かく拌装置，凝集剤注入ポンプなどの設備が必要となります。

※8

基礎排水孔

ダムの基礎排水孔は，一般的にダム堤体の監査廊内からボーリングによりダム直下の基礎岩盤以下約5m程度を削孔して，監査廊内にガイドパイプや導水パイプにより導き，排水孔として設置します。その役割は，

①水抜き孔として，堤体の揚圧力の低減
②漏水量測定孔として，基礎岩盤内部の局所的な漏水状態監視
③揚圧力測定孔として，基礎岩盤内部の浸透流の状態監視となります。

す。濁水は凝集剤で凝集分離[※7]して処理します。コンクリートプラントやコンクリート打設，レイタンス処理などで発生するダムサイト濁水は，強アルカリ性のため河川環境に悪影響を及ぼさないように塩酸などで中和処理します。

②掘削工事

●重力式コンクリートダムの基礎掘削

堤体底面に接する基礎面の岩質において，底面に作用する応力に耐えられる硬い岩が出た場合は，計画掘削深さに達することなく掘削を終了させてもよいとされています。

●アーチ式コンクリートダムの掘削

3次元的に連続した不静定構造のため，一部に予想外な硬質岩が出現しても計画掘削面まで変更せずに掘削します。

③弱部の基礎処理

●グラウチング

ダムの基礎地盤の遮水性の改良や弱部の補強を目的としてセメント系材料によるグラウチングを行います。注入方法は注入孔の全長をステージに分割して削孔と注入を深部に向かって繰り返すステージ方式と，全長を一度に削孔し，最深部から上方向にパッカーを使って順次注入するパッカー方式があります。ステージ注入工法は上部から下部に向かって順次注入します。

コンソリデーショングラウチングは，遮水性の改良を目的として，堤敷上流端部から基礎排水孔[※8]までの間にわたって行います。アーチ式ダムでは，堤体幅が狭いため堤敷全幅で注入を行います。

カーテングラウチングは，基礎地盤および両岸リム部の遮水性の改善を目的に行い，コンソリデーショングラウチングより長く削孔します。カーテングラウチングの施工位置は，コンクリートダムの場合は上流フーチングから，ロックフィルダムの場合はダム堤

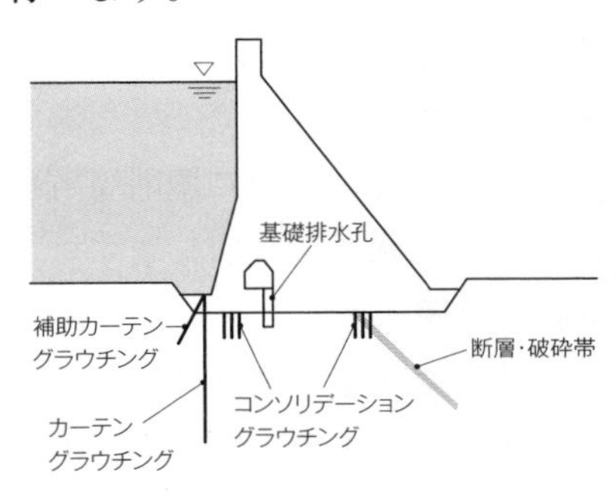

体内の管理用通路の監査廊から行うのが一般的です。

ブランケットグラウチングは，ロックフィルダム基礎地盤の浸透路長が短いコアゾーンの着岩部の遮水性改善および基礎地盤の浸透破壊防止，コア材料の流出防止を目的にカーテングラウチングと併用して効果を重複させて行います。

ルジオン値
ルジオンテストは，地盤の透水性や限界圧力を調査するための透水試験です。ルジオン値は地盤の浸透性を評価する指標です。

チャレンジ問題！

問1　難　中　易

ダムの基礎処理に関する次の記述のうち，適当でないものはどれか。

(1) ダムの基礎グラウチングとして施工されるステージ注入工法は，下位から上位のステージに向かって施工する方法で，ほとんどのダムで採用されている。

(2) 重力式コンクリートダムのコンソリデーショングラウチングは，着岩部付近において，遮水性の改良，基礎地盤弱部の補強を目的として行う。

(3) グラウチングは，ルジオン値に応じた初期配合および地盤の透水性状などを考慮した配合切替え基準をあらかじめ定めておき，濃度の薄いものから濃いものへ順次切り替えつつ注入を行う。

(4) カーテングラウチングの施工位置は，コンクリートダムの場合は上流フーチングまたは堤内通廊から，ロックフィルダムの場合は監査廊から行うのが一般的である。

解説

ステージ注入工法によるグラウト注入は，注入孔の全長を5m程度の長さのステージに分割し，上部ステージからボーリングとグラウチングを交互に行い順次深部に施工する方式です。下位から上位に向かって施工するわけではありません。

解答（1）

第2章  専門土木

CASE 4 道路・鉄道

まとめ & 丸暗記　この節の学習内容とまとめ

- □ 路床：舗装の下，厚さ約1mの土の均質な層で，舗装を支える基盤のこと
- □ 構築路床：路床が軟弱な場合に，置換え工法，安定処理工法，盛土工法などで改良し，支持力を高めた路床のこと
- □ 路盤の働き：アスファルトやコンクリート版の表層から伝達された交通荷重を分散させて路床に伝達する
- □ 表層の働き：交通荷重を基層や路盤に伝達し，車両による摩擦やひび割れに対する抵抗性と平坦性を維持する
- □ 表層の施工：初転圧はロードローラで行い，温度は110～140℃とする。二次転圧はタイヤローラで行い，温度は70～90℃とする
- □ 線路の構造：道床，まくらぎ，レールで構成され，軌道ともいう。道床は粒度分布のよい砕石で構築する
- □ 上部盛土：土構造物の盛土は，上部盛土と下部盛土に区分され，現地盤から施工基面までの高さが3mまでを上部盛土といい，締固めの程度は，平板載荷試験結果がK_{30}値で70MN/m³以上とする
- □ 締固めの管理法：平板載荷試験や，RI測定器（ラジオアイソトープ）で管理する
- □ 営業線近接工事の列車見張り員：
  工事現場ごとに専任して配置する。ホーム端から1m以上内側の作業は，列車見張員の配置を省略できる
- □ 工事用重機の鍵の保管：鍵は工事管理者または軌道工事管理者が保管する

アスファルトコンクリート

1 アスファルト舗装の構造と機能

アスファルト舗装[※1]の構造と働きを次の表に示します。

アスファルト舗装道路の構造

路体	盛土における路床の下部の土の部分で，舗装と路床を支持する
路床	舗装の下の部分で，厚さ約1mの均質な層。舗装を支える基盤で，舗装と一体になって交通荷重を支持し，さらに路床の下部にある路体に対して交通荷重を分散する働きがある
路盤	路盤の上にあるアスファルト混合物やコンクリート舗装ではコンクリート版から伝達された荷重を分散させ，路床に伝達する働きがある
基層	上層路盤の不陸（ふりく）を整正し，表層に作用する交通荷重を均一に路盤に伝達する働きがある
表層	交通荷重を基層や上層路盤に伝達し，車両通行による摩擦，流動，ひび割れに対する抵抗性と平坦性を保つ働きがある

2 路床と路盤

● 切土路床と構築路床

切土した地山に，地盤の支持力[※2]が十分あれば，路床とすることができます。

地盤が軟弱で支持力が得られない場合，置換工法[※3]，安定処理工法[※4]，盛土工法などによって路床を改良し，構築路床を築造します。

● 路床と路盤

下層路盤には，粒状路盤工法，セメント安定処理工

※1
舗装
アスファルト舗装では，表層と基層，路盤までを総称して舗装といいます。

※2
支持力
道路における路床の支持力は，現場CBR試験や平板載荷試験結果によって評価します。

※3
置換工法
路床が切土で，軟弱な現地盤を所定の深さまで掘削し，良質土で入れ替えて構築路床を築造する工法です。

※4
安定処理工法
現状の路床土にセメント系固化剤や石灰を均一に混ぜ合わせ締め固めることで構築路床を築造する工法です。

※5
修正CBR
路盤材料を最大乾燥密度の95%に締め固めたものに対するCBRです。

法，石灰安定処理工法があります。粒状路盤の1層の仕上がり厚さは20cm以下を標準とし，敷均しはモーターグレーダで行います。材料は，粒度調整砕石を使用します（修正CBR80%以上[※5]，Ip4《塑性指数》以下[※6]）。

3 表層（アスファルト）

アスファルトの表層および基層は，所定の品質が確保できるように配合設計され，プラントで製造された加熱アスファルト混合材が使われます。

①敷均し

アスクルフィニッシャで敷き均し，温度は110℃を下回らないようにします。初転圧は，ロードローラ（10～12t）で行い，温度は110～140℃とします。二次転圧は，タイヤローラ（8～20t）で行い，温度は70～90℃とします。仕上げ転圧は，不陸の修正，ローラマークの消去のために，ロードローラあるいは，タイヤローラで行います。

②転圧時の留意点

締固め時におけるローラによる過転圧やアスファルト合材の温度が高すぎると，表層の表面にヘアクラックが多く発生することがあるため，観察しながら転圧を行います。

③継目の位置

継目の位置は，下層の継目の上に上層の継目を重ねないようにします。縦継目の施工は，レーキにより粗骨材を取り除き，既設舗装に5cm程度重ねて敷き均し，ローラの駆動輪を15cm程度かけて転圧します。縦継目の位置は，レーンマークの位置に合わせます。

4 排水性舗装（ポーラスアスファルト）

多孔質で空隙率が大きいポーラスアスファルト混合物を表層に用いて，その下層に不透水層を設け，雨水を速やかに路面下に浸透させて排水させるもので，騒音低減も期待できます。不透水層を設ける場合は，上面の勾配や平坦性の確保が必要です。

ポーラスアスファルト混合物の仕上げ転圧は，初圧および二次転圧のロードローラにより締め固めます。ポーラスアスファルト混合物は粗骨材が多いのですりつけが難しく，すりつける最小厚さは粗骨材の最大粒径である20もしくは13mm以上とします。

※6
Ip
液性限界と塑性限界の含水比の差です。路盤材料の品質規格の判定の指標に使われます。粘土分が多くなるほどIpが大きくなります。

チャレンジ問題！

問1　難　中　易

道路のポーラスアスファルト混合物の舗設に関する次の記述のうち，適当でないものはどれか。

(1) 表層または表・基層にポーラスアスファルト混合物を用い，その下の層に不透水性の層を設ける場合は，不透水性の層の上面の勾配や平坦性の確保に留意して施工する。
(2) ポーラスアスファルト混合物は，粗骨材が多いのですりつけが難しく，骨材も飛散しやすいので，すりつけ最小厚さは粗骨材の最大粒径以上とする。
(3) ポーラスアスファルト混合物の締固めでは，所定の締固め度を，初転圧および二次転圧のロードローラによる締固めで確保するのが望ましい。
(4) ポーラスアスファルト混合物の仕上げ転圧では，表面のきめを整えて，混合物の飛散を防止する効果も期待して，コンバインドローラを使用することが多い。

解 説

空隙率が大きい透水性舗装の仕上げ転圧では振動するローラは使用しません。

解答（4）

鉄道

1 線路の構造

鉄道の線路の構造は，道床，まくらぎ，レールで構成され，総称して軌道と呼びます。道床は粒度分布のよい砕石で構築します。

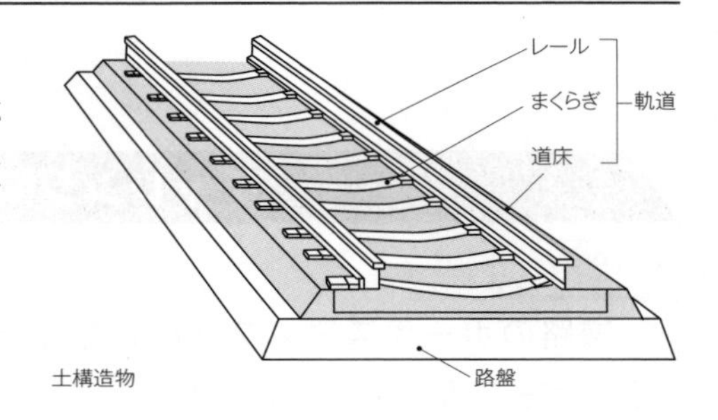

2 上部盛土（路床）

鉄道の土構造物の盛土は，上部盛土と下部盛土に区分され，現地盤から施工基面までの高さが3mまでの部分を上部盛土といい，その下を下部盛土といいます。列車荷重の影響を受ける上部盛土の締固めの程度は，地山を用いる場合は，平板載荷試験結果が※7 K_{30}値で70MN/m^3以上とします。

K値は，平板載荷試験によって求めます。

●締固めの管理法

平板載荷試験で管理することを基本としますが，※8 RI（ラジオアイソトープ）測定器で管理する場合は，計測頻度を多くして管理します。

主な路盤	概要
砕石路盤	粒度調整砕石または粒度調整高炉スラグ砕石を用いて締め固め，上部にアスファルトコンクリートを施す
スラグ路盤	水硬性粒度調整高炉スラグ砕石を用いて締め固める
土路盤	粒度その他を規制した良質土またはクラッシャランなどで締め固める

3 路盤

鉄道の路盤は，軌道を直接支持する層で道床の下の部分です。路盤の種類は，補強路盤，土路盤，岩盤があります。強化盤は，振動や降雨などによって変形しないように強度を強くしています。

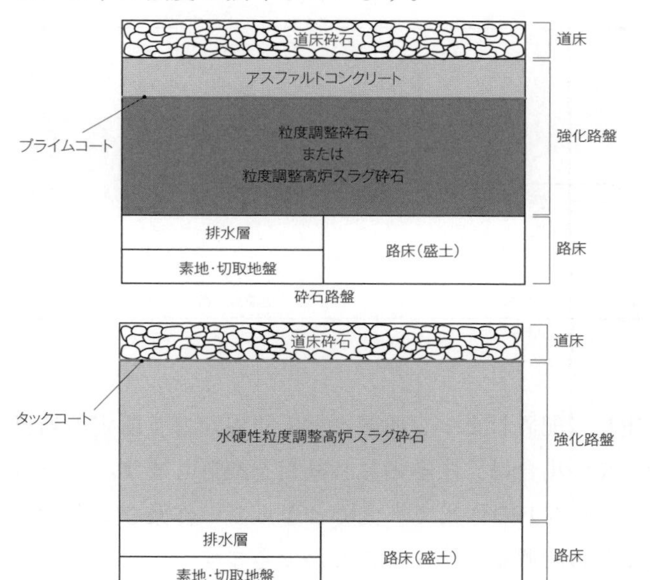

砕石路盤

スラグ路盤

①路盤の施工

補強路盤の材料は，プラントで混合したものを使用します。厚さは軌道の構造，列車速度，平板載荷試験で求めた地盤支持力から定めます。

砕石路盤にはプライムコートを散布し，水硬性粒度調整高炉スラグ砕石[※9]を用いるスラグ路盤にはタックコートを散布します。

アスファルト合材の締固め温度は，110～140℃とします。締固めの程度は，コア採取による密度を測定して管理します（基準密度試験値の95％以上）。

※7

K値

路床面の支持力の大小を表す指標です。平板載荷試験によって求めます。

$$K値\ (kg/cm^3) = \frac{荷重強度(kgf/cm^2)}{載荷板の沈下量(cm)}$$

K_{30}値とは，沈下量1.25mmのときの荷重強さを1.25mmで除した値です。

※8

RI（ラジオアイソトープ）測定器

微量の放射性元素を利用して土中の湿潤密度や含水量を測定する器械です。測定方法は，従来の砂置換法による現場密度試験に比べて，短時間で測定できます。

※9

水硬性粒度調整高炉スラグ砕石

路盤用高炉スラグ砕石のうち，水硬性がじゅうぶんに発揮されるように適量のガラス質を含ませ所定の粒度になるように調整した砕石です。

4 営業線近接工事の安全対策

営業線近接工事は，在来線の営業線の線路内や営業線に近接した箇所で行う工事です。列車と接触事故が発生する危険性が高いため「営業線工事保安関係標準仕様書」において安全対策が規定されています。

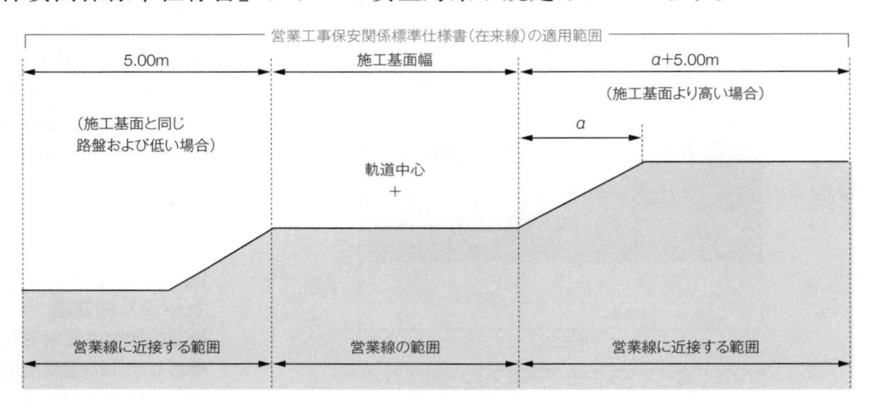

①列車見張り員

工事現場ごとに専任して配置します。曲線などで視界が悪く所定の列車見通し距離が確保できない場合は，中継の見張り員を配置します。ホーム端から**1m以上内側**のホーム上の作業で，支障とならない作業などを行うときは，列車見張員などの配置を省略することができます。

②作業表示票の建植

列車の進行方向側で運転手から見やすい位置に建植し，列車の風圧などで建築限界を侵さないように注意します。線路閉鎖工事を行う場合は作業表示票の建植を省略できます。

③工事用重機の鍵の保管

使用していない工事用重機は安全な場所に留置し，鍵は工事管理者または軌道工事管理者が保管します。

④事故発生時の措置

工事現場で事故が発生した場合は，直ちに信号煙管で列車防護を行います。

チャレンジ問題！

問1　難　中　易

鉄道（在来線）の営業線およびこれに近接して工事を施工する場合の保安対策に関する次の記述のうち，適当でないものはどれか。

(1) ホーム端から1m以上内側のホーム上の作業などで，当該線を支障するおそれのない作業などを行うときは，列車見張員などの配置を省略することができる。
(2) 建設用大型機械を建築限界内に進入させる際，同時に載線する建設用大型機械の台数に応じて，個別の建設用大型機械ごとに誘導員を配置する。
(3) 作業などの位置が，複数の線にまたがるときは，列車接近警報装置などを適切に配置する場合に限り，列車見張員などの配置を1か所に省略することができる。
(4) 列車見張員は，作業などの責任者および従事員に対して列車接近の合図が可能な範囲内で，安全が確保できる離れた場所に配置する。

解　説

作業が複数の線にまたがるときは，列車接近警報装置などを適切に配置しても，列車見張員などの配置を省略することはできません。

解答（3）

第2章  専門土木

CASE 5

海岸・港湾

まとめ & 丸暗記　この節の学習内容とまとめ

- □ 高潮対策：国土交通省の地域防災計画に示された，海岸堤防などのハード面と，ソフト面との総合的な対策
- □ 直立型堤防：基礎地盤が堅固で用地が狭い場合に用いられ，法勾配は1：1より急な堤防のこと
- □ 傾斜型堤防：基礎地盤が軟弱で堤防用地が広い場合に用いられ，法勾配は1：1よりゆるく，根固工と併用
- □ 混成型堤防：直立型と傾斜型堤防を組み合わせたもので，基礎地盤が堅固でなく，基礎の水深が深い場合に用いられる堤防形式で，根固工と併用
- □ 緩傾斜型堤防：基礎地盤が軟弱で，前浜が広く海底の勾配がゆるやかな海浜に築堤される。法勾配は1：3よりゆるくし，根固工は一般的には用いない
- □ 防波堤－直立堤：波を受ける面が鉛直の壁構造で，海底の地盤が岩盤などの堅固な場合に用いられる。ケーソン工法で築造され，水深が深い場合でも適用可能である
- □ 防波堤－傾斜堤：捨石や異形コンクリートブロックで台形の形に構築する。砕波はブロックの斜面で行う。単純な構造で比較的水深が浅い小規模な防波堤に適用
- □ 消波ブロック被覆堤：堤防の前面にブロックを積み上げ，波のエネルギーを弱める構造で，コンクリートブロック同士を噛み合わせることが留意点となる

海岸堤防

1 海岸堤防の形式と特徴

海岸堤防は，高潮対策[※1]を目的に設置されます。海上工事は，波浪，潮流の影響を受けるため，現場の施工条件に対する配慮が重要となります。

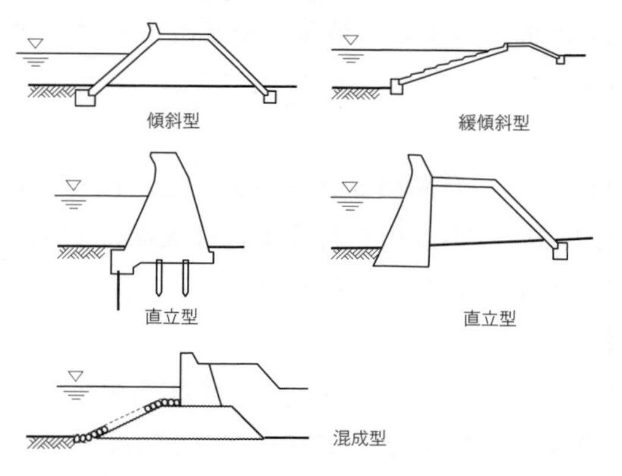

①直立型堤防

基礎地盤が堅固な場合や用地が狭い場合に用いられる堤防形式です。法勾配[※2]は1：1より急にします。裏法[※3]の勾配は，堤防の直高が大きい場合には，小段を配置します。

②傾斜型堤防

基礎地盤が軟弱な場合や堤防用地が容易に得られる場合に用いられる堤防形式です。法勾配は1：1よりゆるくし，根固工と併用します。

③混成型堤防

直立型や傾斜型堤防の特性を生かして，基礎地盤が堅固でなく，基礎の水深が深く施工が難しい場合に用いられる堤防形式です。傾斜型堤防の上に直立型堤防

※1
高潮対策
国土交通省の地域防災計画に示される施策で，高潮災害を防止するための海岸堤防や水門の整備などのハード面と，警戒・避難体制の強化といったソフト面とが一体となった総合的な対策です。

※2
法勾配
護岸や堤防などの斜面の傾斜です。直角三角形の鉛直高さを1としたときの水平距離が3の場合，1：3と表示します。

※3
裏法
海岸堤防で守られた陸地側の法面です。

※4
表法
海岸堤防で海側の波が打ち寄せる海側の法面です。

を組み合わせた上部のもので，根固工と併用します。

④**緩傾斜型堤防**

基礎地盤が軟弱な地盤で，前浜が十分広く海底の勾配がゆるやかな海浜に築堤する場合に用いられる堤防形式です。法勾配は1：3よりゆるくし，根固工は一般的には用いません。

2 根固工の形式と特徴

根固工は，表法[※4]や基礎工の前面に設置し，被覆工や基礎工とは絶縁します。単独で沈下や屈撓（とう）する構造です。

①**捨石根固工**

捨石の捨込み厚さは1m以上で，天端幅は2～5mとし，法勾配は1：1.5～1：3程度と比較的緩くします。中詰めを行う場合は天端に3個以上並べ，内部に向かって次第に小さな石を捨て込みます。

②**コンクリートブロック根固工**

一般的には異形コンクリートブロック[※5]を用います。ブロックとブロックの噛み合わせ効果を期待します。天端幅は，ブロックを2個以上並べ，層の厚さは2層以上とします。

③**方塊ブロック根固工**

コンクリート方塊[※6]を法先の地盤に鉄筋で連結して被覆します。

3 消波工の形式と特徴

堤防や護岸の前面に設け，波の打ち上げ高さ，越波量，衝撃砕波圧を低減します。消波工は，異形コンクリートブロックまたは捨石を用います。

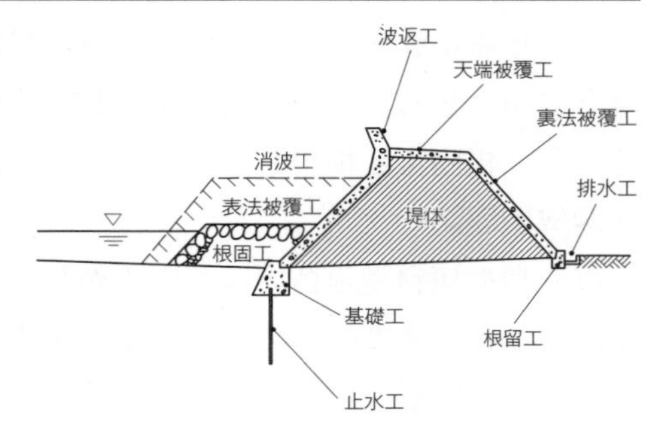

4 侵食対策施設の形式と機能

①突堤

海岸から細長く突き出した構造で沿岸漂砂を制御し，海面と陸地との境界線である汀線の維持を目的に設置します。

②離岸堤

汀線の方向と平行に設置し，波高減水を目的に設置されます。

※5
異形コンクリートブロック
型枠にコンクリートを打設して製作します。

※6
コンクリート方塊
防波堤などの基礎の根固工に使用される直方体のブロックで，型枠にコンクリートを打設して製作します。

チャレンジ問題！

問1 難 **中** 易

海岸堤防の施工に関する次の記述のうち，適当でないものはどれか。

(1) 海上工事となる場合は，波浪，潮汐，潮流の影響を強く受け，作業時間が制限される場合もあるので，現場の施工条件に対する配慮が重要である。
(2) 強度の低い地盤に堤防を施工せざるを得ない場合には，必要に応じて押さえ盛土，地盤改良などを考慮する。
(3) 堤体の盛土材料には，原則として粘土を含まない粒径のそろった砂質または砂礫質のものを用い，適当な含水量の状態で，各層，全面にわたり均等に締め固める。
(4) 堤体の裏法勾配は，堤体の安全性を考慮して定め，堤防の直高が大きい場合には，法面が長くなるため，小段を配置する。

解 説

盛土材料には，締固めが容易な多少の粘土を含む，粒度のバランスがよい砂質系の材料を用います。

解答（3）

港湾堤防

1 防波堤の形式と特徴

港湾における防波堤の構造形式は，直立堤，傾斜堤，混成堤，消波ブロック被覆堤などに分類されます。

①直立堤

波を受ける面が鉛直の壁となっていて，波のエネルギーを鉛直の壁で反射させる構造です。海底の地盤が岩盤などの堅固な場合に用いられます。岩盤でない場合は，根固工を併用する場合もあります。直立堤の壁は主にケーソン工法で築造され，水深が深い場合でも適用可能です。

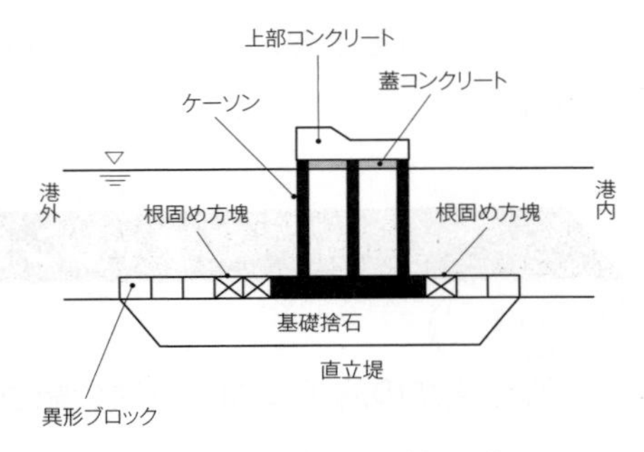

直立堤

②傾斜堤

捨石や異形コンクリートブロックを使用して台形の形に構築します。波のエネルギーを異形コンクリートブロックの斜面で砕波し弱める形式で，直立堤より単純な構造です。比較的水深が浅い小規模な防波堤に適用します。

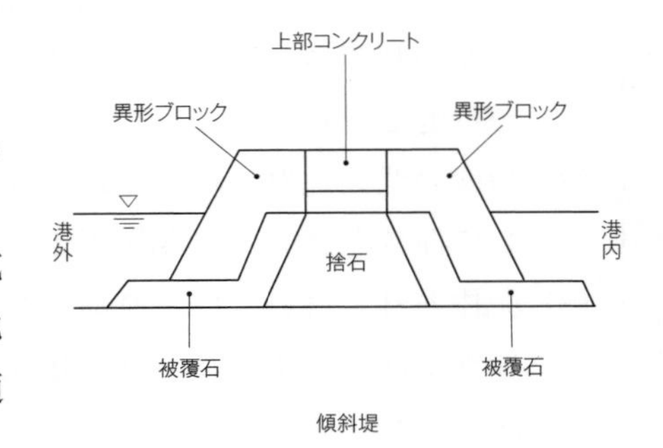

傾斜堤

③混成堤

直立堤と傾斜堤を組み合わせた構造です。基礎の捨石の天端高さが海面から深い場合は，直立堤の要素が大きくなり，浅い場合は傾斜堤に近い形式となります。海底の地盤が比較的軟弱で

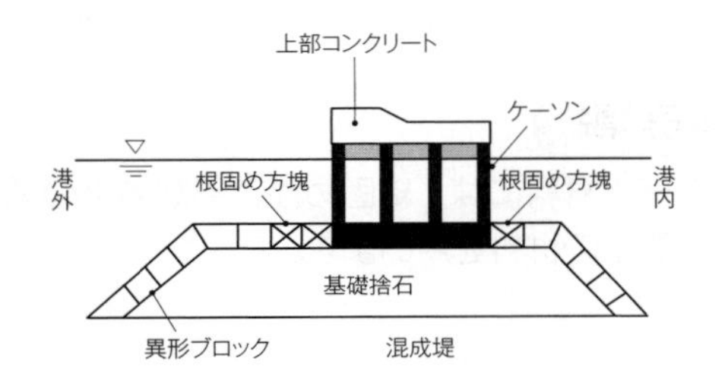

混成堤

水深が深い場合に適用可能です。施工においては，施工設備が複雑になるため工程管理に注意が必要です。

④消波ブロック被覆堤

直立堤や混成堤の前面に消波ブロックを積み上げ，波のエネルギーを砕波し弱める構造です。施工においてはコンクリートブロック同士が連結されていないため，噛み合わせて結合させることが留意点となります。

チャレンジ問題！

問1　難　中　易

港湾の防波堤の施工に関する次の記述のうち，適当でないものはどれか。

(1) 傾斜堤は，施工設備が簡単であるが，直立堤に比べて施工時の波の影響を受け易いので，工程管理に注意を要する。
(2) ケーソン式の直立堤は，本体製作をドライワークで行うことができるため，施工が確実であるが，荒天日数の多い場所では海上施工日数に著しい制限を受ける。
(3) ブロック式の直立堤は，施工が確実で容易であり，施工設備も簡単であるなどの長所を有するが，各ブロック間の結合が十分でなく，ケーソン式に比べ一体性に欠ける。
(4) 混成堤は，水深の大きい箇所や比較的軟弱な地盤にも適し，捨石部と直立部の高さの割合を調整して経済的な断面とすることができるが，施工法および施工設備が多様となる。

解　説

傾斜堤は直立堤より波のエネルギーを弱められるため，施工時は波の影響を受けにくく工程管理しやすいです。

解答（1）

CASE 6 山岳トンネル・シールド工法

まとめ & 丸暗記 この節の学習内容とまとめ

- □ 全断面工法：小断面のトンネルの安定した地山で，大型機械を使用し全断面を一度に掘削する工法。不安定な地山では，補助ベンチ付き全断面工法が採用される
- □ ベンチカット工法：ベンチを付けて上部半断面と下部半断面に分割して掘削。地山の変化に適用できる
- □ 中壁分割工法：大断面の掘削で断面を左右に分け，半断面を先進掘削する工法
- □ 導坑先進工法：地盤が不安定でベンチカット工法が不可能な場合に，地山の確認や排水を行うための小断面のトンネルを先進する工法
- □ 密閉型シールド：掘削とカッターヘッドを回転させながら掘削と推進を同時に行う工法で，切羽が自立しない地山に適用。粘着力が大きい地山では添加材を注入し，カッターチャンバー内やカッターヘッドへの付着を防止する
- □ 1次覆工：セグメントをリング状に千鳥組みする。組み立てる際は，シールドジャッキを数本ずつ引き込み，シールドマシンが押し戻されないようにする
- □ 裏込め注入：セグメント完了後に速やかに実施する。注入工の管理は，注入圧力と注入量の両方で行う。注入不足は地盤沈下の原因となるため，シールドの掘進と同時に行う

山岳トンネル

1 トンネル掘削

山岳トンネルの掘削にあたっては，**掘削断面の規模**や**トンネル延長**，**地山の地質条件**，**地下水の状況**，地形などを総合的に検討して掘削工法を計画します。

①全断面工法

切羽が自立する場合は，大型機械の使用が可能で，全断面を一度に掘削できるため効率がよく，小断面のトンネルに採用されます。全断面工法で掘削が困難となる地山では，ベンチ[※1]を付けて切羽の安定をはかる補助ベンチ付き全断面工法が採用されます。

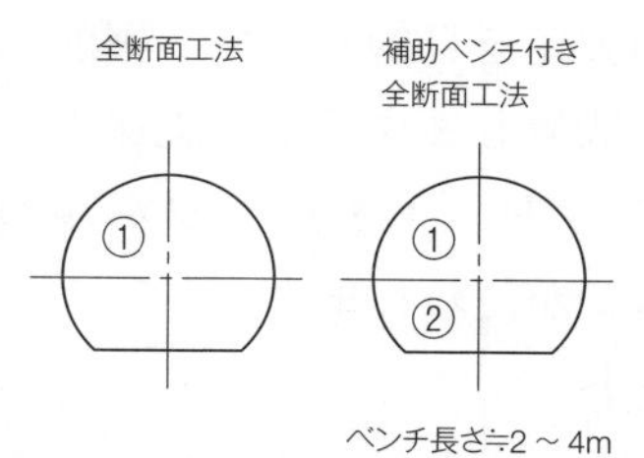

②ベンチカット工法[※2]

上部半断面と下部半断面に分割して掘削するのが一般的ですが，3段以上の多段式ベンチカット工法もあります。地山の条件による適用範囲が広く，全断面掘削が不可能な地山に遭遇したときはベンチの長さを短く調整して掘削します。

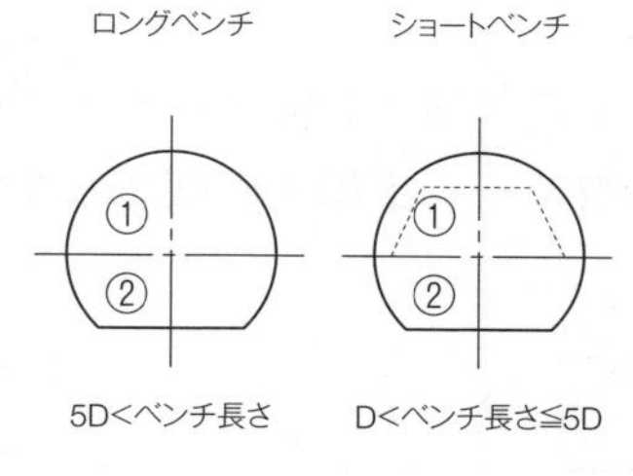

③導坑先進工法

掘削地盤の状態が悪くベンチカット工法ができない場合は，小断面のトンネルを先進し，地山の確認や地

※1
ベンチ
上部半断面と下部半断面の掘削において，上部と下部がベンチ（椅子）のように見えることから名づけられました。

※2
ベンチカット工法
ロングベンチカット工法：上部半断面区間が長い掘削方法で，上部と下部の作業の競合を少なくできるメリットがあります。良質の地質に適用されます。
ショートベンチカット工法：トンネル断面をできるだけ短時間に閉合する必要がある場合，地山が不安定な時に適用されます。

※3
側壁導坑先進工法
壁部から掘り進め，側壁を築いてから全面を掘削する方法。軟弱な地盤に適応できます。

下水の排水を行う工法です。※3側壁導坑先進工法は，土被りが小さい土砂地山で地表面沈下が懸念される場合などに適用されます。

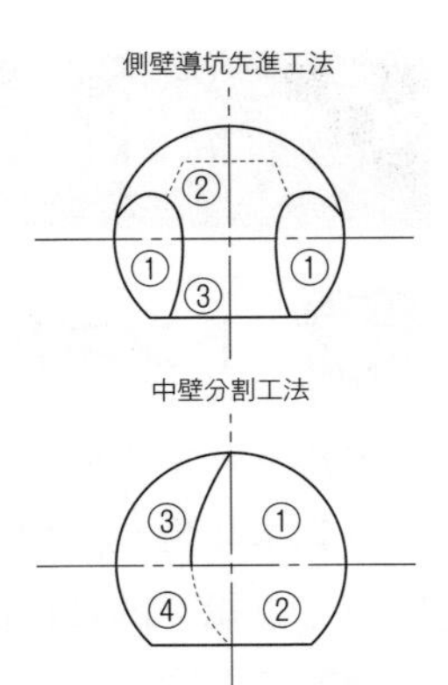

④中壁分割工法

大きな断面を掘削する場合に用いられ，断面を左右に分け，半断面を先進掘削する工法です。

2 支保工

掘削による地山の安定を目的として，掘削後速やかに支保工を設置します。主な支保工材料は，吹付けコンクリートやロックボルト，鋼製アーチ支保工が使われます。

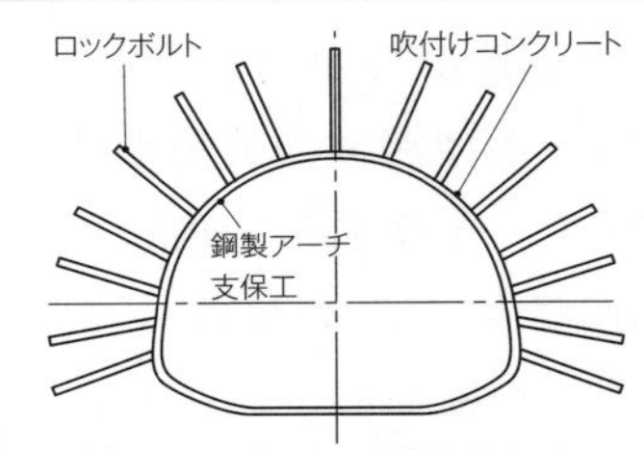

①吹付けコンクリート

コンクリートを地山に吹き付けることで，岩の塊がゆるんで落下するのを防止します。吹き付けたコンクリートが一体化して地山を保持します。

②ロックボルト

掘削後の地山に鋼棒（補強材）を打ち込み，地山と補強材の相互作用によって地山の表面付近の土塊のすべりを防止します。

③鋼製アーチ支保工

吹付けコンクリートの強度が発揮されるまでの間に，地山のゆるみを防止する対策として鋼製アーチ支保工が使われます。

3 覆工

①覆工区分

覆工は，トンネルの上部をアーチ部，立ち上がりの壁を側壁部，底の部分を※4インバート部に区分します。地山が安定している場合は，インバートを打設しない場合があります。

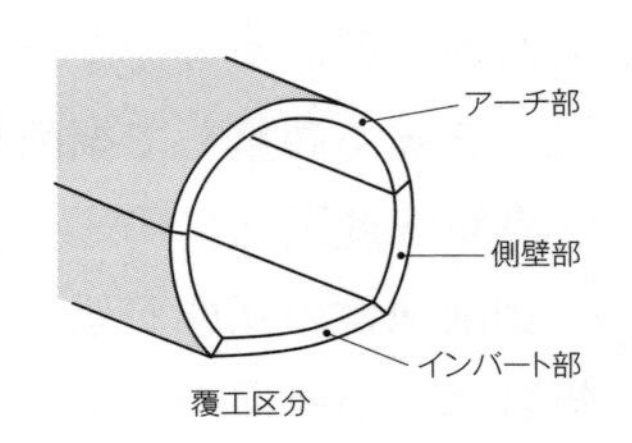

覆工区分

●施工時期

覆工は掘削後に内空変位が収束していることが確認された後で速やかに施工します。側壁導坑先進工法では，側壁コンクリートを先行して打設します。

※4
インバート
トンネル掘削後の覆工において，アーチ状にコンクリートを打設する場合に，一番底になる部分のこと。

チャレンジ問題！

問1

トンネルの山岳工法における掘削の施工に関する次の記述のうち，適当でないものはどれか。

(1) 全断面工法は，小断面のトンネルや地質が安定した地山で採用され，施工途中での地山条件の変化に対する順応性が高い。
(2) 補助ベンチ付き全断面工法は，全断面工法では施工が困難となる地山において，ベンチを付けて切羽の安定をはかり，上半，下半の同時施工により掘削効率の向上をはかるものである。
(3) 側壁導坑先進工法は，側壁脚部の地盤支持力が不足する場合や，土被りが小さい土砂地山で地表面沈下を抑制する必要のある場合などに適用される。
(4) ベンチカット工法は，全断面では切羽が安定しない場合に有効であり，地山の良否に応じてベンチ長を決定する。

解 説

全断面工法は，不良地質に遭遇した場合の段取り替えが非常に困難な工法です。

解答 (1)

シールド工法

1 シールド工法の形式と特徴

シールド工法は，シールドマシンを使ってトンネルを掘る工法です。形式は，大きく分けて密閉型と開放型があります。密閉型は切羽と作業室が隔壁で分離された構造になっています。

シールド工法の形式

密閉型（機械式）	土圧式	土圧シールド
		泥土圧シールド
	泥水式	泥水式シールド
開放型	部分開放型	ブラインド式シールド
	全面開放型	手掘り式シールド
		半機械手掘り式シールド
		機械手掘り式シールド

①密閉型シールド

切羽が自立しない地山に対して，カッターヘッドを回転させながら掘削と推進を同時に行う工法です。留意点は，切羽の安定をはかるために，土砂の取り込み過ぎやカッターチャンバー[※5]内の閉塞に注意して掘進速度を調整します。掘削土砂の粘着力が大きい場合は，添加材を注入し，カッターチャンバー内やカッターヘッドへの付着を防止します。

②開放型シールド

切羽が自立する地山に適用しますが，不安定な地山には補助工法を併用して掘進します。密閉型に比べシールドマシンは単純な構造です。

● **1次覆工**

1次覆工はセグメントを千鳥組みでリング状に組み立てます。セグメントを組み立てる際は，シールドジャッキを数本ずつ引き込み，シールドマシンが押し戻されないようにします。

●裏込め注入

セグメントの組み立て完了後は裏込め注入を速やかに実施します。裏込め注入工の管理は，注入圧力と注入量の両方で行います。注入不足は地盤沈下の原因となるため，シールドの掘進と同時に行います。

●2次覆工

覆工の厚さは，設計厚さを基にして，施工性，蛇行修正寸法などを考慮して定めます。

※5
カッターチャンバー
シールドマシンの掘削及び土砂の移送をする部屋です。カッタービットで地山を切削し土砂をカッタービット背面の部屋に取り込み，地山の土圧と対抗して地山の崩壊を防止する部屋です。

チャレンジ問題！

問1　　難　中　易

シールド工法の施工に関する次の記述のうち，適当でないものはどれか。

(1) セグメントを組み立てる際は，掘進完了後，速やかに全数のシールドジャッキを同時に引き戻し，セグメントをリング状に組み立てなければならない。
(2) 粘着力が大きい硬質粘性土を掘削する際は，掘削土砂に適切な添加材を注入し，カッターチャンバー内やカッターヘッドへの掘削土砂の付着を防止する。
(3) 裏込め注入工は，地山のゆるみと沈下を防ぐとともに，セグメントからの漏水の防止，セグメントリングの早期安定やトンネルの蛇行防止などに役立つため，速やかに行わなければならない。
(4) 軟弱粘性土の場合は，シールド掘進による全体的な地盤のゆるみや乱れ，過剰な裏込め注入などに起因して後続沈下が発生することがある。

解説

セグメントを組み立てる際は，数本のジャッキをゆっくり引き戻します。

解答（1）

CASE 7 上・下水道

まとめ & 丸暗記　この節の学習内容とまとめ

□ 土被り：一般的には，地表面から1.2m以上と道路法で定められている。鋼管（φ300以下）は，舗装厚さに30cmを加えた厚さ以上，かつ60cm以上とする

□ 管の明示方法：道路占用物件の名称，管理者名，敷設年度を明示したテープを貼り付ける

□ 埋戻し：厚さ30cm以下で両側から敷き均し転圧する

□ 剛性管渠：外力を受け変形しない管（下水道用鉄筋コンクリート管など）のこと

□ とう性管渠：外力を受けると変形する管（下水道用硬質塩化ビニル管など）のこと

□ コンクリート基礎工：地盤が軟弱で，外力が大きい場合に採用される

□ はしご胴木基礎工：地盤が軟弱で，不均質な上載荷重の場合に管渠の不同沈下を抑制する

□ 鳥居基礎工：地盤が極めて軟弱な場合に，はしご胴木基礎の下部を杭で支持する

□ 高耐荷力方式：鉄筋コンクリート管などを推進し，推進力を直接管に加える。滑材を注入し推進力を低減する。破損した場合，完了後に補修を行う

□ 低耐荷力方式：硬質塩化ビニル管などを推進し，先導体を取り付け掘進し管には周辺抵抗力のみ作用するタイプ。管の許容推進耐荷力を超えないように管理する

□ ゲルタイム：薬液注入材料が流動性から急激に粘性を増すまでの時間のこと

上・下水道

1 上水道・配水管の種類

配水管には，鋼管，鋳鉄管，ダクタイル鋳鉄管[※1]，ステンレス管，硬質塩化ビニル管，ポリエチレン管，水道用耐衝撃性硬質ポリ塩化ビニル管などがあります。鋼管は錆びやすいことや加工の手間がかかるため，ポリエチレン管や水道用耐衝撃性硬質ポリ塩化ビニル管（HI・VP管[※2]）がよく使われるようになりました。

2 配水管の施工

①試掘工

既設の地下埋設管に損傷を与えないよう人力で試し掘りを行い，既設管や通信ケーブルなどの位置や高さを把握します。

②敷設場所と位置・土被り

原則，配水管は道路管理者と協議を行い，公道内に埋設します。土被り厚さは1.2m以上と道路法で定められており，鋼管（φ300以下）は舗装厚さに30cmを加えた厚さ以上で，かつ60cm以上とします。

③管の明示方法

道路占用物件の名称，管理者名，敷設年度を明示したテープを貼り付けます（道路法）。

④埋戻し

厚さ30cm以下で敷き均し，片埋めにならないようにします。

※1
ダクタイル鋳鉄管
鋳鉄に含まれる黒鉛を球状にすることで，強度や靭性を高めた管です。

※2
HI・VP
耐衝撃性硬質ポリ塩化ビニル管は，耐衝撃性に優れた水道用給水管で，外気温度が低いときでも割れにくい性質の材料です。

3 下水道

①下水管の種類

下水管には，下水道用鉄筋コンクリート管，下水道推進工法用鉄筋コンクリート管，下水道用鉄筋コンクリート卵形管，下水道用硬質塩化ビニル管，ポリエチレン管，強化プラスチック複合管，ダクタイル鋳鉄管などがあります。

	硬質土・普通土	軟弱土	極軟弱土
・鉄筋コンクリート管 ・レジンコンクリート管	・砂基礎 ・砕石基礎 ・コンクリート基礎	・砂基礎 ・砕石基礎 ・はしご胴木基礎 ・コンクリート基礎	・はしご胴木基礎 ・鳥居基礎[※3] ・鉄筋コンクリート基礎
・陶管	・砂基礎 ・砕石基礎	・砕石基礎 ・コンクリート基礎	
・硬質塩化ビニル管 ・ポリエチレン管	砂基礎	砂基礎 ベットシート基礎 ソイルセメント基礎	ベットシート基礎 ソイルセメント基礎 はしご胴木基礎 布基礎
・強化プラスチック複合管	砂基礎 砕石基礎		
・ダクタイル鋳鉄管 ・鋼管	砂基礎	砂基礎	砂基礎 はしご胴木基礎 布基礎

②下水管の施工

下水管を地下に埋設する工法には，開削工法，推進工法，シールド工法があります。管渠の基礎は，使用する管渠の種類や土被り，地耐力，施工方法などを考慮して決定します。

③剛性管渠の基礎工

開削工法における剛性管渠の基礎工の主な種類と特徴を示します。

●砂基礎・砕石基礎工

地盤が良質な場合に採用されます。砂や砕石を管渠の下に密着させて敷き均し，締め固めて管渠を支持します。

●コンクリート基礎工

地盤が軟弱で，管渠に働く外力が大きい場合に採用されます。**支持角度**

が大きいほど大きな外力に対抗します。

●可撓性管渠の基礎工

原則として砂基礎で管渠を支持します。

④埋戻し

管渠の周辺および管の上部**30cm**までは人力で丁寧に埋戻しを行い，その上部は**30cm以下**に敷き均し，タンパなどで締め固めます。

※3
鳥居基礎
はしご胴木の下部を杭で支持する工法です。極軟弱地盤でほとんど地耐力が期待できない場合に採用します。

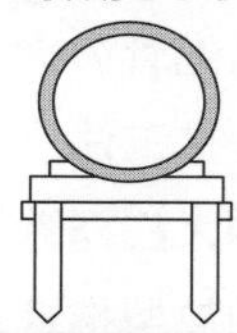

チャレンジ問題！

問1　　難　**中**　易

下水道に用いられる剛性管渠の基礎の種類に関する次の記述のうち，適当でないものはどれか。

(1) 砂または砕石基礎は，砂または細かい砕石などを管渠外周部にまんべんなく密着するように締め固めて管渠を支持するもので，設置地盤が軟弱地盤の場合に採用する。
(2) コンクリートおよび鉄筋コンクリート基礎は，管渠の底部をコンクリートで巻き立てるもので，地盤が軟弱な場合や管渠に働く外圧が大きい場合に採用する。
(3) はしご胴木基礎は，まくら木の下部に管渠と平行に縦木を設置してはしご状に作るもので，地盤が軟弱な場合や，土質や上載荷重が不均質な場合などに採用する。
(4) 鳥居基礎は，はしご胴木の下部を杭で支える構造で，極軟弱地盤でほとんど地耐力を期待できない場合に採用する。

解説

軟弱地盤では，はしご胴木基礎などが採用されます。

解答（1）

推進工法・薬液注入

1 推進工法の形式と特徴

推進管の大きさによって，中大口径管推進工法（ϕ 800以上）と小口径管推進工法（ϕ 700以下）に分かれます。

①中大口径管推進工法

開放型推進工法と密閉型推進工法とに分類されます。

●開放型推進工法

切羽は開放され人力で掘削し，ジャッキで推進する刃口推進工法があります。切羽が自立することが条件となります。発進立坑に推進ジャッキを備える元押し工法が一般的です。長距離推進を行う場合は，中間にジャッキを挿入する中押し工法が採用されます。

●密閉型推進工法

切羽は先導体[※4]（掘削機械）を備え，密閉されています。適用する土質は多様です。元押し工法が一般的です。長距離推進を行う場合は，中押し工法が採用されます。

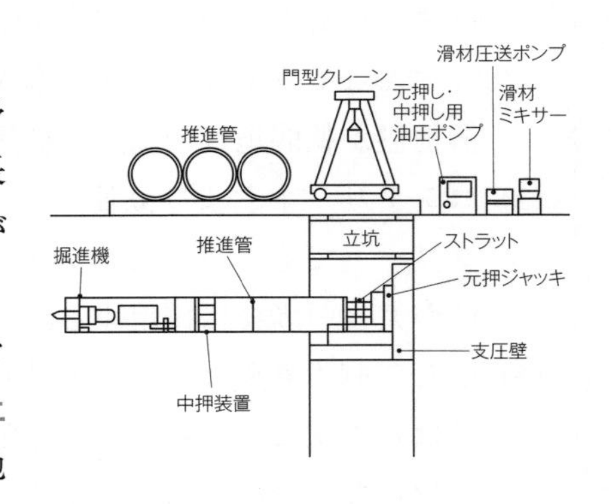

推進工事においては，切羽の土砂を適正に取り込むことが必要で，掘削土量と排土量の管理に注意し，地上の地盤の陥没を防止します。

②小口径管推進工法

推進管の種類により分類され，高耐荷力方式や低耐荷力方式などがあります。

●高耐荷力方式

推進工法用鉄筋コンクリート管など推進し，推進力を直接管に加えます。推進中に管に破損が生じた場合は，滑材を注入し推進力を低減させて推進し，完了後に補修を行います。

●低耐荷力方式

推進工法用硬質塩化ビニル管を推進し，先導体を取り付け，管には周辺抵抗力のみがかかるタイプです。管の許容推進耐荷力※5を超えないように管理します。

2 薬液注入の形式と特徴

ボーリングにより地盤を穿孔し地盤の中に硬化材を圧入し地盤の強化や透水性の改善をはかる工法です。

①単管ロッド注入方式

ボーリングロッドを注入管として使います。セメント系懸濁型注入材を使用し，ゲルタイム※6は比較的長い（数分単位）です。

②二重管ストレーナー注入方式

ゲルタイムの短い（数秒単位）瞬結型薬液を使用し，限定された部分に効果的に薬液を効かせる方式です。

薬液	ゲルタイム	適用される注入方式	注入材の混合方式
瞬結型	数秒単位	・二重管ストレーナー注入方式(単相式) ・二重管ストレーナー注入方式(複相式)	2ショット
急結型	数分単位	・単管ロッド注入方式	1.5ショット
緩結型	数十分単位	・二重管ストレーナー注入方式(複相式) ・二重管ダブルパッカー注入方式	1ショット

薬液の種類には，細かい粒子の砂への浸透性能を有する「溶液型」と，強度増加を目的として，セメント

※4

先導体

推進管の先頭に取り付け，掘削を行う機械で遠隔方向制御装置を備え，方向修正を行う機能があります。

※5

許容推進耐荷力

推進による管の周面抵抗力は推進距離に比例して増加するため，管の許容耐荷力と等しい距離が許容推進延長となります。

鉄筋コンクリート管の許容推進耐荷力は，Φ300：642（N）です。

互層地盤

砂や粘土・礫などの性質の異なる地層が，交互に繰り返し堆積している地層を互層といいます。推進工法において互層の境目付近を掘進する場合は，推進管が軟らかい層側に蛇行することがあります。

※6

ゲルタイム

薬液注入材料が混合開始から流動性を失い，粘性が急激に増加するまでの時間です。

の粒子分を含む「懸濁型」があります。

薬液	硬化剤		特徴
懸濁型	セメント，ベントナイトなどの懸濁液		長期耐久性に優れる。地盤中の割れ目，空隙への充てん性
溶液型	無機系	無機化合物の溶液	地盤への浸透性
	有機系	有機化合物を含む溶液	

チャレンジ問題！

問1

難　中　易

小口径管推進工法の施工に関する次の記述のうち，適当でないものはどれか。

(1) 推進工事において地盤の変状を発生させないためには，切羽土砂を適正に取り込むことが必要であり，掘削土量と排土量，泥水管理に注意し，推進と滑材注入を同時に行う。
(2) 推進中に推進管に破損が生じた場合は，推進施工が可能な場合には十分な滑材注入などにより推進力の低減をはかり，推進を続け，推進完了後に損傷部分の補修を行う。
(3) 推進工法として低耐荷力方式を採用した場合は，推進中は管にかかる荷重を常に計測し，管の許容推進耐荷力以下であることを確認しながら推進する。
(4) 土質の不均質な互層地盤では，推進管が硬い土質の方に蛇行することが多いので，地盤改良工法などの補助工法を併用し，蛇行を防止する対策を講じる。

解説

土質が軟らかい層と硬い層の間を推進する場合は，推進管は軟らかい土質側へ蛇行します。

解答（4）

第一次検定

第3章

法規

第3章  法規

CASE 1 労働関係法

まとめ & 丸暗記　この節の学習内容とまとめ

- □ 男女同一賃金の原則：女性であることを理由に賃金について，男性と差別してはならない
- □ 公民権行使の保障：労働時間中に，選挙権その他公民としての権利を請求した場合は，拒んではならない
- □ 労働契約期間：3年を超える期間について締結してはならない
- □ 労働条件の明示：賃金，労働時間，労働契約の期間，就業の場所，従事すべき業務，退職に関する事項の労働条件を明示しなければならない
- □ 賃金：通貨で直接労働者に，その全額を支払わなければならない（毎月1回以上，一定の期日を定める）
- □ 休業手当：使用者の責の事由による休業は，その平均賃金の100分の60以上の手当てを支払わなければならない
- □ 労働時間：1日8時間，1週40時間労働を原則とする
- □ 事業者が行う選任：労働者が常時100人以上の事業所は総括安全衛生管理者を選任。常時50人以上の事業所は安全管理者と衛生管理者および産業医を選任する
- □ 1つの場所において元請・下請が混在する事業場：常時50人以上の労働者を使用する場合，統括安全衛生責任者を選任する
- □ 火薬類の取扱い制限：18才未満の者は，取扱いをしてはならない
- □ 火薬庫の運搬：その旨を出発地を管轄する都道府県公安委員会に届け出て，運搬証明書の交付を受けなければならない

労働基準法

1 総則

労働条件の決定は，労働者と使用者が対等の立場で決定すべきものです。

①均等待遇

労働者の国籍，信条または社会的身分を理由として賃金など労働条件について，差別してはいけません。

②男女同一賃金の原則

労働者の賃金について男女の差別をしてはいけません。

③公民権行使の保障

労働者が労働時間中に，選挙権その他公民としての権利を行使し，または公の職務を執行するために必要な時間を請求した場合においては，拒んではいけません。

2 契約

使用者と労働者は，労働契約を締結します。

①労働契約期間※1

3年を超える期間について締結してはいけません。

②労働条件の明示

労働者に対して賃金，労働時間その他（期間，就業の場所，解雇の事由）の労働条件を明示しなければいけません。

③賠償予定の禁止

労働契約の不履行について違約金を定め，または損

労働契約書
使用者と労働者が労働に関する紛争を起こさないように取り交わすものです。この法律の基準に達しない労働条件を定める労働契約は，その部分は無効となります。

※1
労働契約期間
高度な知識，技術を有する労働者との労働契約や60歳以上の者については，契約期間の上限を５年とすることができます。

労働条件の解除
労働者は使用者より明示された労働条件が事実と相違する場合においては，即時に労働契約を解除することができます。

緊急時の賃金の支払い
労働者や家族の災害，疾病，出産，葬儀，婚礼または１週間以上にわたって帰省する場合に請求があれば，支払い期日前であっても，既往の労働に対する賃金を支払わなければいけません。

害賠償額を予定する契約をしてはいけません。

④前借金相殺の禁止

前借金その他労働することを条件とする前貸しの債権と賃金を相殺してはいけません。

⑤強制貯金

労働契約に附随して貯蓄の契約をさせ，または貯蓄金を管理する契約をしてはいけません。

⑥解雇制限（解雇してはならない期間）

・業務上の負傷，疾病により治療のため休業する期間およびその後30日間

・産前産後の休業期間およびその後30日間

⑦解雇の予告

解雇については，30日前に予告しなければいけません。また，予告しない場合は30日分以上の平均賃金を支払わなければいけません。

⑧退職時などの証明

労働者が退職の場合に，使用期間，業務の種類，地位，賃金または退職の事由の証明書を請求した場合は，使用者は遅滞なく交付します。

3 賃金

賃金は通貨で直接労働者に，毎月1回以上，一定の期日を定めて，その全額を支払わなければいけません。

①休業手当

使用者の責に帰すべき事由による休業の場合は，休業期間中当該労働者に，その平均賃金の100分の60以上の手当てを支払わなければいけません。

②出来高払制の保障給

出来高払制その他の請負制で使用する労働者については，使用者は労働時間に応じて一定額の賃金の保障をしなければいけません。

4 労働時間と休憩

労働時間は，1日8時間．1週40時間労働を原則とします。使用者は，労働者に，休憩時間を除き1週間につき40時間を，1日につき8時間を超えて労働させてはいけません。

休憩は，使用者の労働時間が6時間を超える場合は45分，8時間を超える場合は1時間の休憩時間を労働時間の途中に一斉に与えなければいけません。

管理者の休憩・休日
管理者や監督の地位にある労働者は，労働時間，休憩および休日に関する規定は適用されません。ただし，深夜労働させた場合は割増賃金を支払う必要があります。

チャレンジ問題！

問1　難　中　易

就業規則に関する次の記述のうち，労働基準法令上，誤っているものはどれか。

(1) 使用者は，原則として労働者と合意することなく，就業規則を変更することにより，労働者の不利益に労働契約の内容である労働条件を変更することはできない。
(2) 就業規則で定める基準に達しない労働条件を定める労働契約は，労働者と使用者が合意すれば，すべて有効である。
(3) 常時規定人数以上の労働者を使用する使用者は，就業規則を作成し，行政官庁に届け出なければならない。
(4) 就業規則には，始業および終業の時刻，賃金の決定，退職に関する事項を必ず記載しなければならない。

解　説

基準に達していない労働条件を定める労働契約は，労働者と使用者が同意しても無効となります。

解答（2）

労働安全衛生法・火薬類取締法

1 安全衛生管理体制

常時100人以上の労働者[※2]を使用する単一事業所は，総括安全衛生管理者[※3]を選任します。総括安全衛生管理者は，危険または健康障害の防止，安全または衛生のための教育の実施，健康診断の実施などを統括管理します。

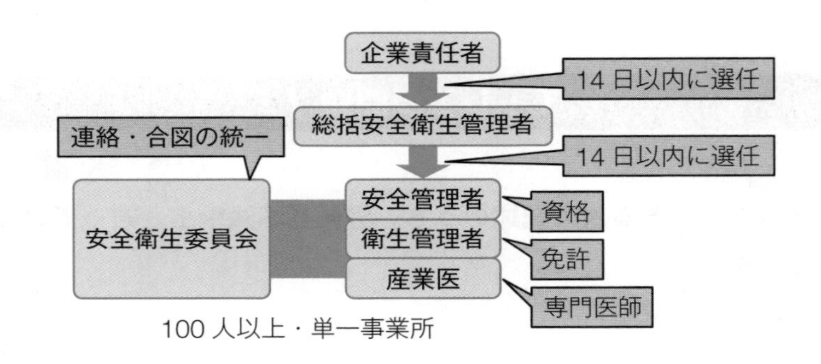

100人以上・単一事業所

常時50人以上の労働者を使用する単一事業所は，安全管理者と衛生管理者および産業医を選任します。

安全衛生委員会は，毎月1回開催することが義務付けられ，労働者の健康管理や労働安全衛生管理について検討します。

常時10人以上50人未満の労働者を使用する事業所は，安全衛生推進者[※4]を選任します。

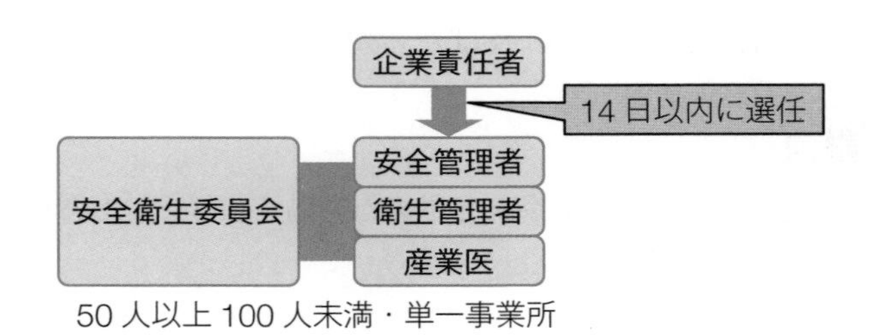

50人以上100人未満・単一事業所

1つの場所において元請・下請が混在する事業場で常時50人以上の労働者を使用する場合，統括安全衛生責任者[※5]を選任し，元方安全衛生管理者の指揮をさせるとともに，協議組織の設置および運営，作業間の連絡および調整，作業場所の巡視，安全教育，機械設備の配置計画を統括管理します。

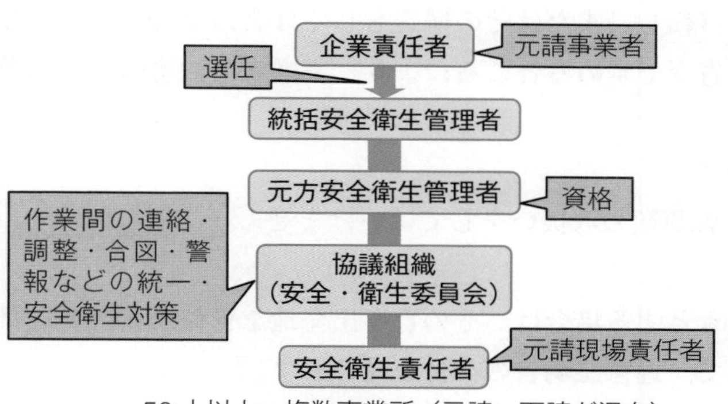

50人以上・複数事業所（元請・下請が混在）

労働基準監督署長に届出を要する設備と機械（工事の30日前）	①アセチレン溶接装置。②軌道装置。③型枠支保工（3.5m以上）。④足場（高さ10m以上）。⑤クレーン（吊上げ荷重3t以上）。⑥デリック（吊上げ荷重2t以上）。⑦エレベータ（積載荷重1t以上）。⑧ゴンドラ。⑨ボイラ　など
労働基準監督署長に届出を要する工事（工事の14日前）	①高さ31mを超える建築物または工作物。②最大支間50m以上の橋梁の建設。③最大支間30m以上50m未満の橋梁の上部構造の建設。④ずい道工事。⑤地山の掘削（10m以上）。⑥圧気工法の作業など

2 火薬類の貯蔵，運搬

火薬類の貯蔵は，火薬庫でしなければいけません。ただし，経済産業省令で定める数量以下の火薬類につ

※2
労働者
労働者とは，同居の親族のみを使用する事業または事務所に使用される者および家事使用人を除く者をいいます。

※3
総括安全衛生管理者
常時100人以上の労働者を使用する事業所で選任します。

※4
安全衛生推進者
常時50人未満の労働者を使用する事業所で選任します。

※5
統括安全衛生責任者
1つの場所において元請・下請が混在する事業場で常時50人以上の労働者を使用する場合に選任します。

作業場の安全巡視の頻度
安全管理者の作業場などの巡視の頻度は，規定されていないが，必要にして十分な巡視が望まれる。

いては，この限りではありません。

①経済産業省令で定める数量

2級火薬庫の最大貯蔵量は，火薬においては50kgを超え20t以下，爆薬は25kgを超え10t以下，工業雷管および電気雷管においては1万個を超え1,000万個以下と規定されています。

②火薬庫

火薬庫を設置し，移転し，またはその構造もしくは設備を変更しようとする者は，経済産業省令で定めるところにより，都道府県知事の許可を受けなければいけません。

③火薬類の取扱い制限

18才未満の者は，火薬類の取扱いをしてはいけません。

④火薬庫の運搬

火薬類を運搬しようとする場合は，その旨を出発地を管轄する都道府県公安委員会に届け出て，運搬証明書の交付を受けます。

火薬類を運搬するときは，衝撃などに対して安全な措置を講ずることとします。工業雷管，電気雷管もしくは導火管付き雷管またはこれらを取り付けた薬包を坑内または隔離した場所に運搬するときは，背負袋，背負箱などを使用します。

⑤火薬類の収納

火薬類を収納する容器は，木その他電気不良導体で作った丈夫な構造のものとし，内面には鉄類を表さないこととします。

3 保安

火薬庫の所有者もしくは占有者または経済産業省令で定める数量以上の火薬類を消費する者は，火薬類取扱保安責任者および火薬類取扱副保安責任者または取扱保安責任者を選任し，取扱保安責任者または取扱副保安責任者の職務を行わせなければいけません。

①保安責任者，副保安責任者

製造業者は，火薬類製造保安責任者および火薬類製造副保安責任者または製造保安責任者を選任し，製造保安責任者または製造副保安責任者の職務を行わせなければいけません。

②火薬庫の混包などの禁止

火薬類は他の物と混包し，または火薬類でないようにみせかけて，これを所持し，運搬し，もしくは託送してはいけません。

電気雷管の運搬
運搬する場合は，脚線が裸出しないような容器に収納し，乾電池その他電路の裸出している電気器具を携行せず，かつ電灯線，動力線その他漏電のおそれのあるものにできるだけ接近しないようにします。

4 事故の届出

製造業者，販売業者，消費者その他火薬類を取り扱う者は，災害発生や，譲渡許可証・譲受許可証または運搬証明書を喪失または盗取されたときは，遅滞なく警察官または海上保安官に届け出なければいけません。

チャレンジ問題！

問1　難　中　易

事業者が統括安全衛生責任者に統括管理させなければならない事項に関する次の記述のうち，労働安全衛生法令上，誤っているものはどれか。

(1) 協議組織の設置および運営を行うこと。
(2) 作業間の連絡および調整を行うこと。
(3) 作業場所の巡視を行うこと。
(4) 店社安全衛生管理者の指導を行うこと。

解　説

店社安全衛生管理者の指導は，事業者が統括安全衛生責任者に統括管理させなければならない事項に含まれません。

解答（4）

CASE 2 許認可関係法

まとめ & 丸暗記　この節の学習内容とまとめ

- □ 特定建設業許可：下請代金の額が建築工事業で6,000万円以上，その他の業種は4,000万円以上の下請け契約をして施工するものが受ける許可のこと
- □ 一般建設業許可：特定建設業の許可条件以外が受ける許可のこと
- □ 主任技術者：請け負った建設工事技術上の管理をつかさどる
- □ 監理技術者：1件の建設工事の下請代金の総額が建築工事業で6,000万円以上，その他の業種は4,000万円以上の下請け契約をした場合に特定建設業者が配置しなければならない
- □ 確認申請：建築物を建築しようとするときは，建築基準法に適合させるため確認申請を行い，確認済証の交付を受ける必要がある
- □ 1級技士補：1級の第一次検定合格者の称号。監理技術者補佐として現場に専任で配置でき，元請の監理技術者は，2つまで現場を兼務できる
- □ 仮設建築物に対する適用除外
  - ・災害によって破損した建築物の応急修繕または災害救助のために建築する場合
  - ・被災者が自ら使用する，延べ面積が30m²以内のもので，被災の日から1カ月以内に着手する場合
- □ 仮設事務所が建築基準法の適用を受ける場合
  - ・建築物は，自重，積載荷重，積雪荷重，風圧，土圧および地震などの構造耐力に対して安全な構造であること

建設業法

1 建設業の許可制度

建設業の許可の種類には大臣許可[※1]と知事許可があります。各々の許可は下請け契約の金額により，特定建設業許可と一般建設業許可に分かれます。

特定建設業者と一般業者の工事内容は同じです。発注者から直接請け負った工事1件について下請けに発注する金額が4,000万円以上となる場合を特定建設業者といい，4,000万円を超えない場合や自社直営で工事を行う場合は一般建設業者となります。

主任技術者の設置基準[※2]

	一般建設業(28業種)	特定建設業(28業種)
工事請負の方式	①元請(発注者からの直接請負) 下請金額が建築工事業で6,000万円未満，その他業種で4,000万円未満 ②下請 ③自社施工	①元請(発注者からの直接請負) 下請金額が建築工事業で6,000万円以上，その他業種で4,000万円以上 ②下請 ③自社施工

監理技術者の設置基準

	特定建設業(28業種)	
	指定建設業以外(21業種)	指定建設業[※3](7業種)
工事請負の方式	①元請(発注者からの直接請負) 下請金額が建築工事業で4,000万円以上	①元請(発注者からの直接請負) 下請金額が建築工事業で6,000万円以上，その他業種で4,000万円以上

※1
大臣許可と知事許可
建設業者で，営業所が1つの都道府県のみの場合は各都道府県知事，2つ以上の都道府県にある場合は国土交通大臣の許可を受けます。

※2
主任技術者の資格
①高校の指定学科卒業者は5年以上の実務経験。
②高等専門学校の指定学科卒業者は3年以上の実務経験。
③大学の指定学科卒業者は3年以上の実務経験。

※3
指定建設業
特定建設業者のうち，総合的な施工技術を必要とするものとして政令で指定します。土木工事業，建築工事業，電気工事業，管工事業，鋼構造物工事業，舗装工事業，造園工事業の7業種です。

建設業の許可が不要の建設工事
①建築一式工事で，請負代金が1,500万円未満の工事。
②建築一式工事以外で請負代金が500万円未満の工事。

2 主任技術者・監理技術者

建設業者は，請け負った建設工事を施工するときは，その工事現場における建設工事の技術上の管理をつかさどるものとして**主任技術者**を置かなければいけません。発注者から直接建設工事を請け負った**特定建設業者**は，1件の建設工事の下請代金の総額が建築工事業で**6,000万円以上**，その他の業種は**4,000万円以上**の下請け契約をした場合は，主任技術者の代わりに**監理技術者**を配置しなければいけません。

●**建設業法の改正**

建設業界が人材不足である中，1級の技術検定資格を持った監理技術者の専任配置義務が，建設業法の改正により一定の条件を満たすことで専任性要件が緩和され，監理技術者が複数の現場を兼任できるようになりました（兼任可能な監理技術者のことを**監理特例技術者**といいます。《改正建設業法第26条第4項》）。

1級の**第一次検定合格者**には**1級技士補**の称号が与えられ，主任技術者要件を満たした1級技士補は監理技術者補佐として現場に専任で配置できます。これにより元請の監理技術者は，2つまで現場を兼務できます。

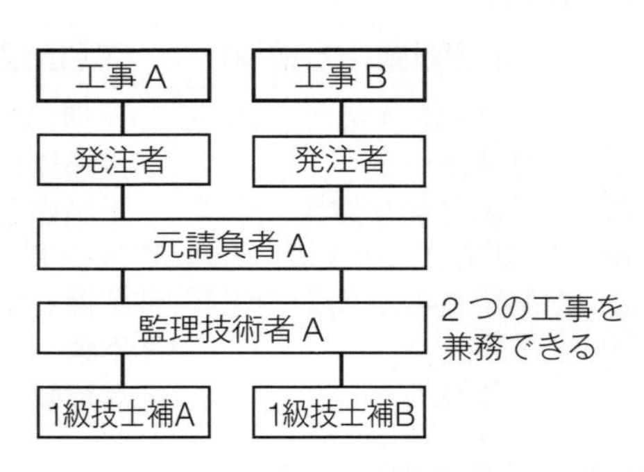

3 専任の主任技術者・監理技術者を置く工事

公共性のあるものや多数の人が利用するような施設もしくは工作物に関する重要な建設工事（①国または地方公共団体が注文者。②鉄道，橋，護岸，堤防，道路，ダム，飛行場，港湾，電気，ガス工事など。③学校，図書館工場など）を施工するときは，元請，下請に関わらず工事現場ごとに専任の主任技術者・監理技術者を置かなければいけません。

工事1件の請負代金の額は，建築一式工事で7,000万円以上，その他の工事で3,500万円以上となります。

チャレンジ問題！

問1

難　中　易

技術者制度に関する次の記述のうち，建設業法令上，誤っているものはどれか。

(1) 主任技術者および監理技術者は，建設業法で設置が義務付けられており，公共工事標準請負契約約款に定められている現場代理人を兼ねることができる。

(2) 発注者から直接建設工事を請け負った特定建設業者は，当該建設工事を施工するために締結した下請契約の請負代金の額に関わらず，工事現場に監理技術者を置かなければならない。

(3) 主任技術者および監理技術者は，工事現場における建設工事を適正に実施するため，当該建設工事の施工計画の作成，工程管理，品質管理その他の技術上の管理および当該建設工事の施工に従事する者の技術上の指導監督を行わなければならない。

(4) 工事現場における建設工事の施工に従事する者は，主任技術者または監理技術者がその職務として行う指導に従わなければならない。

解　説

発注者から直接建設工事を請け負った特定建設業者は，１件の建設工事の下請代金の額が建築工事業で6,000万円以上，その他の業種は4,000万円以上の下請け契約をする場合は，監理技術者を配置しなければいけません。

解答（2）

建築基準法

1 確認申請

建築主は，建築物を建築しようとするときは，その計画を建築基準法およびこれに基づく条件や関係する規定に適合させなければいけません。確認検査機関に確認申請を行い，確認済証の交付を受ける必要があります。

確認申請が必要な特殊建築物

用途・構造	工事種別	規模
劇場，映画館，演芸場，観覧場，公会堂，集会場	新築，増築，改築，移転，大規模の修繕，大規模の模様替え，特殊建築物への用途変更	その用途に供する部分の床面積の合計が100m²を超えるもの
病院，診療所（患者の収容施設のあるもの），ホテル，旅館，共同住宅，寄宿舎，児童福祉施設など		
学校，体育館，博物館，美術館，図書館，ボウリング場，スキー場，スケート場，水泳場，スポーツの練習場		
百貨店，マーケット，展示場，キャバレー，カフェ，ナイトクラブ，バー，ダンスホール，遊技場，公衆浴場，料理店，飲食店，物品販売業を営む店舗（床面積が10m²以内のものを除く）		
倉庫		
自動車車庫，自動車修理工場，映画スタジオ，テレビスタジオ		

●確認申請が必要な木造建築物

次のいずれかに該当する木造建築物は確認申請が必要です。

・階数≧3　・延べ面積＞500m²　・高さ＞13m　・幹高＞9m

●確認申請が必要な木造以外の建築物

次に該当する木造以外の建築物は確認申請が必要です。

・階数≧2または延べ面積＞200m²

①仮設建築物に対する適用除外

災害によって破損した建築物の応急修繕や，被災者が自ら使用するために建築し延べ面積が$30m^2$以内のもので被災の日から1カ月以内に着手の場合は適用除外となります。

②仮設事務所が建築基準法の適用を受ける場合

・建築物は，自重，積載荷重，積雪荷重，風圧，土圧，地震などの構造耐力に対し安全な構造であること。

・採光のための窓は床面積の$\frac{1}{7}$以上，換気のための窓は床面積の$\frac{1}{20}$以上とする。

チャレンジ問題！

問1　難　中　易

建築基準法上，工事現場に設ける仮設建築物に対する制限の緩和が適用されないものは，次の記述のうちどれか。

(1) 建築物を建築または除却しようとする場合は，建築主事を経由して，その旨を都道府県知事に届け出なければならない。

(2) 建築物の床下が砕石敷均し構造で，最下階の居室の床が木造である場合は，床の高さを直下の砕石面からその床の上面まで45cm以上としなければならない。

(3) 建築物の敷地は，道路に2m以上接し，建築物の延べ面積の敷地面積に対する割合（容積率）は，区分ごとに定める数値以下でなければならない。

(4) 建築物は，自重，積載荷重，積雪荷重，風圧，土圧および地震等に対して安全な構造のものとし，定められた技術基準に適合するものでなければならない。

解　説

工事現場に設ける仮設建築物は，安全な構造のものでなければならないので，緩和規定に適用しません。

解答（4）

第3章  法規

CASE 3 環境保全関係法

まとめ & 丸暗記　この節の学習内容とまとめ

■ 騒音規制法

□ 特定建設作業：騒音を発生する８つの作業をいい，①杭打機，杭抜機，杭打抜機を使用する作業。②びょう打機を使用する作業。③削岩機を使用する作業。④空気圧縮機を使用する作業。⑤コンクリートプラント，アスファルトプラントを設けて行う作業。⑥バックホウを設けて行う作業。⑦トラクターショベルを用いる作業。⑧ブルドーザを用いる作業。がある

□ 騒音規制基準：現場敷地境界線上で85dB以下

□ 特定建設作業の届出：元請負人は，指定地域内で特定建設作業を実施しようとするときは，工事開始日の7日前までに，市町村長に届ける

■ 振動規制法

□ 特定建設作業：振動を発生する４つの作業をいい，①杭打機，杭抜機，杭打杭抜機を使用する作業。②鋼球を使用して建設物その他の工作物を破壊する作業。③舗装版破砕機を使用する作業。④ブレーカを使用する作業。がある

□ 振動規制基準：現場敷地境界線上で75dB以下

□ 特定建設作業の届出：元請負人は，指定地域内で特定建設作業を実施しようとするときは，工事開始日の7日前までに，市町村長に届ける

騒音規制法

1 特定建設作業

騒音規制法は，自動車，工場，建設工事の各騒音を都道府県知事の定める地域において規制するものです。建設工事の作業のうち次に示す8つの特定建設作業については，生活環境を保全するため，都道府県知事の定める地域で作業を行うときは，市町村長への届出を義務付けています。

●8つの特定建設作業

特定建設作業とは，建設工事のうち著しい騒音を発生する8つの作業をいいます。

①杭打機（モンケン[※1]を除く），杭抜機，杭打抜機（圧入式を除く）を使用する作業。

②鋲打機を使用する作業。

③削岩機[※2]を使用する作業（50m/日を超えて移動する作業を除く）。

④空気圧縮機を使用する作業（電動機および定格出力15kw未満の原動機を除く）。

⑤コンクリートプラントを設けて行う作業（混錬容量0.45m^{3}未満は除く）。アスファルトプラントを設けて行う作業（混錬重量200kg未満は除く）。

⑥バックホウを用いる作業（原動機の定格出力が80kw未満のもの，環境大臣が指定するものを除く）。

⑦トラクターショベルを用いる作業（原動機の定格出力が70kw未満のもの，環境大臣が指定するものを除く）。

※1

モンケン
大きなハンマーを櫓の上部に巻き上げ，自由落下のエネルギーを利用して杭の頭を打撃し，その反動で杭を打設する工法です。比較的地盤が軟らかい場合の杭打ちに使われます。

圧入式杭打機
既製の杭を油圧ジャッキや多滑車などを用いて，静荷重によって貫入させる工法です。打撃や振動により既製杭を地盤中に設置する打込み方式ではないため振動や騒音の発生は少ないです。

※2

削岩機
山岳トンネル工事，コンクリートの解体工事で広く使用され，硬い金属の棒を反復させて打撃することで削岩する建設機械です。動力には油圧式と圧縮空気式があり，大型機械式からハンドドリル式まであります。打撃するため大きな騒音を発生します。

騒音規制基準
騒音の大きさは，現場敷地境界線上で85dB以下とします。

⑧ブルドーザを用いる作業（原動機の定格出力が40kw未満のもの，環境大臣が指定するものを除く）。

指定区域と区分別規制時間（騒音規制法第15条第1項に基づく基準）

指定区域	1日当たりの作業時間	連続日数	日曜日・その他休日作業	1日で終了する作業
第1号区域 （作業禁止時間： 午後7時～翌午前7時）	10時間	6日以内	作業禁止	除く
第2号区域 （作業禁止時間： 午後10時～翌午前6時）	14時間	6日以内	作業禁止	除く

※災害や非常事態発生時は規制を受けません。また，1日だけで終了する作業は除きます。

●地域の指定

騒音規制法では，都道府県知事や市長・特別区長により規制する地域が指定されています。

第1号区域：特に静穏の保持を必要とする地域で，住居専用地域，学校，保育所，病院，図書館，特別養護老人ホームなどの敷地から80mの区域内です。

第2号区域：第1号区域以外で静穏が求められる地域を知事が市町村長の意見を聞いて指定する区域をいいます。

2 特定建設作業の届出[※3]

元請負人は，都道府県知事が定めた指定地域内で特定建設作業を実施しようとするときは，工事開始日の7日前までに，市町村長に届けます。

●届出の内容

①氏名または名称および住所ならびに法人にあっては，その代表者の氏名。②建設工事の目的に係る施設または工作物の種類。③特定建設作業の場所および実施の期間。④騒音の防止の方法。⑤特定建設作業の種類と使用機械の名称・形式。⑥作業の開始および終了時間。⑦添付書類（特定建

設作業の工程が明示された建設工事の工程表と作業場所付近の見取り図)

●飛行場の騒音規制

指定区域内において，飛行場や新幹線が発する騒音は規制の対象ではありません。

※3
特定建設作業の届出
工事の元請負人は工事開始日の7日前までに市町村長に届け出を行います。

チャレンジ問題！

問1

難　中　易

騒音規制法令上，特定建設作業に関する次の記述のうち，誤っているものはどれか。

(1) 指定地域内において特定建設作業を伴う建設工事を施工しようとする者は，当該特定建設作業の開始までに，環境省令で定める事項に関して，市町村長の許可を得なければならない。
(2) 指定地域内において特定建設作業に伴って発生する騒音について，騒音の大きさ，作業時間，作業禁止日など環境大臣は規制基準を定めている。
(3) 市町村長は，特定建設作業に伴って発生する騒音の改善勧告に従わないで工事を施工する者に，期限を定めて騒音の防止方法の改善を命ずることができる。
(4) 特定建設作業とは，建設工事として行われる作業のうち，当該作業が作業を開始した日に終わるものを除き，著しい騒音を発生する作業であって政令で定めるものをいう。

解　説

工事開始日の7日前までに，市町村長へ届出をします。許可ではありません。

解答（1）

振動規制法

振動規制法特定建設作業

特定建設作業とは，建設作業のうち著しい振動を発生する4つの作業をいいます。振動は現場敷地境界線上で75dB以下としなければいけません。

●4つの特定建設作業

①杭打機（モンケン，圧入式を除く），杭抜機（油圧式は除く），杭打抜機（圧入式を除く）を使用する作業。

②鋼球を使用して建設物その他の工作物を破壊する作業。

③舗装版破砕機[※4]を使用する作業（作業距離が50m/日を超えるものは除く）。

④ブレーカを使用する作業（手持ち式のブレーカは除き，作業距離が50m/日を超えるものは除く）。

指定区域と区分別規制時間（振動規制法第15条第1項に基づく基準）

指定区域	1日当たりの作業時間	連続日数	日曜日・その他休日作業	1日で終了する作業
第1号区域 （作業禁止時間： 午後7時～翌午前7時）	10時間	6日以内	作業禁止	除く
第2号区域 （作業禁止時間： 午後10時～翌午前6時）	14時間	6日以内	作業禁止	除く

※災害や非常事態発生時は規制を受けません。また，1日だけで終了する作業は除きます。

●地域の指定

振動規制法では，都道府県知事や市長・特別区長により規制する地域が指定されています。

第1号区域：特に静穏の保持を必要とする地域で，住居専用地域，学校，保育所，病院，図書館，特別養護老人ホームなどの敷地から80mの区域内です。

第2号区域：上記を除いた工業地域をいいます。

2 特定建設作業の届出

元請負人は，都道府県知事が定めた指定地域内で特定建設作業を実施しようとするときは，工事開始日の7日前までに，市町村長に届けます（騒音規制法と同じ）。

● 届出の内容

①氏名または名称。②建設工事の種類。③場所，実施の期間。④振動の防止の方法。⑤使用機械の形式。⑥作業の開始および終了時間。⑦工程表と見取り図。

※4
舗装版破砕機
バックホウに装着するアタッチメントとして，油圧式の機構により舗装版の端を掴んで折り曲げて舗装版を壊すもので，振動は発生しますが，騒音は少ない機械です。

チャレンジ問題！

問1 | 難 | 中 | 易

振動規制法令上，指定地域内で特定建設作業を伴う建設工事を施工しようとする者が，市町村長に届け出なければならない事項に該当しないものは，次のうちどれか。

(1) 氏名または名称および住所ならびに法人にあっては，その代表者の氏名
(2) 建設工事の目的に係る施設または工作物の種類
(3) 建設工事の特記仕様書および工事請負契約書の写し
(4) 特定建設作業の種類，場所，実施期間および作業時間

解説

工事の特記仕様書や請負契約書の提出は該当しません。

解答（3）

第3章  法規

CASE 4 施設管理関係法

まとめ & 丸暗記　この節の学習内容とまとめ

■ 道路法

□ 道路管理者の許可：

道路に工作物を設け，継続して道路を使用する場合は道路管理者に占用の許可を受けなければならない（道路占用者が，重量の増加を伴わない占用物件の構造の変更は，道路の構造または交通に支障を及ぼすおそれがないときは，改めて道路管理者の許可を受ける必要はない）

□ 車両の幅などの最高限度

①幅：2.5m以下。②重量：総重量20t（高速道路等25t）以下，軸重10t以下，輪荷重5t以下。③高さ：3.8m以下。④長さ：12m以下

■ 河川法

□ 河川の使用・工作物の新築等の許可：

河川区域内の土地において工作物を新築し，改築し，または除去しようとする者は，河川管理者の許可を受けなければならない。工作物を新築するための土地の掘削の許可は，改めて取る必要はない

■ 港則法

□ 港長の許可と航法

特定港内での工事または作業をするときは港長の許可が必要。船舶は，航路内において，他の船舶と行き合うときは，右側を航行しなければならないなどの規制がある

道路法

1 道路の占用の許可

道路に，次の①～⑦に該当する工作物，物件または施設を設け，継続して道路を使用しようとする場合においては，道路管理者から占用の許可を受けなければいけません。

①電柱，電線，郵便差出箱，公衆電話所，広告塔その他
②水道，下水道管，ガス管
③鉄道，軌道その他
④歩廊，雪よけその他
⑤地下街，地下室，通路，浄化槽
⑥露店，商品置場その他
⑦工事用板囲，足場，詰所，看板その他工事用施設
※道路占用者が，重量の増加を伴わない占用物件の構造の変更を行う場合は，交通に支障を及ぼすおそれがないものは，改めて道路管理者の許可は不要です。

●特例

上下水道管，公衆の用に供する鉄道，ガス管または電柱，電線もしくは公衆電話所などを道路に設けようとする者は，これらの工事を実施しようとする日の1月前までに，あらかじめ当該工事の計画書を道路管理者に提出します。ただし，災害による復旧工事その他緊急を要する工事または政令で定める軽易な工事を行う必要が生じた場合においては，その限りではありません。基準に適合する場合には，道路管理者は道路の占用を許可しなければいけません。

2 道路の通行の禁止または制限

道路の構造を保全し，または交通の危険を防止するために，車両の幅，重量，高さ，長さおよび最小回転半径の最高限度が定められています。

車両の幅等の最高限度

幅	2.5m 以下
重量	総重量 20t（高速道路等 25t）以下，軸重 10t 以下，輪荷重 5t 以下
高さ	3.8m 以下，道路管理者が道路の構造の保全および交通の危険の防止上支障がないと認めて指定した道路を通行する車両にあっては 4.1m 以下
長さ	12m 以下
最小回転半径	車両の最外側輪の回転半径 12m 以下

※除雪のためにカタピラを付けた車両は制限を受けません。

3 道路の使用の許可

道路工事をする場合やクレーンなどの建設機械を設置して道路を使用する場合は，所轄する警察署長に道路使用願を提出し，道路使用許可を得なければいけません。

道路の工事を行う場合は，道路管理者の占用許可と，所轄警察署長の道路使用許可の2つが必要になります。

●道路を掘削する場合の手続き

占用に関する工事で道路を掘削するときの実施方法は次の通りとします。

①舗装道路の舗装を切断するときは，切断機を用いて，原則として直線に，かつ路面に垂直に行います。

②掘削部分に近接する道路の部分には，占用のために掘削した土砂を堆積しないで余地を設けるものとし，当該土砂が道路の交通に支障を及ぼすおそれのある場合には，他の場所に搬出します。

③湧き水またはたまり水により土砂の流出または地盤のゆるみを生ずるお

それのある箇所を掘削する場合においては，当該箇所に土砂の流出または地盤のゆるみを防止するために必要な措置を講じます。

④掘削面積は，工事の施工上やむを得ない場合において，覆工を施すなど道路の交通に著しい支障をおよぼすことのないように措置して行う場合を除き，当日中に復旧可能な範囲とします。

チャレンジ問題！

問1　難　中　易

道路上で行う工事または行為についての許可または承認に関する次の記述のうち，道路法令上，正しいものはどれか。

(1) 道路管理者以外の者が，沿道で行う工事のために交通に支障を及ぼすおそれのない道路の敷地内に工事用材料の置き場を設ける場合は，道路管理者の許可を受ける必要はない。

(2) 道路管理者以外の者が，工事用車両の出入りのために歩道切下げ工事を行う場合は，道路使用許可を受けていれば道路管理者の承認を受ける必要はない。

(3) 道路占用者が，重量の増加を伴わない占用物件の構造を変更する場合は，道路の構造または交通に支障を及ぼすおそれがないと認められるものは，改めて道路管理者の許可を受ける必要はない。

(4) 道路占用者が，電線，上下水道などの施設を道路に設け，継続して道路を使用する場合は，改めて道路管理者の許可を受ける必要はない。

解　説

(1)，(2)，(4) は許可が必要です。

解答 (3)

河川法

1 河川および河川管理施設

河川とは，1級河川および2級河川をいい，これらの河川に係る河川管理施設を含みます。河川管理施設とは，堤防，護岸，床止め，樹林帯，ダム，堰，水門その他河川の流水によって生ずる公利を増進し，または公害を除去し，もしくは軽減する効用を有する施設をいいます。

1級河川：国土保全上または国民経済上特に重要な水系で，政令で指定したものに係る河川で国土交通大臣が指定しています。

2級河川：1級河川水系以外の水系で，公共の利害に重要な関係があるものに係る河川で，都道府県知事が指定しています。

①工作物の新築等の許可

河川区域内の土地において工作物を新築し，改築し，または除去しようとする者は，国土交通省令で定めるところにより，河川管理者[※1]の許可を受けなければいけません。

河川管理者の許可を得て工作物を新築するため，土地の掘削の許可は工作物の新築と一体として許可条件とするため，改めて許可を取る必要はありません。

2 河川区域と河川保全区域

河川区域とは，大雨による洪水などの災害の発生を防止するために必要な区域をいいます。河川区域は河川法が適用される区域です。その範囲は一般的には川裏（住居や農地がある方）の法尻から対岸堤防の川尻までの間の区間をいいます。

河川管理者は，河岸または河川管理施設を保全するために必要があると認めるときは，河川区域に隣接する一定の区域を河川保全区域として指定することができます。河川保全区域は，河川区域の境界から50mを超えてはいけないとされています。

※河川保全区域では，土地の掘削や工作物を新築する際に河川管理者の許可が必要です。

3 河川管理者の許可

河川保全区域内において，土地の掘削，盛土または切土その他土地の形状を変更する行為や，工作物を新築または改築をしようとする者は，河川管理者の**許可**を受けなければいけません。河川保全区域内における行為のうち，許可を必要としないものは次の通りです。

①耕うん

②堤内の土地における地表から高さ**3m以内**の盛土（堤防に沿って行う盛土で堤防に沿う部分の長さが20m以上のものを除きます）。

③堤内の土地における地表から深さ**1m以内**の土地の掘削または切土

④堤内の土地における工作物の新築または改築（工作物とは，コンクリート造，石造，レンガ造などの堅固なものおよび貯水池，水槽，井戸，水路などで水が浸透するおそれのあるものを除いたものです）

⑤上記に挙げるもののほか，河川管理者が河岸または河川管理施設の保全上影響が少ないと認めて指定した行為

※②～⑤に関しては，河川管理施設の敷地から5m以

※1

河川管理者

河川は公共に利用されるものであって，その管理は，洪水や高潮などによる災害の発生を防止し，公共の安全を保持するよう適正に行われなければいけません。この管理について権限をもち，その義務を負うものをいいます。

河川法の工作物の基本的な考え方

河川は公共用物として，一般公衆の利益となるように用いられるものです。工作物の新築などは，治水上または利水上支障を生ぜしめ，他の工作物に悪影響を与える可能性があるので，一定の出願に基づいて検討し，支障が無ければ河川管理者が許可します。

河川区域内の範囲

河川法の許可に関する河川区域内の範囲は，地上，地下，および空中に及びます。

内の土地におけるものを除きます。

チャレンジ問題！

問1

難	中	易

河川管理者以外の者が，河川区域内（高規格堤防特別区域を除く）で工事を行う場合の手続きに関する次の記述のうち，河川法上，誤っているものはどれか。

(1) 河川区域内の民有地に一時的な仮設工作物として現場事務所を設置する場合，河川管理者の許可を受けなければならない。
(2) 河川区域内の民有地において土地の掘削，盛土など土地の形状を変更する行為の場合，河川管理者の許可を受けなければならない。
(3) 河川区域内の土地に工作物の新築について河川管理者の許可を受けている場合，その工作物を施工するための土地の掘削に関しても新たに許可を受けなければならない。
(4) 河川区域内の土地の地下を横断して農業用水のサイホンを設置する場合，河川管理者の許可を受けなければならない。

解 説

河川管理者の許可を得て工作物を新築するため土地の掘削の許可は，工作物の新築と一体として許可条件とするため，改めて許可を取る必要はありません。

解答（3）

港則法

1 港則法

港則法とは，港内における船舶交通の安全および港内の整とんをはかることを目的に定められたものです。

①港長へ届出

・特定港[※2]への入出港をするとき
・特定港内での係留施設への係留をするとき
・特定港内での修繕をするときなど

②港長の許可

・特定港内での工事または作業をするとき
・特定港内での危険物の荷役をするとき
・特定港内での危険物の移動をするとき
・特定港内で指定されたびょう地[※3]から移動をするとき

③許可を得る必要がないもの

・緊急避難などの場合の措置
・総トン数が20t未満の船舶が入出港するとき

2 航路[※4]および航法

船舶の航路や航法には次のような規制があります。

・船舶は，航路内において，他の船舶と行き合うときは，右側を航行しなければいけません。
・航路外から航路に入り，または航路から航路外に出ようとする船舶は，航路を航行する他の船舶の進路を避けなければいけません。
・船舶は，航路内において，並行して航行しません。

※2
特定港
きっ水の深い出入りすることができる港または外国の船舶が常時出入りする港であり政令で定めたものです。

※3
びょう地
特定港内に停泊する船舶は，国土交通省令で定めるところにより，トン数または積載物の種類によって，一定の区域内に停泊しなければいけません。この区域をいいます。

※4
航路
船舶などが海上または河川を航行するための通路をいいます。

※5
汽船
船舶法施行細則には，機械力をもって運航する装置を有する船舶は，蒸気を用いると否とにかかわらず，これを汽船とみなすと規定されています。

・船舶は，航路内においては，他の船舶を追い越してはいけません。

・汽船[※5]が港の防波堤の入口または入口付近で他の汽船と出合うおそれのあるときは，入港する汽船は防波堤の外で，出港する汽船の進路を避けます。

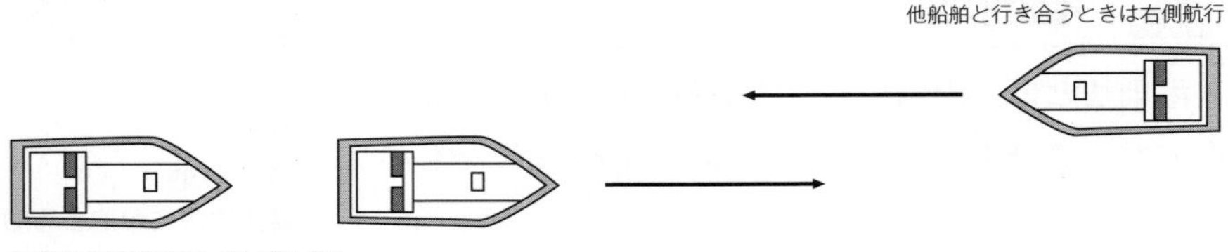

チャレンジ問題！

問1　難　中　易

船舶の航行または港長の許可に関する次の記述のうち，港則法令上，誤っているものはどれか。

(1) 航路から航路外に出ようとする船舶は，航路を航行する他の船舶の進路を避けなければならない。

(2) 船舶は，港内においては，防波堤，ふとうなどを右げんに見て航行するときは，できるだけ遠ざかって航行しなければならない。

(3) 特定港内において竹木材を船舶から水上に卸そうとする者は，港長の許可を受けなければならない。

(4) 特定港内において使用すべき私設信号を定めようとする者は，港長の許可を受けなければならない。

解説

船舶は，港内においては右側通行で航行します。防波堤，その他工作物の突端を右げんに見て航行するときは，左側には前方より対向して船舶が接近するおそれがあるから，防波堤に近づいて右側を航行しなければいけません。

解答（2）

第一次検定

第4章

共通工学

第4章 共通工学

CASE 1 測量

まとめ & 丸暗記　この節の学習内容とまとめ

□ トータルステーション

・トータルステーションとは，今まで別々に測っていた「距離を測る光波測距儀」と「角度を測るセオドライト」を組み合わせて同時に測る測量機器のことである
・鉛直・水平角の観測は一般的に1視準1読定の方向観測法が用いられる。望遠鏡の観測は正反1回で1組の観測を1対回として，2対回観測する
・距離の観測は一般的に1視準2読定（1方向を見て2回距離を観測する）を1セットで行う
・実際のトータルステーションを用いた観測では，水平角観測の必要対回数2対回に合わせ，取得された距離測定値はすべて採用し，その平均値を用いる

■ 水準測量

□ 視準距離と測量種別

種別	視準距離
1級水準測量	50m
2級水準測量	60m
3・4級水準測量	70m
簡易水準測量	80m

□ レベルの器械誤差と消去方法

・視準軸誤差：視準間距離を等しくすることにより消去される
・球差及び気差：標尺間の視準間距離を等しくすることにより消去される
・零点目盛誤差：観測を偶数回にすることにより消去される

トータルステーション

1 トータルステーション（TS）とは

トータルステーションとは測量機器の1つで，今まで別々に測っていた，距離を測る光波測距儀と角度を測るセオドライトを組み合わせて同時に測ることができます。

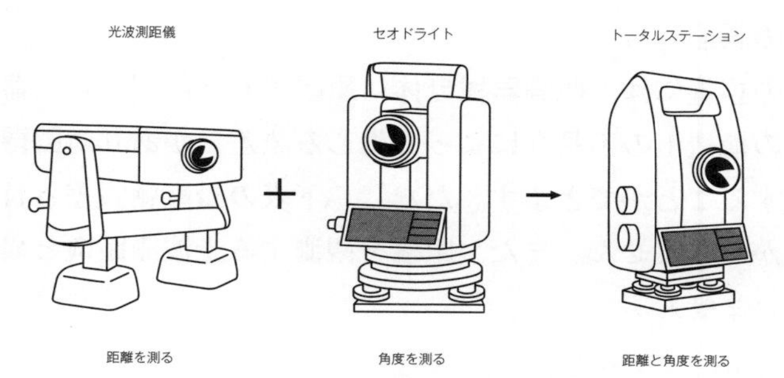

出典：国土交通省の資料より作成

トータルステーションは，観測した斜距離と鉛直角により，観測点と視準点の高低差を算出することができます。また，既知の観測地点から目標地点の水平距離も求めることが可能です。

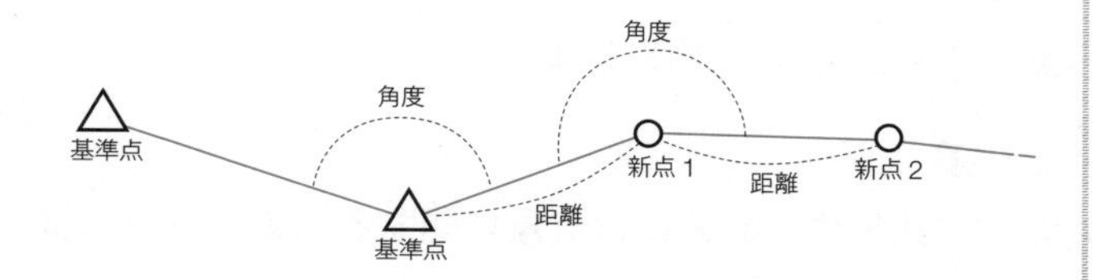

2 観測方法

鉛直・水平角の観測は一般的に１視準１読定[※1]の方向

※１
１視準１読定
１視準１読定とは，１方向を見て１回角度を読む方法です。

観測法が用いられます。望遠鏡の観測は正反1回で1組の観測を1対回として，2対回観測します。また，距離の観測は一般的に1視準2読定（1方向を見て2回距離を観測する）を1セットで行います。

実際のトータルステーションを用いた観測では，水平角観測の必要対回数2対回に合わせ，取得された距離測定値はすべて採用し，その平均値を用いることとします。

3 観測時の誤差

①鉛直・水平角観測の誤差

鉛直・水平角観測の誤差には，観測器械自体に原因がある器械誤差（器械の調整不足や器械の構造上の不具合によって生じる誤差）があり対回観測などで消去・軽減することができます。ただし，下表の鉛直軸誤差と目盛誤差は消去・軽減ができません。また，距離を観測する光波測距儀と異なり角度の補正は行いません。

器械誤差

誤差の種類	原因
視準軸誤差	TSの視準軸と望遠鏡の視準軸が一致していない
水平軸誤差	水平軸と鉛直軸が直交していない
鉛直軸誤差	鉛直軸の方向が一致していない
偏心誤差	目盛り中心が鉛直軸とずれている
外心誤差	視準軸が中心からずれている
目盛誤差	目盛板のメモリ間隔が均等でない

②測定距離に比例する誤差

距離観測時，測定距離に比例する誤差には気象に関する誤差（気温，気圧，湿度），変調周波数による誤差などがあります。また，測定距離に比例しない誤差には器械定数の誤差，プリズムの誤差，位相差測定の誤差，致心誤差などがあります。

測距儀を使用する場合は，気象補正，温度補正，傾斜補正，投影補正，縮尺補正を行います。

チャレンジ問題！

問1　難　中　易

TS（トータルステーション）を用いて行う測量に関する次の記述のうち，適当でないものはどれか。

(1) TSでは，水平角観測，鉛直角観測および距離測定は，視準で同時に行うことを原則とする。
(2) TSでの鉛直角観測は，視準読定，望遠鏡正および反の観測を対回とする。
(3) TSでの距離測定にともなう気温および気圧などの測定は，TSを整置した測点で行い，3級および4級基準点測量においては，標準大気圧を用いて気象補正を行うことができる。
(4) TSでは，水平角観測の必要対回数に合わせ，取得された鉛直角観測値および距離測定値はすべて採用し，その最小値を用いることができる。

解　説

TSでは，水平角観測の必要対回数（2対回）に合わせ，取得された鉛直角観測値および距離測定値はすべて採用し，その平均値を用いることができます。

解答（4）

水準測量

1 水準測量の基本的事項

水準測量は，地表面の高低差を求める測量で一般的には直接レベルを用いて高低差を求める測量のことです。近年出題数は減っていますが，基本的な事項は押さえておきましょう。

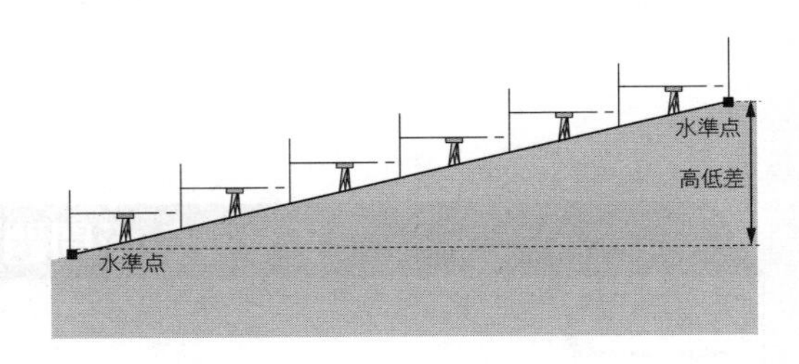

視準距離と測量種別

種別	視準距離
１級水準測量	50m
２級水準測量	60m
３・４級水準測量	70m
簡易水準測量	80m

①測量機器[※2]

自動レベル（オートレベル）は高さ，水平を測る測量機器で，レベルが傾いた場合でも機器の調整範囲で自動的に水平を保つことができます。

②標尺の読み取り位置

標尺の下端はかげろうが発生し，上端はゆれの影響によって誤差が生じやすくなります。なるべく**中間部分を視準**するようにレベルの高さを調整して据え付けます。

③留意点

直射日光があたり，レベルの膨張などによる器械への影響を防ぐために日傘などにより**直射日光を避ける**ようにします。

④レベルの器械誤差と消去方法

●視準軸誤差

標尺間の視準間距離の差により発生するもので，視準間距離を等しくすることにより消去されます。

●球差および気差

地球の丸みや大気の影響によるもので，標尺間の視準間距離を等しくすることにより消去されます。

●零点目盛誤差

標尺の下端が正しく零になっていないための誤差で，観測を偶数回にする事により消去されます。

※2
測量機器
自動レベルのほかに電子レベルもあり，この機器は高さ，距離も自動で測ることができます。

チャレンジ問題！

問1 難 中 易

レベルと標尺を用いる水準測量に関する次の記述のうち，適当でないものはどれか。

(1) レベルの円形水準器の調整は，望遠鏡をどの方向に動かしてもレベルの気泡が円形水準器の中央にくるように調整する。
(2) 自動レベルは，円形水準器および気泡管水準器により観測者が視準線を水平にした状態で自動的に標尺目盛を読み取るものである。
(3) 電子レベルは，電子レベル専用標尺に刻まれたパターンを観測者の目の代わりとなる検出器で認識し，電子画像処理をして高さおよび距離を自動的に読み取るものである。
(4) 標尺の付属円形水準器の調整は，標尺が鉛直の状態で付属水準器の気泡が中央にくるように調整する。

解 説

自動レベルは，標尺目盛を自動で読み取るものではなく，レベルが傾いた場合でも調整範囲内であれば自動的に水平にする機能を持った測量機器です。

解答 (2)

第4章

共通工学

CASE 2 契約

まとめ & 丸暗記　この節の学習内容とまとめ

■ 請負契約

□ （総則）第１条より：
設計図書は図面，仕様書，現場説明書及び現場説明に対する質問回答書をいう

□ （権利者義務の譲渡等）第５条より：
権利又は義務を第三者に譲渡し，又は承継させてはならない

□ （一括委任又は一括下請負の禁止）第６条より：
工事の全部若しくはその主たる部分は工事を一括して第三者に委任し，又は請け負わせてはならない

□ （現場代理人及び主任技術者等）第10条　３項より：
現場代理人の工事現場における運営に支障がなく，発注者との連絡体制が確保されると認めた場合には，現場代理人の常駐を要しないこととできる

□ （工事材料の品質及び検査等）第13条より：
工事材料の品質は，設計図書にその品質が明示されていない場合は，中等の品質を有するものとする

□ （工事材料の品質及び検査等）第13条　２項より：
工事材料は，検査に合格したものを使用し，検査に直接要する費用は受注者の負担とする

□ （設計図書の変更）第19条より：
発注者は，設計図書の変更内容を受注者に通知して設計図書を変更することができる。設計図書の変更内容は，工期若しくは請負代金額を変更し，又は受注者に損害を及ぼしたときは必要な費用を負担しなければならない

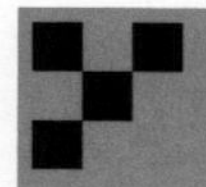

請負契約

1 公共工事標準請負契約約款

契約は発注者，請負者が対等な立場で行うものです。そこで，請負契約の適正化のために，契約書に基づいて設計図書に従い契約を履行するものとします。

ここでは，過去に出題された箇所を重点的に学習します。

①（総則）第１条[※1]

●概要

発注者及び受注者は，約款に基づき，設計図書（別冊の図面，仕様書，現場説明書及び現場説明に対する質問回答書をいう）に従い，日本国の法令を遵守し，この契約を履行しなければならない。

※試験では，設計図書の内容を変えて出題される場合があります。

②（総則）第１条　３項

●概要

仮設，施工方法その他工事目的物を完成するために必要な一切の手段については，この約款及び設計図書に特別の定めがある場合を除き，受注者がその責任において定める。

※仮設，施工方法，必要な一切の手段が含まれます。

③（権利者義務の譲渡等）第５条

●概要

受注者は，この契約により生ずる権利又は義務を第三者に譲渡し，又は承継させてはならない。

ただし，あらかじめ，発注者の承諾を得た場合は，

※１
第１条
第１条４項の「受注者は，この契約の履行に関して知り得た秘密を漏らしてはならない」といった内容も覚えておきましょう。

この限りでない。

※権利と義務は，譲渡および承継させることもできません。

④（一括委任又は一括下請負の禁止）第6条

●概要

受注者は，工事の全部若しくはその主たる部分又は他の部分から独立してその機能を発揮する工作物の工事を一括して第三者に委任し，又は請け負わせてはならない。

※ここでは「工事を一括して」がポイントとなります。

⑤（現場代理人及び主任技術者等）第10条

●概要

受注者は，現場代理人及び主任技術者等を定めて工事現場に設置し，その氏名その他必要な事項を発注者に通知しなければならない。これらの者を変更したときも同様とする。

※現場代理人と主任技術者等を定めて設置します。

⑥（現場代理人及び主任技術者等）第10条　3項

●概要

発注者は，現場代理人の工事現場における運営に支障がなく，発注者との連絡体制が確保されると認めた場合には，現場代理人の常駐を要しないこととすることができる。

※現場代理人の常駐を要しない条件があり，「常に常駐させなければならない」と出題される場合もあります。

⑦（工事材料の品質及び検査等）第13条

●概要

工事材料の品質は，設計図書の定めによる。設計図書にその品質が明示されていない場合は，中等の品質を有するものとする。

※設計図書に定められていない場合「中等の品質」が出題のポイントになります。

⑧（工事材料の品質及び検査等）第13条　2項

●概要

受注者は，設計図書において監督員の検査を受けて使用すべき工事材料は，検査に合格したものを使用する。この検査に直接要する費用は受注者の負担とする。

※検査に合格したものを使用することは当然ですが，「費用は受注者の負担」が出題のポイントになります。また，5項では「不合格と決定された工事材料については，○日以内に工事現場外に搬出しなければならない」ともあります。

⑨（設計図書不適合の場合の改造義務及び破壊検査等）第17条

●概要

受注者は，工事の施工部分が設計図書に適合しない場合において，監督員がその改造を請求したときは請求に従わなければならない。

※「不適合が監督員の指示によるときは，発注者は工期，請負代金額を変更し，受注者に必要な費用を負担しなければならない」ともあります。

⑩（条件変更等）第18条

●概要

受注者は，下記に該当する事実を発見したときは，その旨を直ちに監督員に通知，その確認を請求しなければならない。

①図面，仕様書，現場説明書に対する質問回答書が一致しない。
②設計図書に誤謬又は脱漏がある。
③設計図書の表示が明確でない。
④設計図書に示された施工条件と実際の工事現場が一致しない。
⑤設計図書で明示されていない施工条件について予期することのできない特別な状態が生じた。

※設計図書と異なる施工条件とは「工事現場の形状，

地質，湧水等の状態，施工上の制約」です。

⑪（設計図書の変更）第19条

●概要

発注者は，設計図書の変更内容を受注者に通知して設計図書を変更することができる。この場合，必要があると認められるときは，工期若しくは請負代金額を変更し，又は受注者に損害を及ぼしたときは必要な費用を負担しなければならない。

※設計図書を変更する場合に伴う工期，請負金額への対応です。

⑫（工事の中止）第20条

●概要

工事用地等の確保ができない，又は天災等のため工事が施工できない場合，発注者は工事の中止内容を直ちに受注者に通知して，工事の全部又は一部の施工を一時中止させなければならない。

※発注者が受注者へ通知します。また，天災とは暴風，豪雨，洪水，高潮，地震，地すべり，落盤，火災，騒乱，暴動その他の自然的または人為的な事象です。

⑬（不可抗力による損害）第30条

●概要

引渡し前に，天災等不可抗力により，工事目的物，仮設物，搬入済みの工事材料，建設機械器具に損害が生じたときは，発生後直ちにその状況を発注者に通知しなければならない。

※損害の生じる対象と通知義務がポイントです。

チャレンジ問題！

問1 難 中 易

公共工事標準請負契約約款に関する次の記述のうち，誤っているものはどれか。

(1) 発注者は，受注者の責によらず，工事の施工に伴い通常避けることができない地盤沈下により第三者に損害を及ぼしたときは，損害による費用を負担する。
(2) 受注者は，原則として，工事の全部若しくはその主たる部分又は他の部分から独立してその機能を発揮する工作物の工事を一括して第三者に委任し，又は請け負わせてはならない。
(3) 受注者は，設計図書において監督員の検査を受けて使用すべきものと指定された工事材料が検査の結果不合格とされた場合は，工事現場内に存置しなければならない。
(4) 発注者は，工事現場における運営等に支障がなく，かつ発注者との連絡体制も確保されると認めた場合には，現場代理人について工事現場における常駐を要しないものとすることができる。

解 説

公共工事標準請負契約約款第十三条５項より，工事材料が検査の結果不合格とされた場合は工事現場外に搬出します。

解答（3）

第4章 共通工学

CASE 3 設計

まとめ & 丸暗記　この節の学習内容とまとめ

□ 運土計画：土量の配分は，切り盛り土量のバランスと運土距離，適切な建設機械選定，盛土に要求される品質などを的確に把握して計画する。土量配分量の少ない単純な現場では土量計算のみで行うが，それ以外の土量の配分計画には土積図（マスカーブ）が一般的に用いられる

□ 設計図：設計図には，位置図，平面図，縦断図，横断図，構造図，配筋図，仮設図などがある

□ 建設機械：掘削，積込み，運搬，敷均し，締固めなどの作業に適した機械のこと

□ ディーゼルエンジン：排出ガス中の各成分を取り除くことが難しい

□ ガソリンエンジン：窒素酸化物，炭化水素，一酸化炭素をほぼ100% 近く取り除く

□ 工事用電力設備
- ・連続的に使用する設備は「商用電源方式」を採用する
- ・杭打ちなど一時的・断続的に使用する場合は「発電機方式」を採用する
- ・契約電力が原則として50kw未満のものを「低圧電力」という
- ・契約電力が原則として50kw以上500kw未満のものを「高圧電力」という

運土計画

1 マスカーブの見かた

土量の配分[※1]は，切り盛り土量のバランスと運土距離，適切な建設機械選定，盛土に要求される品質などを的確に把握して計画します。この土量の配分計画には土積図（マスカーブ）が一般的に用いられます。

①土積図（マスカーブ）

土積図（マスカーブ）を用いることで，発生する土量に最も合った建設機械の選定や，運土距離，運搬土量を定めることができます。

次に土積図（マスカーブ）の見かたを解説します。

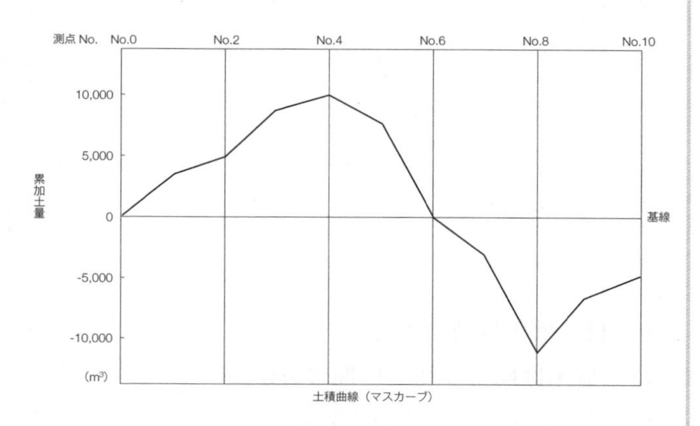

土積曲線（マスカーブ）

- 横軸は測点，縦軸は累加土量とする
- 基線を定める（ここでは累積土量0m^3）
- 各測点で計算した土量をグラフに記入する。このグラフでは，No.4まで切土量が多く10,000m^{3}の土が発生し，ここから土量バランスは逆転する。No.8まで盛土量が多く最終的に−10,000m^{3}の土量が必要となる

※1
土量配分の手法
土量配分の手法としては土量計算に頼る方法もありますが，これは単純な土量配分の場合や土工量の少ない場合に用いられます。

チャレンジ問題！

問1

難　中　易

下図は，工事起点No.0から工事終点No.5（工事区間延長500m）の道路改良工事の土積曲線（マスカーブ）を示したものであるが，次の記述のうち，適当でないものはどれか。

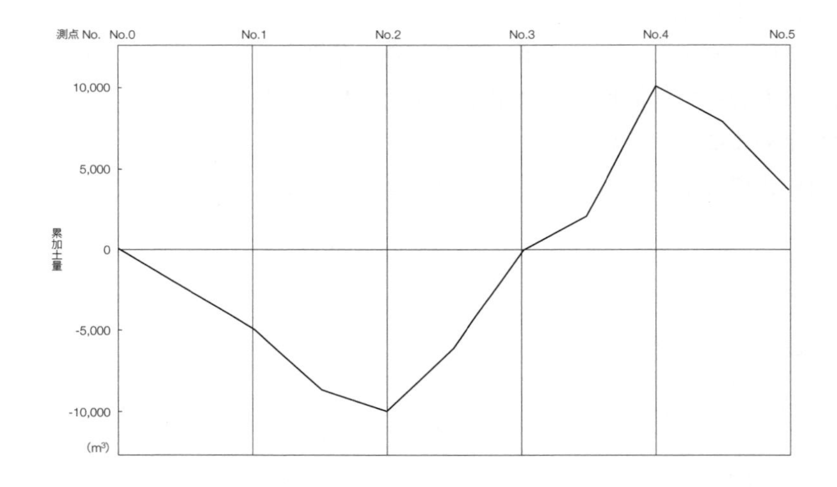

(1) No.0からNo.2までは，盛土区間である。

(2) 当該工事区間では，盛土区間より切土区間の方が長い。

(3) No.0からNo.3までは，切土量と盛土量が均衡する。

(4) 当該工事区間では，残土が発生する。

解説

盛土区間No.0～No.2とNo.4～No.5。切土区間No.2～No.4。よって盛土区間の方が長くなります。

解答（2）

設計図

1 設計図の見かた

設計図とは，工事目的物の規格寸法，ならびに設計施工条件を明示した図面のことです。設計図には位置図，平面図，縦断図，横断図，構造図，配筋図，仮設図，などがあります。

①逆T型擁壁の一般図[※2]と配筋図

試験では，次の図のように一般図と配筋図を並べ，配筋図の間違いを正すという問題がよく出題されますので，ここで確認しておきましょう。

一般図

① ② ③

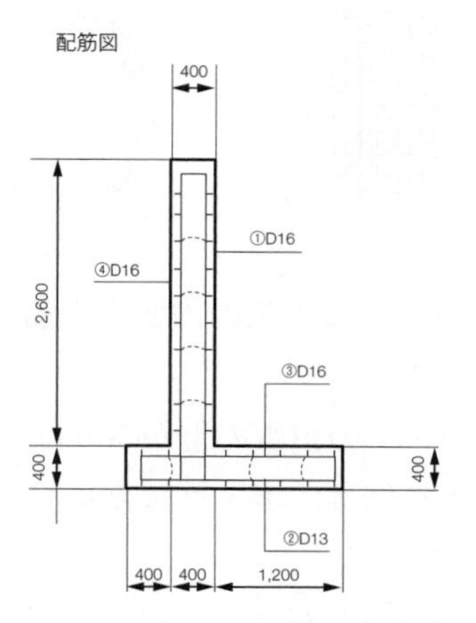

一般図では，部材の名称が問われます。①は立壁，②はつま先版（部），③はかかと版（部）です。

配筋図では，主筋[※3]の位置などが問われ，立壁の主筋は①のD16，かかと版の主筋は③のD16となります。また，構造物によって主筋の位置は変わります。

※2
一般図
構造物の断面図などを表した図で断面図とも呼ばれます。

※3
主筋
主筋は構造物に引張力が働く側に配置される鉄筋です。

チャレンジ問題！

問1　　難　中　易

下図は，ボックスカルバートの一般図とその配筋図を示したものであるが，次の記述のうち，適当でないものはどれか。

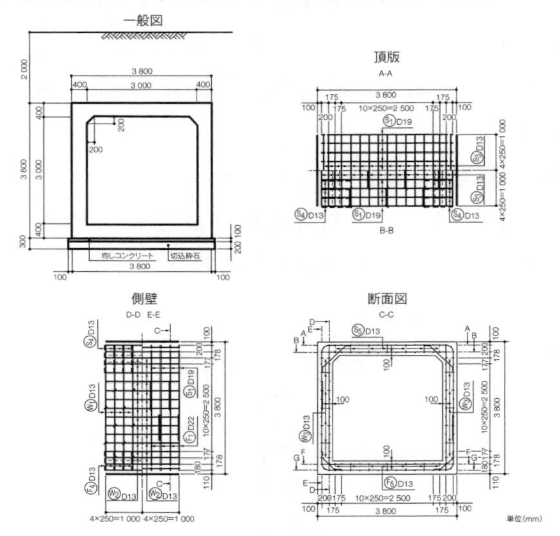

(1) ボックスカルバートの頂版の内側主鉄筋と側壁の内側主鉄筋の太さは，同じである。

(2) ボックスカルバートの頂版の土かぶりは，2.0mである。

(3) 頂版，側壁の主鉄筋は，ボックスカルバート延長方向に250mm間隔で配置されている。

(4) ボックスカルバート部材の厚さは，ハンチの部分を除いて同じである。

解説

頂版の内側主鉄筋はB-B断面よりD19。側壁の内側の主鉄筋はD-D断面よりD13です。

解答 (1)

建設機械

1 建設機械一般

①作業の種類と建設機械[※4]

工事の作業内容を分類すると掘削，積込み，運搬，敷均し，締固めなどからなり，それらに適した建設機械を選定します。一般的に各作業に用いられる建設機械の種類は次の表となります。

作業の種類	建設機械の種類
掘削	ショベル系掘削機（パワーショベル，バックホウ，ドラグライン，クラムシェル），ブルドーザ，リッパ，ブレーカ
積込み	ショベル系掘削機（パワーショベル，バックホウ，ドラグライン，クラムシェル），連続式積込み機
掘削・積込み	ショベル系掘削機（パワーショベル，バックホウ，ドラグライン，クラムシェル），クローラーローダー，ホイールローダー，連続式積込み機
掘削・運搬	ブルドーザ，スクレープドーザ，スクレーパ，浚渫（しゅんせつ）船
運搬	ブルドーザ，ダンプトラック，ベルトコンベア
敷均し	ブルドーザ，モーターグレーダ
締固め	ブルドーザ，タイヤローラ[※5]，ランマ，タンパ，振動コンパクタ，振動ローラ

※4
建設機械
建設機械の選定はP11，建設機械の組合せなどはP194で解説しています。

※5
タイヤローラ
路床，路盤の施工に使用されます。
タイヤの空気圧を変えて接地圧を調整し，バラストを付加して輪荷重を増加させることにより締固め効果を大きくすることができます。

2 建設機械用エンジン

①ディーゼルエンジン

建設機械用のディーゼルエンジンは，排出ガス中にすすや硫黄酸化物を含むことから後処理装置（触媒）によって**排出ガス中の各成分を取り除くことが難しい**といわれています。

②ガソリンエンジン

建設機械用のガソリンエンジンは，エンジン制御システムの改良に加え排出ガスを触媒（三元触媒）に通すことで，**窒素酸化物**，**炭化水素**，**一酸化炭素をほぼ100%近く取り除く**ことができます。

チャレンジ問題！

問1　難　**中**　易

建設機械に関する次の記述のうち，適当でないものはどれか。

(1) 油圧ショベルは，クローラ式のものが圧倒的に多く，都市部の土木工事において便利な超小旋回型や後方超小旋回型が普及し，道路補修や側溝掘りなどに使用される。

(2) モータグレーダは，GPS 装置，ブレードの動きを計測するセンサーや位置誘導装置を搭載することにより，オペレータの技量に頼らない高い精度の敷均しができる。

(3) タイヤローラは，タイヤの空気圧を変えて輪荷重を調整し，バラストを付加して接地圧を増加させることにより締固め効果を大きくすることができ，路床，路盤の施工に使用される。

(4) ブルドーザは，操作レバーの配置や操作方式が各メーカーごとに異なっていたが，誤操作による危険をなくすため，標準操作方式建設機械の普及活用がはかられている。

解説

タイヤローラは，タイヤの空気圧を変えて接地圧を調整し，バラストを付加して輪荷重を増加させることにより締固め効果を大きくすることができ，路床，路盤の施工に使用されます。

解答（3）

工事用電力設備

1 工事用電力の区分

工事用電力は商用電源方式と発電機方式に区分されます。一般的には連続的に使用する設備は商用電源方式，杭打ちなど一時的・断続的に使用する場合は発電機方式が採用されます。

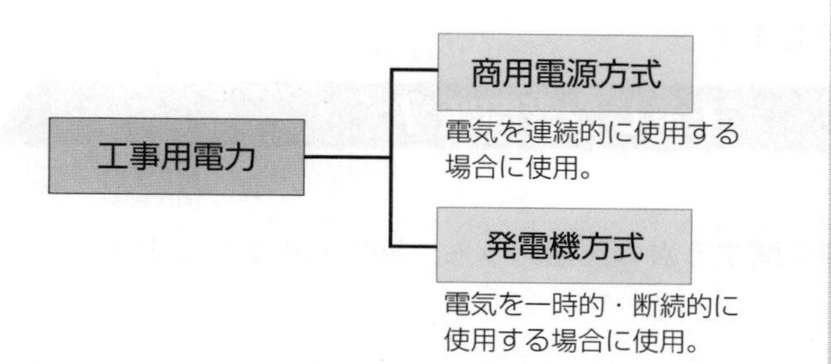

2 商用電源方式

商用電源方式を採用する場合は，各電力会社と契約して電気料金を支払い使用します。この時，使用する電力量によって契約する電力区分は低圧電力[※6]と高圧電力[※7]に分けられます。

①低圧電力

電力会社から低圧で電気の供給を受けて，動力を使用する契約電力が原則として50kW未満のものが低圧電力です。

②高圧電力

電力会社から高圧で電気の供給を受けて，動力を使用する契約電力が原則として50kW以上500kW未満のものが高圧電力です。

※6
低圧
低圧とは，標準電圧100Vまたは200Vです。

※7
高圧
高圧とは，標準電圧6000Vです。

電気設備の容量
工事現場における電気設備の容量は，月別の電力合計を求め，このうち最大となる負荷設備容量に対して受電容量不足をきたさないように決定します。

3 労働安全衛生規則による留意点

電動機械器具に感電防止用漏電しゃ断装置の接続が困難なときは，電動機の金属製外被などの金属部分を定められた方法により接地して使用します。

移動電線に接続する手持型の電灯や架空つり下げ電灯などには，**口金の接触**や**電球の破損による危険**を防止するためのガードを取り付けて使用します。

アーク溶接など（自動溶接を除く）の作業に使用する溶接棒などのホルダーについては，感電の危険を防止するため必要な絶縁効力および耐熱性を有するものを使用します。

チャレンジ問題！

問1　難　**中**　易

工事用電力設備に関する次の記述のうち，適当なものはどれか。

(1) 工事現場において，電力会社と契約する電力が電灯・動力を含め100 kW 未満のものについては，低圧の電気の供給を受ける。

(2) 工事現場に設置する自家用変電設備の位置は，一般にできるだけ負荷の中心から遠い位置を選定する。

(3) 工事現場で高圧にて受電し，現場内の自家用電気工作物に配電する場合，電力会社からは3kV の電圧で供給を受ける。

(4) 工事現場における電気設備の容量は，月別の電気設備の電力合計を求め，このうち最大となる負荷設備容量に対して受電容量不足をきたさないように決定する。

解説

設問（1）では，50kW未満のものが低圧の電気の供給を受けます。設問（2）では，できるだけ負荷の中心から近い位置を選定します。設問（3）では，6kV（6000V）の電圧で供給を受けます。

解答（4）

第一次検定

第5章

施工管理

CASE 1 施工計画

まとめ & 丸暗記　この節の学習内容とまとめ

□ 施工計画

〈施工計画書で検討する基本的な事項〉
- 工事の目的，内容，契約条件などの把握
- 現場条件（地形，気象，道路状況，近接状況，環境，制約条件）
- 全体工程（基本工程）
- 施工方法（施工順序，使用機械など）
- 仮設備の選択および配置

施工体制台帳は，下請・孫請など工事施工を請け負う事業者名，施工範囲，技術者氏名などを記載した台帳のこと

□ 原価管理：受注者が工事原価の低減を目的として，実行予算書作成時に算定した予定原価と，すでに発生した実際原価を対比し，工事が予定原価を超えることなく進むように管理すること

□ PDCAサイクル：Plan（計画），Do（実行），Check（評価），Action（見直し）を繰り返すことで業務を改善することをいう

□ 建設機械の選定：
①トラフィカビリティ（地面が走行に耐えうる度合い）を確保するために，必要なコーン指数から建設機械の種類を選定する。②リッパビリティ（掘削のしやすさを表す指標）を確保するために，地山の弾性波速度に合った建設機械の種類を選定する。③運搬距離に適した建設機械を選定する

□ 組合せ建設機械：数種類の建設機械が密接な関係をもちながら稼働し，一貫した作業を行う建設機械のこと

施工計画

1 施工計画書の作成

施工計画書作成の目的は，図面・仕様書などに定められた工事目的物を完成するために必要な手順や工法および施工中の管理をどうするかなどを定めることです。工事の施工・施工管理の最も基本となるのが施工計画です。

①施工計画書で検討する基本的な事項

施工計画書では，次のような事項を検討します。

- 工事の目的，内容，契約条件などの把握
- 現場条件（地形，気象，道路状況，近接状況，環境，制約条件など）
- 全体工程（基本工程）
- 施工方法（施工順序[※1]，使用機械など）
- 仮設備の選択および配置

②施工体制台帳の作成

施工体制台帳とは，下請・孫請など工事施工を請け負う事業者名，施工範囲，技術者氏名などを記載した台帳のことをいい，次のような事項の発生防止を目的としています。

- 品質・工程・安全などの施工上のトラブルの発生
- 不良・不適格業者の参入，建設業法違反（一括下請負など）
- 生産効率低下の原因にもなる安易な重層下請

③施工体系図[※2]の掲示

施工体制台帳を基に施工体系図を作成し，工事現場内の見やすい場所および公衆の見やすい場所へ掲示す

※1
施工順序
施工計画では，全体工期，全体工費に及ぼす影響が大きい工種を優先に検討していくことで，工事全体のイメージをとらえ問題点などを明確にすることができます。P205で学習する工程管理のクリティカルパスも参考にしてください。

※2
施工体系図
各下請負人の施工分担関係が一目でわかるようにした図のことです。施工体系図を見ることによって，工事に携わる関係者全員が工事における施工分担関係を把握することができます。

ることが義務付けられています。

2 関係機関への届出

建設工事の施工にともない，次の工事内容においては関係機関への届出および許可が必要です。

関係機関への届出および許可

届出書類	提出先
労働保険等の関係法令による，労働保険・保険関係成立届	労働基準監督署長
労働基準法，労働安全衛生法による諸届	労働基準監督署長
騒音規制法に基づく特定建設作業実施届出書	市町村長
振動規制法に基づく特定建設作業実施届出書	市町村長
道路交通法に基づく道路使用許可申請書	警察署長
道路法に基づく道路占用許可申請書	道路管理者
消防法に基づく電気設備設置届	消防署長

よく出題される労働安全衛生法第88条3項，労働安全衛生規則第99条による届出には次のようなものがあります。

- 高さ31mを超える建築物または工作物（橋梁を除く）の建設，改造，解体または破壊
- 最大支間50m以上の橋梁の建設などの仕事
- 最大支間30m以上50m未満の橋梁の上部構造の建設などの仕事
- ずい道などの建設などの仕事
- 掘削の高さまたは深さが10m以上である地山の掘削の作業の仕事
- 圧気工法による作業を行う仕事
- 吹付け石綿などの除去作業
- 掘削の高さまたは深さ10m以上の土石の採取のための掘削
- 抗内堀りの土石の採取のための掘削

3 事前調査検討事項

建設工事は自然を対象とするものなので，現場の自然状況および立地条件などを事前に調査し充分に把握することが重要です。事前調査検討事項には，契約条件と現場条件についての事前調査があります。

契約条件には，請負契約書の内容や設計図書[※3]の内容，監督者の指示，承諾，協議事項についての確認などがあります。

※3
設計図書
設計内容・数量の確認・図面と仕様書の確認・図面と現場の適合の確認・現場説明事項の内容・仮設における規定の確認などがあります。

チャレンジ問題！

問1　難　中　易

施工計画に関する次の記述のうち，適当でないものはどれか。

(1) 施工計画の検討は，現場担当者のみで行うことなく，企業内の組織を活用して，全社的に高い技術レベルでするものである。
(2) 施工計画の立案に使用した資料は，施工過程における計画変更などに重要な資料となったり，工事を安全に完成するための資料となるものである。
(3) 施工手順の検討は，全体工期，全体工費に及ぼす影響の小さい工種を優先にして行わなければならない。
(4) 施工方法の決定は，工事現場の十分な事前調査により得た資料に基づき，契約条件を満足させるための工法の選定，請負者自身の適正な利潤の追求につながるものでなければならない。

解　説

施工手順の検討は，全体工期，全体工費に及ぼす影響の大きい工種を優先にして行わなければいけません。

解答（3）

原価管理

1 原価管理

原価管理とは，受注者が工事原価の低減を目的として，実行予算書作成時に算定した予定原価と，すでに発生した実際原価を対比し，工事が予定原価を超えることなく進むように管理することです。

①原価管理の基本事項

原価管理の目的は，実行予算の設定に始まり，実際原価との比較，分析，修正による処置までのPDCAサイクル※4を回すことにより，原価を低減することです。原価管理データとして，原価の発生日，発生原価などを整理分類し，評価を加えて保存することにより，工事の一時中断や物価変動による損害を最小限にとどめることができます。

Plan（計画）
Do（実行）
Check（評価）
Action（見直し）
PDCAサイクル

原価の圧縮は次の点を留意して行います。

- 原価比率が高いものを優先し，そのうち低減の容易なものから順次行う
- 損失費用項目を重点的に改善する
- 実行予算より実際原価が超過傾向のものは，購入単価，運搬費用などの原因要素を改善する

②原価管理の実施

原価管理はPDCAサイクルを回すことにより実施します。

①実行予算の設定〈Plan(計画)〉
事前調査，検討および見積もり時点の施工計画を再検討し，決定した最適な施工計画に基づき実行予算を設定します。

②原価発生の統制〈Do(実行)〉
予定原価と実際原価を比較し，原価の圧縮をはかります。

③実際原価と実行予算の比較〈Check(評価)〉
工事進行に伴い，実行予算をチェックし，実際原価との差を見出し，分析検討を行います。

④施工計画の再検討〈Action(見直し)〉
修正措置差異が生じる要素を調査，分析し，実行予算を確保するための原価低減の措置を講じます。

※4
PDCAサイクル
Plan（計画）→Do（実行）→Check（評価）→Action（見直し）を繰り返すことで，業務を改善することをいいます。

チャレンジ問題！

問1　難　中　易

工事の原価管理に関する次の記述のうち，適当でないものはどれか。

(1) 原価管理は，天災その他不可抗力による損害について考慮する必要はないが，設計図書と工事現場の不一致，工事の変更・中止，物価・労賃の変動について考慮する必要がある。
(2) 原価管理は，工事受注後，最も経済的な施工計画をたて，これに基づいた実行予算の作成時点から始まって，工事決算時点まで実施される。
(3) 原価管理を実施する体制は，工事の規模・内容によって担当する工事の内容ならびに責任と権限を明確化し，各職場，各部門を有機的，効果的に結合させる必要がある。
(4) 原価管理の目的は，発生原価と実行予算を比較し，これを分析・検討して適時適切な処置をとり，最終予想原価を実行予算まで，さらには実行予算より原価を下げることである。

解　説

原価管理は，算定した予定原価と，すでに発生した実際原価を対比して管理するので，天災その他不可抗力による損害について考慮する必要があります。

解答（1）

建設機械

1 施工方法と建設機械の選定

建設機械[※5]は施工方法や作業量，現場条件に適切なものが選定されます。

①土質条件

トラフィカビリティ（地面が走行に耐えうる度合い）を確保するために，必要なコーン指数から建設機械の種類を選定します。たとえば，現場でコーン指数が500kN/m^{2}のときは普通ブルドーザを使用します。

リッパビリティ（掘削のしやすさを表す指標）を確保するために，地山の弾性波速度に合った建設機械の種類を選定します。

例）リッパ装置付ブルドーザ21t級：弾性波速度1km/sec程度の地山で使用する

②運搬距離，勾配

運搬距離に適した建設機械を選定します。

例）ブルドーザ：60m以下

ショベル系掘削機械＋ダンプトラック：100m以上

一般に適応できる運搬路の勾配の限界は，被けん引式スクレーパやスクレープドーザが15～25%，自走式スクレーパやダンプトラックでは10%以下，坂路が短い部分でも15%以下とされています。

2 建設機械の組合せ

数種類の建設機械が密接な関係をもちながら稼働し，一貫した作業を行う建設機械を，組合せ建設機械といいます。組合せは主作業と従作業に区分し，一連の作業の作業能力は組合せ建設機械の中で最小の作業能力の建設機械によって決定されます。ここで，主作業を遅らせることがないように，従作業の建設機械は主作業よりも同等か大きめに設定することが重要です。次の表に作業に応じた組合せ建設機械を示します。

作業の種類	組合せ建設機械
伐開・除根・積込み・運搬	ブルドーザ＋トラクターショベル(バックホウ)＋ダンプトラック
掘削・積込み・運搬	集積(補助)ブルドーザ＋積込み機械＋ダンプトラック
敷均し・締固め	敷均し機械＋締固め機械
掘削・積込み・運搬・散土	スクレーパ＋プッシャ

※5
建設機械
建設機械の選定についてはP11，作業の種類についてはP183を参照して下さい。

チャレンジ問題！

問1　難　中　易

施工計画における建設機械に関する次の記述のうち，適当でないものはどれか。

(1) 施工計画においては，工事施工上の制約条件より最も適した建設機械を選定し，その機械が最大能率を発揮できる施工法を選定することが合理的かつ経済的である。
(2) 組合せ建設機械の選択においては，従作業の施工能力は主作業の施工能力と同等，あるいは幾分低めにする。
(3) 機械施工における施工単価は，機械の運転時間当たりの機械経費を運転時間当たりの作業量で除することによって求めることができる。
(4) 単独の建設機械または組合された一群の建設機械の作業能力は，時間当たりの平均作業量で算出するのが一般的である。

解　説

施工計画で組合せ建設機械の選択においては，従作業の施工能力は主作業の施工能力と同等，あるいは大きめにします。

解答 (2)

第５章 施工管理

CASE 2 工程管理

まとめ & 丸暗記　この節の学習内容とまとめ

□ 工程管理一般：

工程管理の目的は，「①品質を確保しつつ，②費用を安価にして，③安全に施工時間を短くする」目標を満足させて完成させる

□ 工程表の種類

種類	特徴
横線式工程表（バーチャート）	縦軸に工種・作業，横軸に日数。漠然とした作業間の関連は把握できるが，工期に影響する作業は不明
横線式工程表（ガントチャート）	縦軸に工種・作業，横軸に作業の進捗率。各作業の必要日数はわからず，工期に影響する作業は不明
座標式工程表	縦軸に作業の進捗率，横軸に日数。作業進度が一目でわかるが作業間の関連は不明
曲線式工程表（バナナ曲線）	縦軸に作業の進捗率，横軸に日数。実施工程曲線が上限を越えると，工程にムリ，ムダが発生しており，下限を越えると工程を見直す
ネットワーク式工程表	縦軸に工種・作業，横軸に日数。全作業を連続的にネットワークとして表示したもの。作業進度と作業間の関連も明確となる

□ ネットワーク工程表の作成

- アクティビティ：各作業工程は矢印（→）で書かれ，工事が進行する方向を示す。作業の内容は（→）の上に，作業日数は（→）の下に表記する
- イベント：各作業が結合する点を丸印（○）で書かれる
- クリティカルパス：作業開始から作業終了までの経路のなかで，所要日数が最も長い経路のもの

工程管理一般

1 工程管理の目的

工程管理の目的は，「①品質を確保しつつ，②費用を安価にして，③安全に施工時間を短くする」という目標を満足させて完成させることです。したがって，当初の計画と工事の実施が良好であるかを常にチェックし，望ましい施工状態にしておく必要があります。

①工程計画

工程管理を行う上で必要な工程計画は，工事の各作業を有効に組み合わせて作業工程を作成し，その作業工程をさらに工事全体の工程に組み入れて工程計画を立てます。工事数量，工事用資材，労働力，建設機械，作業順序，季節と気象，作業休止日数などを十分に考慮して，設計図書に示された基準を満足する構造物を工期内に完成させるよう管理します。

②工程管理曲線（バナナ曲線）[※1]

工程計画を予定通り進めるには，工程表[※2]を作成して管理します。工程計画の円滑な進行モデルにはバナナ曲線がよく用いられています。

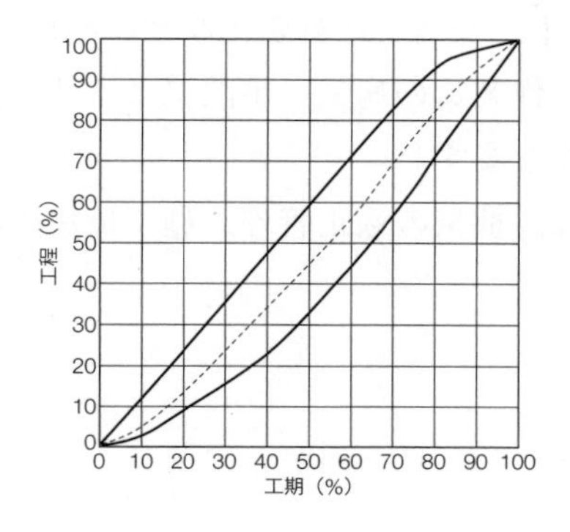

※1

バナナ曲線

工事の進捗が破線でバナナ曲線の中に入っていれば円滑な工程といえます。詳しくはP203を参照してください。

※2

工程表

全体工程表と部分工程表とに分けて作ることがあります。

全体工程表

工事の主要な工程に区分して施工順序を組み合わせて全体的に工期を満足させるように作成したもので，工事全体の進捗状況を判断するのに用いられます。

部分工程表

重要部分だけを取り出して全体工程を計画どおりスムーズに進捗させることを目的として用いられます。

2 工程管理の基本的事項

工程管理は，各工程の単なる進度管理ではなく，施工全般について総合的に検討するものです。ここでも原価管理で解説したようなPDCAサイクルを回して管理することが求められます。

①工程管理のPDCAサイクル

①工程計画を作成〈Plan(計画)〉
　現地に適合した施工方法，施工の順序などを検討し，作業単位の日程計画，作業手順を決めて工程表を作成します。

②工事の実施〈Do(実行)〉
　作成した工程表通りに工事を実施します。

③計画と実施を比較〈Check(評価)〉
　工事の進行に伴い，各作業の進捗をチェックし，計画工程と実施工程を比較して進捗度を管理します。

④工程の再検討，修正措置〈Action(見直し)〉
　工程の進捗状況が計画と差が生じている場合や安定していない場合は作業改善を行います。

②作業効率と作業能力

稼働率向上のためには，悪天候，災害，地質悪化などの不可抗力的要因，作業段取り，材料の待ち時間，作業員の病気，事故による休業，機械の故障などに留意し低下要因を排除します。

作業能率向上の方策としては，機械の適正管理，施工環境の改良，作業員の教育を行います。

チャレンジ問題！

問1

難 中 易

工事の工程管理に関する次の記述のうち，適当でないものはどれか。

(1) 工程管理は，品質，原価，安全など工事管理の目的とする要件を総合的に調整し，策定された基本の工程計画をもとにして実施される。

(2) 工程管理は，工事の施工段階を評価測定する基準を品質におき，労働力，機械設備，資材などの生産要素を，最も効果的に活用することを目的とした管理である。

(3) 工程管理は，施工計画の立案，計画を施工の面で実施する統制機能と，施工途中で計画と実績を評価し，改善点があれば処置を行う改善機能とに大別できる。

(4) 工程管理は，工事の施工順序と進捗速度を表す工程表を用い，常に工事の進捗状況を把握し計画と実施のずれを早期に発見し，適切な是正措置を講じることが大切である。

解 説

工程管理は，工事の施工段階を評価測定する基準を品質，原価，安全におき，労働力，機械設備，資材などの生産要素を，最も効果的に活用することを手段とした管理です。

解答（2）

工程表の種類

1 各種工程表の特徴

工程管理で一般的に使用されている工程表は，横線式（バーチャート，ガントチャート），座標式，曲線式（バナナ曲線），ネットワーク式の4種類です。

各種工程表の種類と特徴

種類	特徴
横線式工程表（バーチャート）	縦軸に工種・作業，横軸に日数。漠然とした作業間の関連は把握できるが，工期に影響する作業は不明である
横線式工程表（ガントチャート）	縦軸に工種・作業，横軸に作業の進捗率。各作業の必要日数はわからず，工期に影響する作業は不明である
座標式工程表	縦軸に作業の進捗率，横軸に日数。作業進度が一目でわかるが作業間の関連は不明である
ネットワーク式工程表	縦軸に工種・作業，横軸に日数。全作業を連続的にネットワークとして表示したもの。作業進度と作業間の関連も明確となる
曲線式工程表（バナナ曲線）	縦軸に作業の進捗率，横軸に日数。実施工程曲線が上限を超えると，工程にムリ，ムダが発生しており，下限を超えると工程を見直す

各種工程表の特徴

項目	バーチャート	ガントチャート	曲線・座標	ネットワーク
作業の手順	漠然	不明	不明	明解
必要な日数	明解	不明	不明	明解
進捗度合	漠然	明解	明解	明解
工期に影響	不明	不明	不明	明解
表の作成	容易	容易	やや複雑	複雑
適する工事	短期・単純	短期・単純	短期・単純	長期・大規模

※ ▭ はメリット，▭ はデメリット，不明は判断できない

2 各種工程表

各種工程表の特徴で示した工程表の表し方は次の図のようになります。

①横線式工程表（バーチャート）

バーチャート工程表の作成は簡単で，各作業の開始日，終了日，所要日数をわかりやすく表示します。デメリットとしては，各作業の関係が不明確で工期に影響する作業がどれかがつかみにくいなどが挙げられます。

日程	5月1日	2日	3日	4日	5日	6日	7日	8日
	月	火	水	木	金	土	日	月
作業①	■	■	■					
作業②				■	■			
作業③						■		
作業④							■	■

②横線式工程表（ガントチャート）

ガントチャート工程表の作成は簡単で，各作業の進捗率をパーセント表示でわかりやすく表示します。進捗率しか表示されていないので，バーチャートよりも各作業の関係が不明確です。

進捗率	10%	20%	30%	40%	50%	60%	70%	80%	90%	100%
作業①	■	■	■	■	■	■	■	■	■	■
作業②	■	■	■	■	■	■	■			
作業③	■									
作業④	■	■	■							
作業⑤	■									

③座標式工程表

横線式工程表に比べ，施工箇所が記入できるため，より具体的な工程を把握できます。道路工事のように帯状に長い工事では特に有効です。

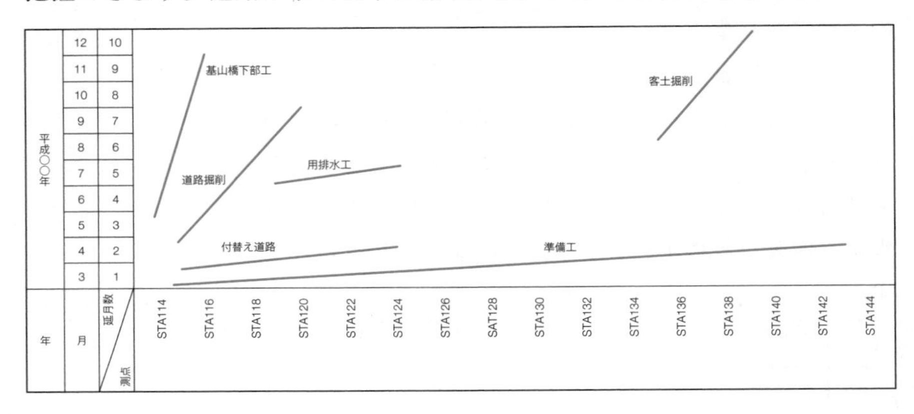

④ネットワーク式工程表

ネットワーク式工程表は記入情報が最も多く，順序関係，着手完了日時の検討などの点で優れた工程表です。ただし，作成に時間がかかります。

ネットワーク工程表は，クリティカルパス[※3]となる日数や作業の余裕日数など比較的よく出題されるので「ネットワーク式工程表の作成」(P205)で詳しく解説します。

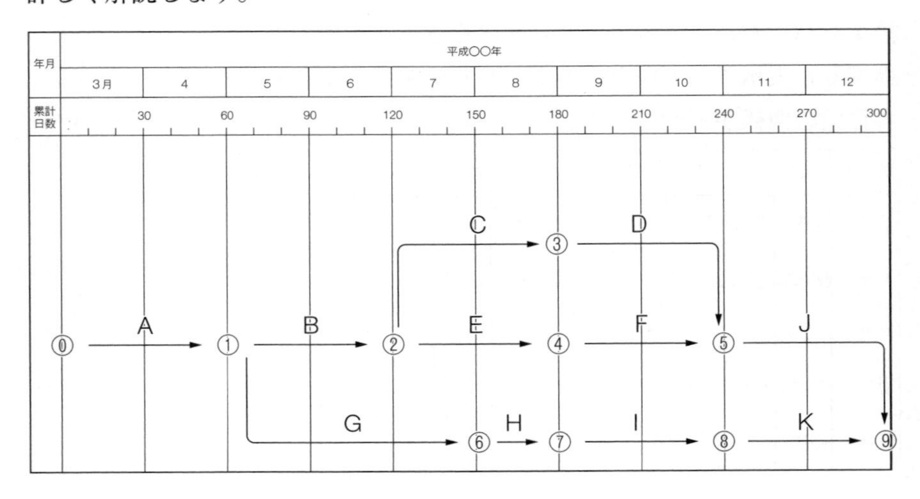

⑤曲線式工程表（バナナ曲線）

曲線式工程表は，時間経過と工程の進捗を表す工程表です。

許容限界曲線は工程の目安であり，管理の目的・過去の実績を考慮して設定します。予定工程曲線がバナナ曲線の許容限界内に入っていても進捗の傾きはできるだけ緩やかにします。予定工程曲線が許容限界からはずれた場合は，工程の位置を調整して許容内に入れます。

実施工程が下方許容限界を超えた場合は，抜本的な工程の見直しを行います。実施工程が上方許容限界を超えた場合は，必要以上に機材を投入して不経済になっている可能性があるのでチェックします。

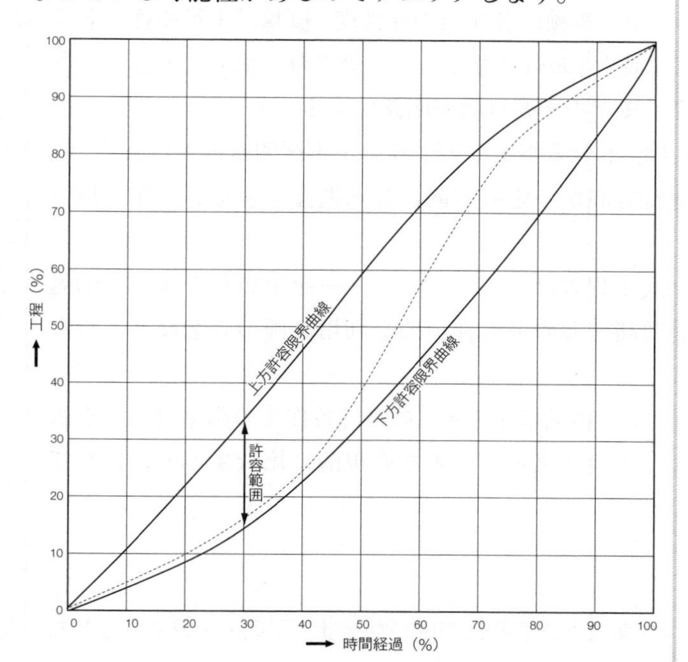

※3
クリティカルパス
所要日数が最も長い経路のこと。詳しくはP205を参照して下さい。

チャレンジ問題！

問1　　難　中　易

工程管理に使われる工程表の種類と特徴に関する次の記述のうち，適当でないものはどれか。

(1) ガントチャートは，横軸に各作業の進捗度，縦軸に工種や作業名をとり，作業完了時が100％となるように表されており，各作業ごとの開始から終了までの所要日数が明確である。
(2) 斜線式工程表は，トンネル工事のように工事区間が線上に長く，しかも工事の進行方向が一定の方向にしか進捗できない工事に用いられる。
(3) ネットワーク式工程表は，コンピューターを用いたシステム的処理により，必要諸資源の最も経済的な利用計画の立案などを行うことができる。
(4) グラフ式工程表は，横軸に工期を，縦軸に各作業の出来高比率を表示したもので，予定と実績との差を直視的に比較するのに便利である。

解説

ガントチャートは作業ごとの必要日数はわからず，工期に影響する作業も不明です。

解答（1）

ネットワーク式工程表の作成

1 ネットワーク式工程表の見かた

ネットワーク式工程表は次の図のように作成されます。それぞれの作業の所要日数を足していくと工事が完了する日数が確定します。複数ルートがあっても日数の大きなルート日数を採用します。

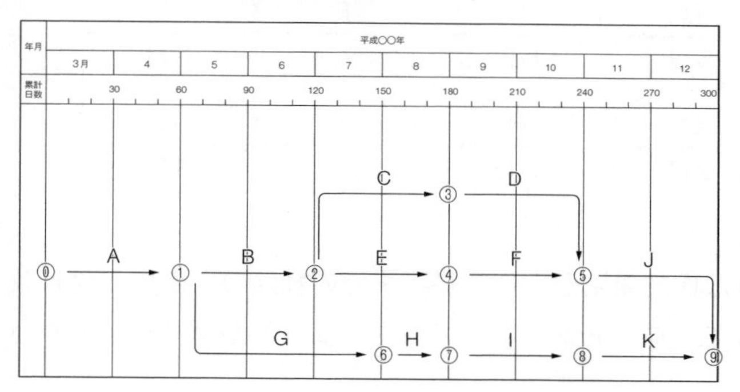

①アクティビティ

各作業工程を矢印（→）で書き，工事が進行する方向を示します。作業の内容の表記は矢印（→）の上に，作業日数は矢印（→）の下に表記します。

②イベント

各作業が結合する点は丸印（○）で記入します。

③イベント番号

イベント丸印のなかに①などと番号を記入します。

④ダミー

別ルートの工程で関連性がでてくる工事については点線の矢線で結びます。

⑤クリティカルパス

作業開始から作業終了までの経路のなかで，所要日数が最も長い経路のことです。

2 ネットワーク式工程表の読み取り

ここでは次のネットワーク式工程表を例に，各事項の判断の仕方を解説します。

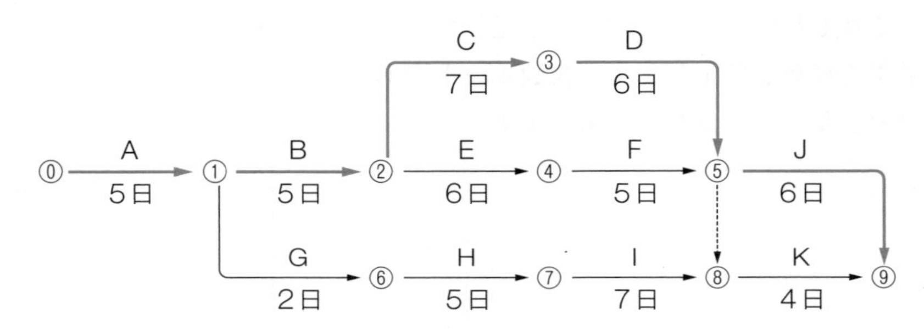

①クリティカルパス

クリティカルパスは作業開始から作業終了までの経路のなかで所要日数が最も長い経路なので，ルート⓪→①→②→③→⑤→⑨がクリティカルパスとなります。

②よく出題される「作業○○の最早開始日」

作業Kの最早開始日を考えてみます。ルートはクリティカルパスを通り作業に向かうため⓪→①→②→③→⑤→⑧であり5+5+7+6=23日となります。

③よく出題される「ルートの余裕日数」

余裕日数とはクリティカルパスとの余裕のことなので，ルート①→⑥→⑦→⑧は2+5+7=14日，クリティカルパスからのルート①→②→③→⑤は5+7+6=18日，余裕は18－14=4日になります。

④工事開始から工事完了までの必要日

工事開始から工事完了までの必要日はクリティカルパスのルートのため，ルート⓪→①→②→③→⑤→⑨から5+5+7+6+6=29日となります。

チャレンジ問題！

問3

難　中　易

下図のネットワーク式工程表に関する次の記述のうち，適当なものはどれか。

ただし，図中のイベント間のA～Kは作業内容，日数は作業日数を表す。

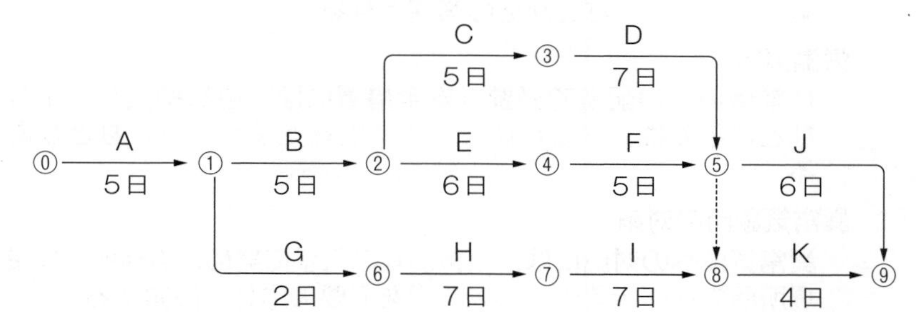

(1) クリティカルパスは，⓪→①→②→④→⑤→⑨である。

(2) ①→⑥→⑦→⑧の作業余裕日数は4日である。

(3) 作業Kの最早開始日は，工事開始後26日である。

(4) 工事開始から工事完了までの必要日数（工期）は28日である。

解 説

設問（1）について，クリティカルパスは，所要日数が最も長い経路のため⓪→①→②→③→⑤→⑨です。

設問（2）について，①→⑥→⑦→⑧のルートは2+7+7=16日，クリティカルパスからのルートは①→②→③→⑤→⑧で5+5+7=17日となり，作業余裕日数は17日－16日=1日となります。

設問（3）について，作業Kの最早開始日は，⓪→①→②→③→⑤→⑧のルートで5+5+5+7=22日です。

解答（4）

CASE 3 安全管理

まとめ & 丸暗記　この節の学習内容とまとめ

- □ 安全衛生管理：
  総括安全衛生管理者は，労働者の危険または健康障害を防止・教育，健康診断の実施と健康の保持増進，労働災害の原因調査や再発防止などがその業務となる
- □ 労働災害：
  作業環境への配慮で必要な安全措置には，自然換気が不十分なところでは，内燃機関を有する機械を使用しないなどがある
- □ 異常気象時の対策：
  異常気象への対応には，気象情報の入手に努め，事務所，作業場所間の連絡伝達のための設備を必要に応じて設置する
- □ 足場の安全管理：
  高さが2m以上の足場は，幅40cm以上，すき間が3cm以下，床材と建地とのすき間を12cm未満とする
- □ 型枠支保工の安全対策：
  鋼管（パイプサポートを除く）を支柱として用いる場合，高さ2m以内ごとに水平つなぎを2方向に設ける
- □ 移動式クレーンの安全対策：
  安全対策では，作業の方法，転倒を防止するための方法，作業に係わる労働者の配置および指揮の系統を定めておく
- □ 建設機械の安全対策：
  建設機械を運行させる際は，転落防止のため運行経路について，路肩の崩壊の防止，地盤の不同沈下の防止，必要な幅員の保持などの措置を講じる

安全衛生管理

1 安全衛生管理体制

労働安全衛生法では，第10条以降で安全衛生管理体制における選任管理者[※1]が定められています。

①第10条（総括安全衛生管理者）

総括安全衛生管理者は，労働者の危険または健康障害を防止・教育，健康診断の実施と健康の保持増進，労働災害の原因調査や再発防止などがその業務となります。

②第13条（産業医）

産業医は，厚生労働省令で定めるところにより医師から選任されます。労働者の健康管理がその業務になります。

③第15条（統括安全衛生責任者）

統括安全衛生責任者は，協議組織の設置および運営，作業間の連絡および調整，作業場所を巡視，教育に対する指導および援助などがその業務になります。

2 元方事業者の講ずべき措置

労働安全衛生法第29条では，「元方事業者は，土砂等が崩壊するおそれのある場所，機械等が転倒するおそれのある場所等において関係請負人の労働者が作業を行うときは，危険を防止するための措置が適正に講ぜられるように技術上の指導その他の必要な措置を講じなければならない」とあります。

元方事業者は，関係請負人または関係請負人の労働

※1
選任管理者
労働安全衛生法では，下記の選任責任者が定められています。
10条「総括安全衛生管理者」
11条「安全管理者」
12条「衛生管理者」
13条「産業医」
14条「作業主任者」
15条「統括安全衛生責任者」
16条「安全衛生責任者」

者がこれらの規定に違反しているときは，是正のための必要な指示を行います。

チャレンジ問題！

問1 　難　**中**　易

労働安全衛生法令上，元方事業者の講ずべき措置等として次の記述のうち，誤っているものはどれか。

(1) 元方事業者は，関係請負人および関係請負人の労働者が，当該仕事に関し，法律またはこれに基づく命令の規定に違反しないよう必要な指導を行わなければならない。

(2) 元方事業者は，関係請負人または関係請負人の労働者が，当該仕事に関し，法律またはこれに基づく命令の規定に違反していると認めるときは，是正の措置すべてを自ら行わなければならない。

(3) 元方事業者は，機械等が転倒するおそれのある場所において，関係請負人の労働者が当該事業の仕事の作業を行うときは，当該場所に係る危険を防止するための措置が適正に講ぜられるように，技術上の指導その他の措置を講じなければならない。

(4) 元方事業者の講ずべき技術上の指導その他の必要な措置には，技術上の指導のほか，危険を防止するために必要な資材等の提供，元方事業者が自らまたは関係請負人と共同して危険を防止するための措置を講じること等が含まれる。

解　説

元方事業者は，関係請負人または関係請負人の労働者が，当該仕事に関し，法律またはこれに基づく命令の規定に違反していると認めるときは，是正のための必要な指示を行わなければいけません。

解答（2）

労働災害

1 安全措置

作業環境への配慮で必要な安全措置には次のような事項があります。

- 自然換気が不十分な場所では，内燃機関を有する機械を使用しない
- 強烈な騒音を発生する場所では，耳栓などの保護具を使用する
- 狭い作業空間での[※2]機械施工は，機械の選定に十分配慮し，作業方法や作業計画を事前に検討する
- 高温多湿な作業環境下では，熱を遮り冷房を行う施設を設け，WBGT（暑さ指数）の低減に努める

2 工事現場周辺の危険防止

工事現場の周囲は，防護工[※3]を設置して，作業員や第三者に工事区域を明確にすることで危険を防止します。それ以外の場所での危険防止対策としては，工事のために道路を使用する場合は占用許可条件に適合した設備とし，常に保守管理[※4]を行います。工事現場出入口では，交通事故を防止するためにブザーや黄色回転灯を設置し，必要に応じて交通誘導員を配置します。

3 地域住民との融和

工事着手前には地区自治会などを通じ，周辺住民などに工事概要を周知し協力要請に努めることも重要です。

※2
狭い作業空間での注意点
土留支保工内の掘削においては，切梁，腹起しなどの土留支保工部材を通路として使用することは禁止されています。

※3
防護工
鋼板，シート，ガードフェンスなどがあります。

※4
保守管理
使用する設備には，看板，標識，夜間照明，保安灯，誘導灯などがあります。

周辺住民などに対して，工事場所がスクールゾーン内にある場合には，登下校時の工事車両の通行に関する留意事項を工事関係者に周知したり，地元住民が容易に理解できるよう工事の進捗状況を必要に応じて，回覧を行うか看板を作成して掲示するなどして，工事に対する理解を求めます。

工事中に周辺住民などから苦情または意見などがあったときは，丁寧に応対し，必要な措置を講じます。

チャレンジ問題！

問1　　難　中　易

建設工事の労働災害防止対策に関する次の記述のうち，適当でないものはどれか。

(1) 作業床の端，開口部などには，必要な強度の囲い，手すり，覆いなどを設置し，床上の開口部の覆い上には，原則として材料などを置かないこととし，その旨を表示する。

(2) 土留支保工内の掘削において，切梁，腹起しなどの土留支保工部材を通路として使用する際は，あらかじめ通路であることを示す表示をする。

(3) 上下作業は極力避けることとするが，やむを得ず上下作業を行うときは，事前に両者の作業責任者と場所，内容，時間などをよく調整し，安全確保をはかる。

(4) 物体の落下しやすい高所には物を置かないこととするが，やむを得ず足場上に材料などを集積する場合には，集中荷重による足場のたわみなどの影響に留意する。

解説

土留支保工内の掘削において，切梁，腹起しなどの土留支保工部材を通路として使用することは禁止されています。

解答（2）

その他の安全衛生管理

1 異常気象時の対策

気象情報の収集には，事務所にテレビやラジオなどを常備し，常に気象情報の入手に努めます。

事務所，作業場所間の連絡伝達のための設備[※5]を必要に応じ設置します。電話の固定回線の他に，複数の移動式受話器などで常に連絡できるようにします。

2 大雨に対する措置

作業現場および周辺の状況を点検確認し，次のような防災上対策が必要な箇所は立入り禁止と必要な対策を講じます。

- 土砂崩れ，がけ崩れ，地すべり，土石流の到達が予想される箇所
- 物の流出，土砂の流出箇所
- 降雨により満水し，沈没または転倒するおそれ，河川の氾濫などにより浸水のおそれのある箇所

3 雷[※6]に対する措置

電気発破作業においては，雷光と雷鳴の間隔が短いときは，作業を中止し安全な場所に退避させます。

4 強風に対する措置

強風の際，クレーンや杭打機のような風圧を大きく

※5
現場における連絡伝達の設備
無線機，トランシーバー，拡声器，サイレンなどがあります。

※6
雷に対する措置
雷雲が直上を通過した後も，雷光と雷鳴の間隔が長くなるまで作業を再開させません。

受ける作業用大型機械は，休止場所での転倒，逸走防止に十分注意します。

5 雪に対する措置

道路，水路などには，幅員を示すためのポールや，赤旗の設置などの転落防止措置を講じます。道路，工事用桟橋，階段，スロープ，通路，作業足場などは，除雪するか，または滑動を防止するための措置を行います。

チャレンジ問題！

問1

難	中	易

施工中の建設工事現場における異常気象時の安全対策に関する次の記述のうち，適当でないものはどれか。

(1) 現場における伝達は，現場条件に応じて，無線機，トランシーバー，拡声器，サイレンなどを設け，緊急時に使用できるよう常に点検整備しておく。
(2) 洪水が予想される場合は，各種救命用具（救命浮器，救命胴衣，救命浮輪，ロープ）などを緊急の使用に際して即応できるように準備しておく。
(3) 大雨などにより，大型機械などの設置してある場所への冠水流出，地盤のゆるみ，転倒のおそれなどがある場合は，早めに適切な場所への退避または転倒防止措置をとる。
(4) 電気発破作業においては，雷光と雷鳴の間隔が短いときは，作業を中止し安全な場所に退避させ，雷雲が直上を通過した直後から作業を再開する。

解説

電気発破作業では，雷光と雷鳴の間隔が長くなるまで作業を再開しません。

解答（4）

公衆災害防止対策

1 公衆災害の防止

施工者は，土木工事の計画，設計および施工にあたって，公衆災害の防止のため，必要な調査を実施し，関係諸法令を遵守して，安全性などを十分検討した有効な工法を選定しなければいけません。

①作業場[※7]の区分とさくの規格・寸法

施工者は周囲から作業場を明確に区分し，土木工事を施工するにあたってこの区域以外を使用してはいけません。

工事にあたり，公衆が誤って作業場に立入ることがないように固定さくなどを設置します。固定さくの高さは1.2m以上とし，通行者[※8]の視界を妨げないようにする必要がある場合はさく上を金網などで張り，見通しをよくします。

移動さく[※9]の場合は，高さ0.8m以上1m以下，長さ1m以上1.5m以下で，支柱の上端に幅15cm程度の横板を取り付けるものを標準としています。

②交通対策

道路上で夜間施工をする場合には，さくなどに沿って高さ1m程度で夜間150m前方から視認できる光度の保安灯[※10]を設置します。

道路を車線に規制し交互交通で工事を行う場合には，交通量を考慮し，制限区間はできる限り短くとるとともに，必要に応じて交通誘導員を配置します。

③埋設物の措置

埋設物に近接して土木工事を施工する場合には，あ

※7
作業場
土木工事を施工するにあたって作業し，材料を集積し，機械類を置くなど工事のために使用する区域のことをいいます。

※8
通行者
ここでの通行者とは自動車なども含みます。

※9
移動さく
移動さくの高さが1m以上となる場合は，金網などを張り付けるものとします。

※10
保安灯の間隔
交通流に対面する部分では1m程度，その他の道路では4m以下とします。
特に交通量の多い道路では回転式，点滅式の注意灯が必要です。

らかじめその埋設物の管理者および関係機関と協議し，関係法令などに従い，工事施工の各段階における保安上の必要な措置，埋設物の防護方法，立会の有無，緊急時の連絡先およびその方法，保安上の措置の実施区分などを決定するものとします。

チャレンジ問題！

問1　　難　中　易

建設工事公衆災害防止対策要綱上，一般道路における交通対策に関する次の記述のうち，誤っているものはどれか。

(1) 夜間施工では，高さ1m程度で，夜間150m前方から視認できる光度の保安灯を設置し，その設置間隔は交通流に対面する部分で1m程度とする。

(2) 歩行者通路は，幅0.75m以上，特に歩行者の多い箇所では幅1.5 m以上を確保し，車道境に移動さくを設置する場合の高さは0.8m以上1m以下とする。

(3) 道路上での工事を予告する道路標識，標示板等を工事箇所の前方50 mから500 mの間の路側，または中央帯のうち視認しやすい箇所に設置する。

(4) 車線で幅員5.5mある道路を車線に規制し交互交通で工事を行う場合には，交通量を考慮し，制限区間はできる限り長くとるとともに，必要に応じて交通誘導員を配置する。

解説

車線で幅員5.5mある道路を車線に規制し交互交通で工事を行う場合には，交通量を考慮し，制限区間はできる限り短くとるとともに，必要に応じて交通誘導員を配置します。

解答（4）

足場の安全対策

1 足場の組立てなどの作業の墜落防止措置

高さが2m以上の構造の足場を組立て，解体，変更する際に，足場材の緊結，取り外し，受渡しなどの作業を行うときは，幅40cm以上，すき間が3cm以下の作業床を設置して，墜落制止用器具（安全帯）を安全に取り付けるための設備が必要です。次の措置がいずれも必要となります。

①作業床に関する墜落防止措置

足場の作業床[※11]の設置には，幅40cm以上の他に床材と建地とのすき間を12cm未満にする必要もあります。

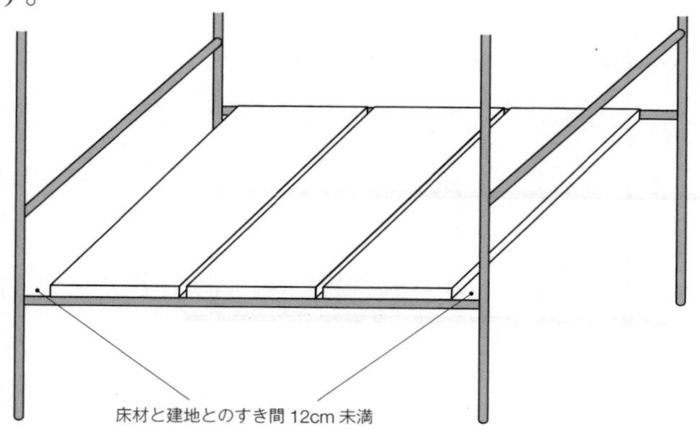

②墜落制止用器具を取り付けるための施設[※12]

安全帯取付け設備には，親綱に墜落制止用器具を取り付ける「親綱支柱と親綱」と手すりに墜落制止用器具を取り付ける「手すり先行工法」がありますが，厚生労働省では墜落する危険を低減させるために「手すり先行工法」の積極的な採用を指導しています。

※11
足場の作業床の幅
40cm以上必要です。

※12
墜落制止用器具取付設備
墜落制止用器具を適切に着用した労働者が墜落しても，墜落制止用器具を取り付けた設備が脱落することがなく，衝突面に達することを防ぐ施設です。

2 足場の設置

各足場における具体的な人の墜落・転落による災害防止措置には次のようなものがあります。

①枠組足場の災害防止措置

交さ筋かいおよび高さ15cm以上40cm以下にさんもしくは高さ15cm以上の幅木を設置します。

②枠組足場以外の災害防止措置

85cm以上に手すり，35～50cmにさんを設置します。

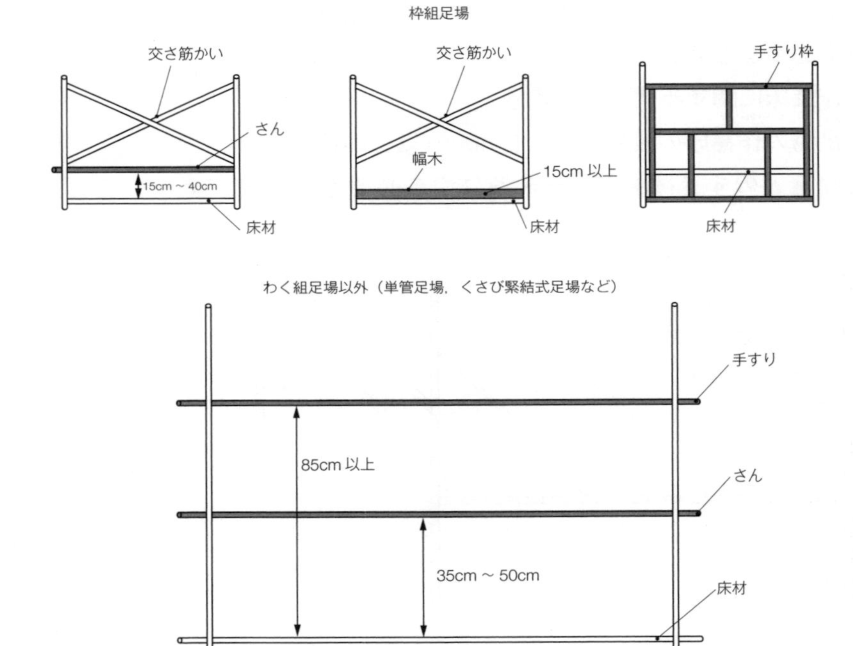

3 その他の墜落防止措置

つり足場，張出し足場，高さが2m以上の構造の足場を，組立て，解体，変更する際は次のような措置も必要です。

●組立て，解体または変更の時期，範囲，順序を周知させる

- 関係労働者以外の労働者の立入りを禁止する
- 強風，大雨，大雪などの悪天候，作業の実施に危険が予想される場合は作業を中止する

チャレンジ問題！

問1

難　中　易

建設工事における墜落災害の防止に関する次の記述のうち，事業者が講じるべき措置として，適当なものはどれか。

(1) 移動式足場に労働者を乗せて移動する際は，足場上の労働者が手すりに要求性能墜落制止用器具（安全帯）をかけた状況を十分に確認した上で移動する。

(2) 墜落による危険を防止するためのネットは，人体またはこれと同等以上の重さの落下物による衝撃を受けた場合，十分に点検した上で使用する。

(3) 墜落による危険のおそれのある架設通路に設置する手すりは，丈夫な構造で著しい損傷や変形などがなく，高さ75cm以上のものとする。

(4) 墜落による危険のおそれのある高さ2m以上の枠組足場の作業床に設置する幅木は，著しい損傷や変形などがなく，高さ15cm以上のものとする。

解説

設問（1）は，移動式足場に労働者を乗せてはいけません。
設問（2）は，衝撃を受けた場合は使用してはいけません。
設問（3）は，高さ85cm以上です。

解答（4）

型枠支保工の安全対策

1 型枠支保工の組立て図の作成

型枠支保工の組立て図は，届出の要否に関係なく作成されます。支柱・梁・つなぎ・筋かいなど，部材の配置・接合部・寸法を明記し，設計荷重と許容応力度の確認を行います。

2 型枠支保工の措置

型枠支保工の措置には敷角を使用し，コンクリートの打設や杭の打込みなど支柱の沈下を防止するための措置をとります。

支柱の脚部の固定には，根がらみの取付けなど支柱の脚部の滑動を防止します。

型枠支保工の支柱の継手は，突合せ継手または差込み継手とし，鋼材と鋼材との接合部および交さ部は，ボルト，クランプなどの金具を用いて緊結します。

型枠が曲面のときは，控えの取付けなど型枠の浮上がりを防止します。

鋼管（パイプサポートを除く）を支柱として用いる場合は，高さ2m以内ごとに水平つなぎを2方向に設け，かつ，水平つなぎの変位を防止します。パイプサポートを支柱として用いるものにあっては，パイプサポートを3本以上継いで用いないこととされています。また，パイプサポートを継いで用いるときは4本以上のボルトまたは専用の金具を用いて継ぎます。

鋼管枠を支柱として用いるものにあっては，鋼管枠と鋼管枠との間に交さ筋かいを設けます。

組立て鋼柱を支柱として用い，梁または大引きを上端に載せるときは上端に鋼製の端板を取り付け，これを梁または大引きに固定します。また，高さが4mを超えるときは，高さ4m以内ごとに水平つなぎを2方向に設け，かつ，水平つなぎの変位を防止します。

木材を支柱として用いるものにあっては，高さ2m以内ごとに水平つなぎを2方向に設け，かつ，水平つなぎの変位を防止します。

また，木材を継いで用いるときは2個以上の添え物を用いて継ぎ，梁または大引きを上端に載せるときは，添え物を用いて上端を梁または大引きに固定します。

チャレンジ問題！

問1　難　中　易

型枠支保工に関する次の記述のうち，事業者が講じるべき措置として，労働安全衛生法令上，誤っているものはどれか。

(1) 型枠支保工の支柱の継手は，重ね継手とし，鋼材と鋼材との接合部および交差部は，ボルト，クランプ等の金具を用いて緊結する。
(2) 型枠支保工については，敷角の使用，コンクリートの打設，杭の打込み等支柱の沈下を防止するための措置を講ずる。
(3) 型枠が曲面のものであるときは，控えの取付け等当該型枠の浮上がりを防止するための措置を講ずる。
(4) コンクリートの打設について，その日の作業を開始する前に，当該作業に係る型枠支保工について点検し，異状を認めたときは補修する。

解　説

型枠支保工の支柱の継手は，突合せ継手または差込み継手とし，鋼材と鋼材との接合部および交さ部は，ボルト，クランプなどの金具を用いて緊結します。

解答（1）

移動式クレーンの安全対策

1 移動式クレーンの使用

移動式クレーンの安全対策には，クレーン等安全規則より現場で使用する移動式クレーンには検査証を備えつけておきます。

移動式クレーンの巻過(まきか)防止装置については，フック，グラブバケットなどのつり具の上面またはつり具の巻上げ用シーブの上面とジブの先端のシーブその他当該上面が接触するおそれのある物（傾斜したジブを除く）の下面との間隔が0.25m以上（直働式の巻過防止装置にあっては0.05m以上）となるように調整しておかなければいけません。

移動式クレーンの作業には作業の方法，転倒を防止するための方法，作業に係わる労働者の配置および指揮の系統を定めておきます。

移動式クレーンを用いて荷をつり上げるときは，外れ止め装置を使用します。地盤が軟弱で埋設物その他地下に存する工作物が損壊するおそれがあることなどにより，移動式クレーンが転倒するおそれのある場所においては移動式クレーンを用いての作業は行えません。

アウトリガーを有する移動式クレーンまたは拡幅式のクローラを有する移動式クレーンを用いて作業を行うときは，アウトリガーまたはクローラを最大限に張り出します。

移動式クレーンの作業には，一定の合図を定め，合図を行うものを指名して運転者に合図を行わせます。強風のため移動式クレーンの作業の危険が予想される場合，作業を中止します。

2 移動式クレーンの就業制限

移動式クレーン運転士免許を受けた者だけがその業務に就きます。ただし，つり上げ荷重が1t以上5t未満の移動式クレーン（小型移動式クレーン）の運転の業務については，小型移動式クレーン運転技能講習を修了した者を業務に就かせることができます。

チャレンジ問題！

問1

難　中　易

移動式クレーンの安全確保に関する次の記述のうち，事業者が講じるべき措置として，クレーン等安全規則上，正しいものはどれか。

(1) クレーン機能付き油圧ショベルを小型移動式クレーンとして使用する場合，車両系建設機械運転技能講習修了者であれば，クレーン作業の運転にも従事させることができる。

(2) 移動式クレーンの定格荷重とは，負荷させることができる最大荷重から，フックの重量・その他つり具等の重量を差し引いた荷重である。

(3) 移動式クレーンの作業中は，運転者に合図を送りやすいよう，上部旋回体の直近に労働者の中から指名した合図者を配置する。

(4) 強風のため移動式クレーンの作業の危険が予想される場合は，つり荷や介しゃくロープの振れに特に十分注意しながら作業しなければならない。

解　説

設問（1）は，クレーン機能付き油圧ショベルを小型移動式クレーンとして使用する場合，小型移動式クレーン運転技能講習修了者であれば，クレーン作業の運転にも従事させることができます。

設問（3）は，移動式クレーンの作業中，一定の合図を定め，合図を行うものを指名して運転者に合図を行わせなければいけません。上部旋回体の直近に労働者の中から指名した合図者を配置するものではありません。

設問（4）は，強風のため移動式クレーンの作業の危険が予想される場合，作業を中止しなければいけません。

解答（2）

建設機械の安全対策

1 車両系建設機械の使用に係わる危険の防止

①転落の防止

車両系建設機械の運行経路については，路肩の崩壊の防止，地盤の不同沈下の防止，必要な幅員の保持など必要な措置を講じます。

②接触の防止と合図

運転中の車両系建設機械に接触することにより労働者に危険が生ずるおそれのある箇所に労働者を立ち入らせてはいけません。ただし，誘導者を配置し，その者に誘導させるときは，この限りではありません。車両系建設機械の運転について誘導者を置くときは，一定の合図を定め，誘導者に合図を行わせます。

③運転位置から離れる場合

車両系建設機械の運転者が運転位置から離れるときは，バケット，ジッパーなどの作業装置を地上に降ろします。また原動機を止め，かつ走行ブレーキをかけるなどの車両系建設機械の逸走を防止する措置を講じます。

④車両系建設機械の移送

車両系建設機械を移送，けん引により貨物自動車に積卸しを行う場合において，道板，盛土などを使用するときは転倒，転落などによる危険を防止するため，「積卸しは，平たんで堅固な場所において行なうこと」「道板を使用するときは，十分な長さ，幅および強度を有する道板を用い，適当な勾配で確実に取り付けること」「盛土，仮設台等を使用するときは，十分な幅および強度並びに適度な勾配を確保すること」などに注意します。

2 定期自主検査

車両系建設機械については，一年以内ごとに一回，定期的に「原動機，クラッチなどの動力伝達装置，タイヤなどの走行装置，操縦装置，ブレーキ，作業装置，油圧装置，電気系統，その他計器類」について自主検査を行う必要があります。

チャレンジ問題！

問1　難　中　易

建設機械の災害防止に関する次の記述のうち，事業者が講じるべき措置として，労働安全衛生法令上，誤っているものはどれか。

(1) 運転中のローラやパワーショベル等の車両系建設機械と接触するおそれがある箇所に労働者を立ち入らせる場合は，その建設機械の乗車席以外に誘導者を同乗させて監視にあたらせる。
(2) 車両系荷役運搬機械のうち，荷台にあおりのある不整地運搬車に労働者を乗車させるときは，荷の移動防止の歯止め措置や，あおりを確実に閉じる等の措置を講ずる必要がある。
(3) フォークリフトやショベルローダ等の車両系荷役運搬機械には，作業上で必要な照度が確保されている場合を除き，前照燈および後照燈を備える必要がある。
(4) 車両系建設機械のうち，コンクリートポンプ車における輸送管路の組立てや解体では，作業方法や手順を定めて労働者に周知し，かつ，作業指揮者を指名して直接指揮にあたらせる。

解説

運転中のローラやパワーショベルなどの車両系建設機械と接触するおそれがある箇所に，労働者を立ち入らせてはいけません。

解答（1）

掘削工事の安全対策

1 土工作業

①監視員の配置

道路に接近して作業をする場合や，埋設物近接箇所において作業をする場合には，状況に応じて監視員を配置します。

②崩壊防止計画

法面が長くなる場合は，数段に区切って掘削します。

土留・支保工の場合は，材料にひび割れ変形または腐れのない良質なものを使用し，事前に十分点検確認を行います。

③危険予防措置

掘削により土石が落下するおそれがあるときは，その下方に通路は設けず作業などは行いません。また妊娠中の女性および年少者は，法尻付近などの土砂崩壊のおそれのある箇所または深さが5m以上の地穴では，作業をさせてはいけません。

④作業主任者の選任

高さ2.0m以上の掘削作業は，技能講習を修了した作業主任者を選任し，その者の指揮により行います。

⑤機械掘削作業における留意事項

後進させるときは，後方を確認し，誘導員の指示を受けてから後進します。

また，荷重およびエンジンをかけたまま運転席を離れてはいけません。落石などの危険がある場合は，運転席にヘッドガードを付け，誘導員を配置します。

2 土留支保工[※13]

掘削作業を行う場合は，掘削箇所ならびにその周囲の状況を考慮し，必要に応じて土圧計などの計測機器の設置を含め土留・支保工の安全管理計画をたて，これを実施することが必要です。

①土留支保工の設置

切土面に，その箇所の土質に見合った勾配を保って掘削できる場合を除き，掘削する深さが**1.5mを超える場合**には，原則として**土留工**を施します。

②施工時の安全[※14]

土留・支保工は，施工計画に沿って所定の部材の取付けが完了しないうちは，**次の段階の掘削**を行ってはいけません。

土留工を施している間は，**点検員を配置**して定期的[※15]に点検を行い，土留用部材の変形，緊結部のゆるみ，地下水位や周辺地盤の変化などの異常が発見された場合は，直ちに**作業員全員を必ず避難させる**とともに，**事故防止対策**に万全を期した後でなければ，**次の段階の施工**は行えません。

作業中は，**指名された点検者**が常時点検を行い，異常を認めたときは直ちに**作業員全員を避難**させ，**責任者に連絡**し，必要な措置を講じます。

掘削機械，積込機械などの使用によるガス導管，地中電線路などの損壊により労働者に危険を及ぼすおそれのあるときは，ガス導管，電線路について保護を行うか，移設するなどの措置を行います。

運搬機械が労働者の作業箇所に後進して接近するときまたは，転落のおそれのあるときは，誘導者を配置し誘導させます。

③異常気象時の点検

中震（震度）以上の地震が発生したとき，**大雨**により盛土または地山が軟弱化するおそれがあるときは，すみやかに**点検**を行い，**安全を確認**した後に作業を再開します。

※13
土留支保工
P73を参照して下さい。

※14
施工時の安全
土留・矢板は，根入れ，応力，変位に対して安全である他，土質に応じてボイリング，ヒービングの検討を行い，安全であることを確認します。

※15
定期的な点検
必要に応じて測定計器を使用し，土留工に作用する土圧，変位を測定します。

チャレンジ問題！

問1　　難　中　易

土工工事における明り掘削の作業にあたり事業者が遵守しなければならない事項に関する次の記述のうち，労働安全衛生法令上，正しいものはどれか。

(1) 地山の崩壊等による労働者の危険を防止するため，労働者全員にその日の作業開始前，大雨や中震（震度）以上の地震の後，浮石およびき裂や湧水の状態等を点検させなければならない。

(2) 掘削機械，積込機械等の使用によるガス導管，地中電線路等の損壊により労働者に危険を及ぼすおそれのあるときは，これらの機械を十分注意して使用しなければならない。

(3) 地山の崩壊等により労働者に危険を及ぼすおそれのあるときは，あらかじめ，土留支保工や防護網を設置し，労働者の立入り禁止等の措置を講じなければならない。

(4) 運搬機械が，労働者の作業箇所に後進して接近するとき，または，転落のおそれのあるときは，運転者自ら十分確認を行うようにさせなければならない。

解　説

設問（1）は，地山の崩壊等による労働者の危険を防止するため，点検者を指定してその日の作業開始前，大雨や中震（震度）以上の地震の後，浮石およびき裂や湧水の状態等を点検させなければいけません。

設問（2）は，掘削機械，積込機械等の使用によるガス導管，地中電線路などの損壊により労働者に危険を及ぼすおそれのあるときは，ガス導管，電線路について保護を行うか，移設する等の措置を行います。

設問（4）は，運搬機械が労働者の作業箇所に後進して接近するとき，または，転落のおそれのあるときは，誘導者を配置し誘導させます。

解答（3）

埋設物工事などの安全対策

1 埋設物工事

①工事内容の把握

設計図書に記載がない場合でも，道路管理者，最寄りの埋設物管理者に埋設物の有無の確認を行います。

②事前確認[※16]など

埋設物の管理者および関係機関と協議し，保安上の必要な措置，防護方法，立会いの必要性，緊急時の通報先および方法などを決定します。

試掘によって埋設物を確認した場合には，その位置などを道路管理者および埋設物の管理者に報告します。

工事施工中において，管理者の不明な埋設物を発見した場合，埋設物に関する調査を再度行って管理者を確認し，管理者の立会いを求め，安全を確認した後に処置します。

※16

事前確認
埋設物が予想される場所で施工するときは，施工に先立ち，台帳に基づいて試掘を行い，その埋設物の種類，位置（平面・深さ），規格，構造などを原則として目視により，確認します。

2 架空線近接工事

架空線等上空施設に近接して工事を行う場合は，必要に応じ次の保安措置を行います。

- 架空線等上空施設への防護カバーの設置
- 工事現場の出入り口などにおける高さ制限装置の設置
- 架空線等上空施設の位置を明示する看板などの設置
- 建設機械のブームの旋回・立入り禁止区域などの設定

チャレンジ問題！

問1

難	中	易

埋設物ならびに架空線に近接して行う工事の安全管理に関する次の記述のうち，適当でないものはどれか。

(1) 埋設物が予想される箇所では，施工に先立ち，台帳に基づいて試掘を行い，埋設物の種類・位置・規格・構造などを原則として目視により確認する。

(2) 架空線に接触などのおそれがある場合は，建設機械の運転手などに工事区域や工事用道路内の架空線などの上空施設の種類・場所・高さなどを連絡し，留意事項を周知徹底する。

(3) 架空線の近接箇所で建設機械のブーム操作やダンプトラックのダンプアップを行う場合は，防護カバーや看板の設置，立入禁止区域の設定などを行う。

(4) 管理者の不明な埋設物を発見した場合には，調査を再度行って労働基準監督署に連絡し，立会いを求めて安全を確認した後に処置する。

解説

管理者の不明な埋設物を発見した場合には，調査を再度行って管理者を確認し，管理者の立会いを求めて安全を確認した後に処置します。

解答（4）

その他工事の安全対策

1 健康管理

①健康診断

常時使用する労働者を雇い入れるときは，労働安全衛生規則第43条の項目について医師による健康診断を行わなければいけません。ただし，医師による健康診断を受けた後，三月を経過しない者を雇い入れる場合において，その者が当該健康診断の結果を証明する書面を提出したときは，健康診断の項目に相当する項目についてはこの限りではありません。

②圧気作業の健康管理

高圧室作業員には，定期的に特殊健康診断を行い，不適当な者には作業をさせないこととします。また，高圧室作業員の勤務表を作り，健康管理を行います。

③酸素欠乏症等防止

第一種酸素欠乏危険作業[※17]に労働者を就かせるときは，労働者に酸素欠乏の発生原因，酸素欠乏症の症状，空気呼吸器等の使用の方法，事故の場合の退避および救急蘇生の方法について特別の教育を行います。

④特定業務従事者の健康診断

特定業務には，多量の高熱物体を取り扱う業務や，多量の低温物体を取り扱う業務，エックス線などの有害放射線にさらされる業務，土石・獣毛などのじんあいまたは粉末を著しく飛散する場所における業務，異常気圧下における業務，さく岩機・びょう打機などの使用によって身体に著しい振動を与える業務，重量物の取扱い等重激な業務，その他厚生労働大臣が定める

※17
第一種酸素欠乏危険作業
第一種は酸素欠乏病の危険性がある場所での作業のことをいい，第二種になると酸素欠乏症に硫化水素中毒の危険性も加わります。

業務などがあります。

特定業務（第13条第1項第3号）に常時従事する労働者に対し，業務への配置替えの際および六月以内ごとに一回，定期に法令に定める項目について医師に　よる健康診断を行わなければいけません。

2 構造物の取壊し工事

①圧砕機，鉄骨切断機，大型ブレーカにおける必要な措置

重機作業半径内への立入禁止措置を講じます。また，重機足元の安定を確認し，騒音，振動，防じんに対する周辺への影響に配慮する必要があります。

ブレーカの運転は，有資格者によるものとし，責任者から指示されたもの以外は運転できません。

②カッタ工法における必要な措置

カッタ工法はダイヤモンドブレードなどを用い，コンクリート，舗装などを切断する方法です。

回転部の養生および冷却水の確保を行い，切断部材が比較的大きくなるため，クレーンなどによる仮吊り，搬出が必要となるので，移動式クレーンなどの留意事項を確実に遵守することが重要です。

③ワイヤソーイング工法における必要な措置

ワイヤソーイング工法は，チールワイヤーに切削用ダイヤモンドのビースをはめ込んだものをコンクリート構造物などに巻きつけて高速で回転させる事により切断する工法です。

ワイヤソーにゆるみが生じないよう必要な張力を保持します。ワイヤソーの損耗に注意を払い，防護カバーを確実に設置します。

④爆薬などを使用した取壊し作業における措置

発破作業に直接従事する者以外の作業区域内への立入禁止措置を講じます。発破終了後は，不発の有無などの安全の確認が行われるまで，発破作業範囲内を立入禁止にします。

発破予定時刻，退避方法，退避場所，点火の合図などは，あらかじめ作

業員に周知徹底しておき，飛石防護の措置を取ります。

コンクリート破砕工法および制御発破（ダイナマイト工法）においては，十分な効果を期待するため，込物は確実に充てんを行います。

チャレンジ問題！

問1

難　中　易

コンクリート構造物の解体作業に関する次の記述のうち，適当でないものはどれか。

(1) 圧砕機および大型ブレーカによる取壊しでは，解体する構造物から飛散するコンクリート片や構造物自体の倒壊範囲を予測し，作業員，建設機械を安全な作業位置に配置しなければならない。
(2) 転倒方式による取壊しでは，縁切り，転倒作業は，必ず一連の連続作業で実施し，その日のうちに終了させ，縁切りした状態で放置してはならない。
(3) カッタによる取壊しでは，撤去側躯体ブロックへのカッタ取付けを原則とし，切断面付近にシートを設置して冷却水の飛散防止をはかる。
(4) ウォータージェットによる取壊しでは，病院，民家などが隣接している場合にはノズル付近に防音カバーを使用したり，周辺に防音シートによる防音対策を実施する。

解　説

カッタによる取壊しでは，撤去側躯体ブロックへのカッタ取付けを禁止とし，切断面付近にシートを設置して冷却水の飛散防止をはかります。

解答（3）

第5章

施工管理

CASE 4

品質管理

まとめ & 丸暗記　この節の学習内容とまとめ

□ 品質管理手法・品質管理図：
品質管理は，品質管理基準に基づき，必要な事項（品質特性・品質標準・作業標準）を定め，試験を行い，品質管理図・一覧表に記録して良好な品質を確保するように管理する

□ TS・GNSSを用いた盛土施工の品質管理：
試験施工などで施工仕様を決定した材料と同じ土質の材料の盛土の場合，現場密度試験は省略可能である

□ アスファルト舗装の品質管理：
各工程の初期においては，品質管理の各項目に関して試験頻度を増やし，それ以降の試験頻度を減らすことが可能である

□ 品質管理の品質特性と試験方法：

	品質特性	試験方法
コンクリート	スランプ	スランプ試験
コンクリート骨材	粒度	ふるい分け試験
コンクリート施工後	躯体の強度	テストハンマーによる強度推定調査
アスファルト材料	瀝青（れきせい）材料の針入度	針入度試験
舗装プラント	アスファルト量	アスファルト抽出試験
舗装現場	安定度	マーシャル安定度試験

□ レディーミクストコンクリートの品質管理：
荷卸し地点で受入れ検査を行う

品質管理手法・品質管理図

1 品質管理の基本的事項

品質管理は，設計図書に示された品質規格を十分に満足するような構造物を造るための品質管理基準に基づき，必要な事項（品質特性[※1]・品質標準[※2]・作業標準）を定め，試験を行い，品質管理図・一覧表に記録して良好な品質を確保するように管理することをいいます。

①品質特性の定め方

管理しようとする品質特性やその特性値を定めるときの選定条件としては，工程の状態を総合的に表すもの，設計品質に重要な影響を及ぼすもの，測定しやすい特性，工程に対し処置がとりやすいなどがあります。

②品質標準の定め方

品質標準は，実現しようとする品質の目標値や，品質のバラツキを考慮して余裕をもった目標値などで決定します。

③作業標準の定め方

品質標準を守るために，作業標準として作業方法，順序，使用設備などに関する基準を定めます。この作業標準の定め方は，過去の実績・経験，全行程を通じて管理が行えるような手順，工程に異常が生じても安定した工程が確保できるかです。

2 品質管理図

品質管理を行うとき，得られたデータ（品質特性値）を「$\overline{X}$－R管理曲線（平均値と範囲の管理図）」と「X

※1

品質特性の例

コンクリートの圧縮強度

$\sigma ck = 21KN/mm^2$

などがあります。

※2

品質標準の例

コンクリートのスランプが8cmの場合には，

8cm±2.5cm

とします。

－Rs－Rm管理図（一点管理図)」を用いて管理します。

①$\overline{X}$－R管理曲線

$\overline{X}$は平均値，Rは範囲です。$\overline{X}$管理図では平均値の変動を管理し，R管理図ではバラツキを管理するのに用います。

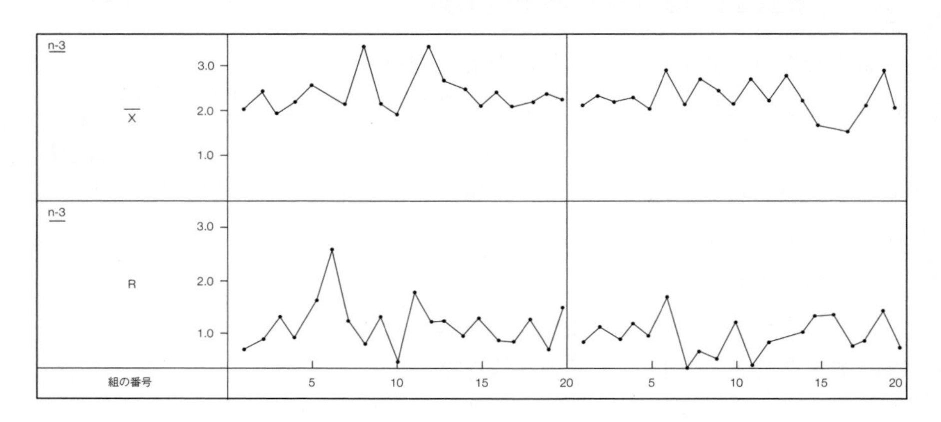

②X－Rs－Rm管理図

Rsはデータの移動範囲（2つのデータの差の絶対値）でRmは試験誤差の範囲です。図の造りは「$\overline{X}$－R管理曲線」とほぼ同じです。

③ヒストグラム

データがどの値を中心に，どのようなばらつき方をしているかを表すのがヒストグラムです。

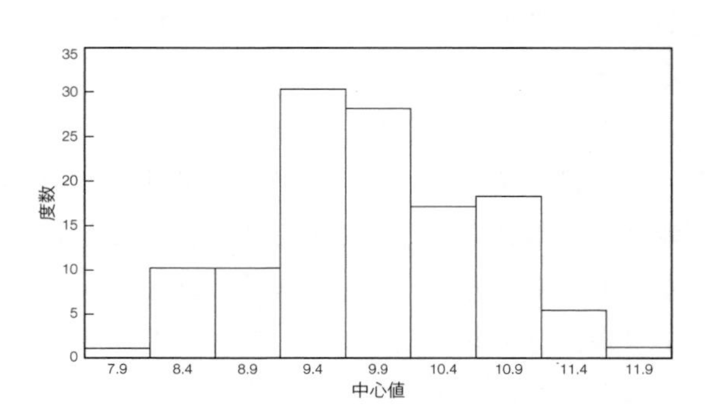

3 ISO国際規格

ISO国際規格は，国際標準化機構において定められた規格です。

●**ISO9000シリーズ（品質マネジメントシステム）**

品質マネジメントシステムにおけるISO9000シリーズは，ISO9000ファミリーと呼ばれる国際基準で，顧客（発注者）の要求する品質（規格）を満たすためのシステムのことです。

・ISO9000：用語を定義したもの
・ISO9001：要求事項を規定したもの
・ISO9004：有効性を考慮した目標の手引き

●ISO14000シリーズ（環境マネジメントシステム）

環境に配慮した事業活動を行うための基準を規格化したものです。

チャレンジ問題！

問1　難 **中** 易

品質管理に関する次の記述のうち，適当でないものはどれか。

(1) 品質管理は，施工計画立案の段階で管理特性を検討し，それを施工段階でつくり込むプロセス管理の考え方である。
(2) 品質特性の選定にあたっては，工程の状態を総合的に表すことができ，工程に対して処置をとりやすい特性のものを選ぶことに留意する。
(3) 品質特性の選定にあたっては，構造物の品質に及ぼす影響が小さく，測定しやすい特性のものを選ぶことに留意する。
(4) 施工段階においては，問題が発生してから対策をとるのではなく，小さな変化の兆しから問題を事前に予見し，手を打っていくことが原価低減や品質確保につながる。

解　説

品質特性の選定にあたっては，構造物の品質に及ぼす影響が大きいものを選ぶことに留意します。

解答（3）

盛土施工の品質管理

1 盛土材料の品質

盛土施工に使用する材料の品質は，土質の変化の有無に注意して試験施工などで施工仕様を決定した材料と**同じ土質の材料**であること，**含水比**が所定の締固め度が得られる含水比の範囲内であることを確認します。

含水比の確認は，盛土の開始前後に，土取場や盛土現場で測定することを原則とします。また，施工中に含水比が変化しそうな場合にも含水比を測定し所定の範囲内であるかどうかを確認します。

2 TS・GNSS を用いた材料のまき出し

盛土施工範囲の全面にわたって，**試験施工**などで決定した**まき出し厚**以下のまき出し厚となるよう，適切に管理します。

①まき出し圧の確認方法

まき出し厚の確認頻度は従来の管理方法と同様に，200mに1回の頻度で**まき出し厚管理の写真撮影**を行います。また，まき出し施工のトレーサビリティを確保するためTS（トータルステーション）あるいはGNSS（衛星測位システム）による締固め回数管理時の走行位置による**面的な標高データを記録**します。

3 TS・GNSS を用いた締固め

TS・GNSSを用いた盛土の締固め**管理システム**によって，締固め回数を管理します。パソコンのモニタに表示される締固め回数分布図において，施工範囲の管理ブロックの全てが規定回数だけ締め固めたことを示す色になるまで締め固めます。

4 TS・GNSSを用いた現場密度試験

試験施工と同様（土質，含水比）の盛土材料を使用し，試験施工で決定した通りの施工仕様（まき出し厚，締固め回数など）で施工した盛土は，所定の締固め度を確保しているといえるので現場密度試験は省略することができます。

5 TS・GNSSを用いた施工仕様の決定

①締固め回数

所定の仕上り厚となるようなまき出し厚で材料をまき出し，締固めを行います。様々な締固め回数のもとで乾燥密度を測定し，締固め度を算出します。

②まき出し厚

試験施工におけるまき出し厚を測定しておき，決定した締固め回数における表面沈下量から求められる仕上り厚を測定して，本施工におけるまき出し厚を算出します。なお，試験施工において，材料ごとに決定したまき出し厚と締固め回数で所定の仕上り厚が得られることを確認しておきます。

③締固め後の層厚

衛星測位には，GNSS衛星の位置誤差，衛星からの電波の伝搬遅延による誤差などがあり，表示値が所定の仕上がり厚を超える可能性があるため，示される層厚での合否判定は行いません。

チャレンジ問題！

問1

難 | 中 | 易

情報化施工におけるTS（トータルステーション）・GNSS（衛星測位システム）を用いた盛土の締固め管理に関する次の記述のうち，適当でないものはどれか。

(1) TS・GNSSを用いた盛土の締固め回数は，締固め機械の走行位置をリアルタイムに計測することにより管理する。
(2) 盛土材料を締め固める際には，モニタに表示される締固め回数分布図において，盛土施工範囲の全面にわたって，規定回数だけ締め固めたことを示す色になるまで締め固める。
(3) 盛土施工に使用する材料は，事前に土質試験で品質を確認し，試験施工でまき出し厚や締固め回数を決定した材料と同じ土質材料であることを確認する。
(4) 盛土施工のまき出し厚や締固め回数は，使用予定材料のうち最も使用量の多い種類の材料により，事前に試験施工で決定する。

解説

盛土施工のまき出し厚や締固め回数は，使用予定材料の種類ごとに事前に試験施工で決定する。

解答（4）

アスファルト舗装の品質管理

1 品質管理時の試験頻度

各工程の初期においては，品質管理の各項目に関して試験頻度を増やし，その時点の作業員や施工機械などの組合せによる作業工程を把握しておきます。各工程の進捗にともない，管理限界を十分満足することがわかれば，それ以降の試験頻度を減らすことが可能です。作業員や施工機械などの組合せを変更するときは，試験頻度を変更して，新たな組合せによる品質の確認を行います。

管理結果を工程能力図にプロットし，それが一方に片寄っている状況が続く場合は，試験頻度を増やして異常の有無を確認します。

2 各工種の品質管理

表層および基層の締固め度をコア採取により管理する場合，工程の初期はコア採取の頻度を適度に増やし，管理限界を十分に満足することがわかれば工程の中期で頻度を少なくします。

セメント安定処理路盤のセメント量は，定量試験または実際の使用量により管理することができます。

管理の合理化をはかるためには，密度や含水比などを非破壊で測定する機器を用いたり，作業と同時に管理できる敷均し機械や締固め機械などを活用します。

チャレンジ問題！

問1 難 中 易

道路のアスファルト舗装の品質管理に関する次の記述のうち，適当でないものはどれか。

(1) 表層，基層の締固め度の管理は，通常切取りコアの密度を測定して行うが，コア採取の頻度は工程の初期は少なめに，それ以降は多くして，混合物の温度と締固め状況に注意して行う。
(2) 品質管理の結果を工程能力図にプロットし，限界をはずれた場合や，一方に片寄っているなどの結果が生じた場合には，直ちに試験頻度を増やして異常の有無を確認する。
(3) 工事施工途中で作業員や施工機械などの組み合せを変更する場合は，品質管理の各項目に関する試験頻度を増やし，新たな組み合せによる品質の確認を行う。
(4) 下層路盤の締固め度の管理は，試験施工あるいは工程の初期におけるデータから，所定の締固め度を得るのに必要な転圧回数が求められた場合，締固め回数により管理することができる。

解 説

表層，基層の締固め度の管理は通常切取りコアの密度を測定して行いますが，コア採取の頻度は工程の初期は適度に増やし，管理限界を十分に満足することがわかれば，それ以降の頻度は減らしてもよいです。

解答 (1)

品質特性と試験方法

1 コンクリート

コンクリート工事における品質特性[※3]と試験方法は次の表の通りです。それぞれの適切な組合せを確認しましょう。

※3
品質特性
P27を参照して下さい。

コンクリート

品質特性	試験方法
スランプ	スランプ試験
空気量	空気量試験
単位体積重量	単位体積重量試験
混合割合	洗い分析試験
塩化物イオン	塩化物イオン濃度試験
圧縮強度	圧縮強度試験
曲げ強度	曲げ強度試験

骨材

品質特性	試験方法
粒度	ふるい分け試験
すり減り量	すり減り試験
表面水量	表面水率試験
密度・吸水率	密度・吸水率試験

施工後

品質特性	試験方法
躯体のひび割れ	ひび割れ調査
躯体の強度	テストハンマーによる強度推定調査

2 舗装

舗装工事の品質特性と試験方法は次の表の通りです。

アスファルト材料

品質特性	試験方法	目的等
瀝青材料の針入度 ※4	針入度試験	瀝青材料の適否
瀝青材料の軟化点	軟化点試験	瀝青材料の適否
粗骨材のすり減り量	すり減り試験	耐摩耗性など
粗骨材の軟石量	軟石量試験	有害物質含有量の判定
骨材の粘土塊量	粘土塊量試験	有害物質含有量の判定

プラント

品質特性	試験方法	目的等
アスファルトの配合	配合試験	最適アスファルト量の決定
混合温度	温度測定	施工性の確保
アスファルト量	アスファルト抽出試験	アスファルト量の確認

舗装現場

品質特性	試験方法
安定度	マーシャル安定度試験
敷均し温度	温度測定
厚さ	コア採取による測定
混合割合	コア採取による試験
密度	RI密度試験
平坦性	平坦性試験
路盤のたわみ量	プルーフローリング試験
支持力	平板載荷試験

マーシャル安定度試験とは，アスファルト混合物の配合設計を決定するための安定度試験です。アスファルト混合物の粗骨材，細骨材とアスファルトの割合および配合量を決める際に用います。試験方法は，円筒形の供

試体を60℃の水槽に入れた後，円弧形の載荷板2枚で挟み込み直径方向に荷重を加えることで，供試体が破壊されるまでの最大荷重（安定度），変形量（フロー値）を調べます。

平板載荷試験は，原地盤に載荷板（直径30cmの円盤）を設置し，そこに垂直荷重を与え荷重の大きさと載荷板の沈下量との関係から地盤の支持力を調べる試験です。

※4
瀝青材料
アスファルトやアスファルト乳剤などのこと。

チャレンジ問題！

問1　難　中　易

建設工事の品質管理における工種，品質特性および試験方法に関する次の組み合せのうち，適当なものはどれか。

	[工種]	[品質特性]	[試験方法]
(1)	コンクリート工	スランプ	圧縮強度試験
(2)	路盤工	締固め度	現場密度の測定
(3)	アスファルト舗装工	安定度	平坦性試験
(4)	土工	たわみ量	平板載荷試験

解説

設問（1）は，工種がコンクリート工，品質特性がスランプの場合，試験方法はスランプ試験になります。

設問（3）は，工種がアスファルト舗装工，品質特性が安定度の場合，試験方法はマーシャル安定試験になります。

設問（4）は，工種が土工，品質特性がたわみ量の場合，試験方法はプルーフローリング試験になります。

解答（2）

レディーミクストコンクリートの品質管理

1 受入れ検査

納入されたコンクリートの品質が指定した条件を満足しているかどうかについて荷卸し地点で**受入れ検査**を行います。

①強度

コンクリートの圧縮強度試験または曲げ強度試験は，1回の試験結果（3個の供試体の平均値）では呼び強度の値の85％以上，3回の試験結果の平均値では，指定した呼び強度の値以上とします。

②スランプ

スランプが小さいほどコンクリートの耐久性が向上します。スランプは指定した値に対しての次の許容差の範囲とします。

スランプの範囲

スランプ(cm)	スランプの許容差(cm)
2.5	±1
5および6.5	±1.5
8以上18以下	±2.5
21	±1.5

③空気量

コンクリートに配合する空気量は，指定した場合もその**許容差は±1.5%**でなければいけません。

コンクリートの種類	空気量(%)	空気量の許容差(%)
普通コンクリート	4.5%	±1.5
軽量コンクリート	5.0%	
舗装コンクリート	4.5%	
高強度コンクリート	4.5%	

④塩化物含有量

レディーミクストコンクリートの塩化物含有量は，荷卸し地点で塩化物イオン量として0.30kg/m^3以下とします。ただし，購入者の承認を受けた場合には，0.60kg/m^3以下とすることができます。

チャレンジ問題！

問1　　難　中　易

JIS A 5308に準拠したレディーミクストコンクリートの受入れ検査に関する次の記述のうち，適当でないものはどれか。

(1) スランプ試験を行ったところ，12.0cmの指定に対して14.0cmであったため合格と判定した。

(2) スランプ試験を行ったところ，最初の試験では許容される範囲に入っていなかったが，再度試料を採取してスランプ試験を行ったところ許容される範囲に入っていたので，合格と判定した。

(3) 空気量試験を行ったところ，4.5%の指定に対して6.5%であったため合格と判定した。

(4) 塩化物含有量の検査を行ったところ，塩化物イオン（Cl^-）量として0.30kg/m^3であったため合格と判定した。

解 説

フレッシュコンクリートの空気量は±1.5%が許容されます。

解答（3）

鉄筋の品質管理

1 鉄筋の品質検査

現場に搬入された鉄筋が所定の品質を満足しているかどうか，品質検査を行います。この検査は，外観，寸法，引張試験および曲げ試験について行い，各試験結果によって合否を判定します。

外観：丸鋼および異形棒鋼の使用上有害な欠陥

寸法：寸法許容差，質量許容差

引張試験：降伏点，耐力，引張強さ，降伏伸び，破断伸びなど

曲げ試験：曲げ試験時の湾曲部の裂け・きず

2 鉄筋の継手

鉄筋の継手の品質管理には，次のような検査項目があります。

鉄筋の継手の検査項目

継手	検査項目
重ね継手	位置，継手長さ
ガス圧接継手	位置，外観目視検査，詳細外観検査，超音波探傷検査
突合せアーク溶接継手	計測，外観目視検査，詳細外観検査，超音波探傷検査
機械式継手	外観検査，性能確認検査，充てん剤検査

重ね継手に使用する焼きなまし鉄線は，できるだけ短く巻いたほうが継手の信頼度が向上します。

重ね継手

溶接継手

ガス圧接継手

機械式継手

スリーブ，カプラー

チャレンジ問題！

問1　難　中　易

鉄筋の継手に関する次の記述のうち，適当でないものはどれか。

(1) 重ね継手は，所定の長さを重ね合わせて，焼きなまし鉄線で複数箇所緊結する継手で，継手の信頼度を上げるためには，焼きなまし鉄線を長く巻くほど継手の信頼度が向上する。
(2) 手動ガス圧接の技量資格者の資格種別は，圧接作業を行う鉄筋の種類および鉄筋径によって種別が異なっている。
(3) ガス圧接で圧接しようとする鉄筋両端部は，鉄筋冷間直角切断機で切断し，また圧接作業直前に，両側の圧接端面が直角かつ平滑であることを確認する。
(4) 機械式継手のモルタル充てん継手では，継手の施工前に，鉄筋の必要挿入長さを示す挿入マークの位置・長さなどについて，目視または必要に応じて計測により全数確認する。

解　説

重ね継手は，所定の長さを重ね合わせて，焼きなまし鉄線で複数箇所緊結する継手で，継手の信頼度を上げるためには，焼きなまし鉄線をできるだけ短く巻いたほうが継手の信頼度が向上します。

解答（1）

第5章 施工管理

CASE 5 環境保全

まとめ & 丸暗記　この節の学習内容とまとめ

■ 騒音振動

□ 規制地域：

①良好な住居環境で静穏の保持を必要とする区域
②住居専用地域で静穏の保持を必要とする区域
③住工混在地域で相当数の住居が集合する区域
④学校，保育所，病院，図書館，特養老人ホームの周囲80m区域

□ 騒音規制法における特定作業：

杭打機・杭抜機，びょう打機，削岩機，空気圧縮機，バックホウ，トラクターショベル，ブルドーザをそれぞれ使用する作業

□ 振動規制法における特定作業：

杭打機・杭抜機，舗装版破砕機，ブレーカをそれぞれ使用する作業，鋼球を使用して工作物を破壊する作業

□ 建設リサイクル法

建設工事に係る資材の再資源化等に関する法律で，建設資材の分別解体等と再資源化等を促進し，資源の有効利用や廃棄物の適正処理をはかる

□ 工事の規模：

建築物の解体工事は，床面積の合計が80m²以上。建築物の新築・増築工事は，床面積の合計が500m²以上

騒音・振動

1 指定区域

生活環境を保全するために，騒音規制法および振動規制法では，次の条件の地域を規制地域と指定します。

- 良好な住居環境で静穏の保持を必要とする区域
- 住居専用地域で静穏の保持を必要とする区域
- 住工混在地域で相当数の住居が集合する区域
- 学校，保育所，病院，図書館，特養老人ホームの周囲80mの区域

2 特定建設作業[※1]

建設工事の作業のうち，著しい騒音または振動を発生する作業として次の作業が定められています。

①騒音規制法における特定建設作業

杭打機・杭抜機，びょう打機，削岩機，空気圧縮機，バックホウ，トラクターショベル，ブルドーザをそれぞれ使用する作業のことです。

②振動規制法における特定建設作業

杭打機・杭抜機，舗装版破砕機，ブレーカをそれぞれ使用する作業，鋼球を使用して工作物を破壊する作業のことです。

3 騒音振動対策

[※2]騒音振動対策として，できるだけ低騒音・低振動の施工方法を採用し，施工方法に合った施工機械を選定

※1
特定建設作業の届出
指定地域内で特定建設作業を行う場合には，7日前までに市町村長へ届け出ます。

※2
騒音振動対策の規制基準
騒音の規制値は境界で85デシベルを超えないこととします。
振動の規制値は境界で75デシベルを超えないこととします。

します。作業のときは，作業時間をできるだけ昼間に短時間での作業としたり，生活居住空間から騒音・振動の発生源を遠ざけて距離による低減をはかったりします。

高力ボルト締付けの場合は，インパクトレンチより油圧式・電動式レンチを用いて騒音を低減します。

車両系建設機械を使用する場合は，大型，新式，回転数小のものがより低減できます。

チャレンジ問題！

問1　難　中　易

建設工事にともなう騒音・振動対策に関する次の記述のうち，適当でないものはどれか。

(1) 既製杭工法には，動的に貫入させる打込み工法と，静的に貫入させる埋込み工法があるが，騒音・振動対策として，埋込み工法を採用することは少ない。

(2) 土工機械での振動は，機械の運転操作や走行速度によって発生量が異なり，不必要な機械操作や走行は避け，その地盤に合った最も振動の発生量が少ない機械操作を行う。

(3) 建設工事にともなう地盤振動は，建設機械の種類によって大きく異なり，出力のパワー，走行速度などの機械の能力でも相違することから，発生振動レベル値の小さい機械を選定する。

(4) 建設工事にともなう騒音の対策方法には，大きく分けて，発生源での対策，伝搬経路での対策，受音点での対策があるが，建設工事では，受音点での対策は一般的でない。

解説

既製杭工法には，動的に貫入させる打込み工法と，静的に貫入させる埋込み工法がありますが，騒音・振動対策として打込み工法を採用することは少ないです。

解答（1）

資材の再資源化

1 建設リサイクル法

建設リサイクル法とは，建設工事に係る資材の再資源化などに関する法律で，建設資材[※3]の分別解体等と再資源化等を促進し，資源の有効利用や廃棄物の適正処理をはかります。

※3
建設資材
建設資材とは「土木建築に関する工事に使用する資材」と定義されています。伐採木，伐根材，梱包材等は建設資材ではないので，建設リサイクル法による分別解体等・再資源化等の義務付けの対象とはなりません。

2 届出が必要な工事

建設リサイクル法に基づき，事前に届出が必要になる工事は，特定建設資材を使用した建築物等の解体工事などで，一定の規模以上の建設工事です。

特定建設資材には，コンクリート，コンクリートと鉄から成る建設資材，木材，アスファルトコンクリートなどがあります。

工事の規模

工事の種類	規模の基準
建築物の解体工事	当該工事に係る床面積の合計が80m²以上
建築物の新築・増築工事	当該工事に係る床面積の合計が500m²以上
建築物の修繕・模様替等工事(リフォームなど)	当該工事の請負金額が1億円以上(税込)
建築物以外のものに係る解体工事または新築工事(舗装，造成，石材，鋼材など)	当該工事の請負金額が500万円以上(税込)

チャレンジ問題！

問1　　難　中　易

「建設工事に係る資材の再資源化等に関する法律」（建設リサイクル法）に関する次の記述のうち，誤っているものはどれか。

(1) 建設資材廃棄物とは，解体工事によって生じたコンクリート塊，建設発生木材等や新設工事によって生じたコンクリート，木材の端材等である。
(2) 伐採木，伐根材，梱包材等は，建設資材ではないが，建設リサイクル法による分別解体等・再資源化等の義務付けの対象となる。
(3) 解体工事業者は，工事現場における解体工事の施工の技術上の管理をつかさどる，技術管理者を選任しなければならない。
(4) 建設業を営む者は，設計，建設資材の選択および施工方法等を工夫し，建設資材廃棄物の発生を抑制するとともに，再資源化等に要する費用を低減するよう努めなければならない。

解　説

伐採木，伐根材，梱包材等は建設資材ではないので，建設リサイクル法による分別解体等・再資源化等の義務付けの対象となりません。

解答（2）

第二次検定

第1章

学科記述

第1章  学科記述

CASE 1 土工

まとめ & 丸暗記　この節の学習内容とまとめ

□ 土量計算：

$$ほぐし率L = \frac{ほぐした土量(m^3)}{地山の土量(m^3)}$$

$$締固め率C = \frac{締め固めた土量(m^3)}{地山の土量(m^3)}$$

□ 盛土の施工：

締固め厚さおよび敷均し厚さ

盛土の種類	締固め厚さ（1層）	敷均し厚さ
路体・堤体	30cm以下	35～45cm以下
路床	20cm以下	25～35cm以下

□ 良質な盛土材料：

良質な盛土材料の条件とは，①トラフィカビリティが良好，②圧縮性が少ない，③浸食に強い，④有機物を含まない，⑤吸水による膨潤性が低い，⑥粒度のバランスがよい，である

□ 載荷盛土工法：構造物を構築する地盤に前もって盛土を行い圧密沈下を促進する工法。圧密による地盤の強度を増加させる効果がある

□ 張芝工：芝の全面張付けにより，浸食の防止，凍上崩落を抑制する

土量計算

1 土量の変化率

土の状態は，地山の状態，ほぐされた状態，締め固めた状態の3通りの状態で表されます。地山が掘削されると，ほぐされた状態となり，これをダンプで運搬し，これを締め固めると盛土した状態になります。

このように土の状態が変わる時には，土の量は変化します。土量の変化率は，地山土量[※1]を基準にして「ほぐし率L」,「締固め率C」で表します。

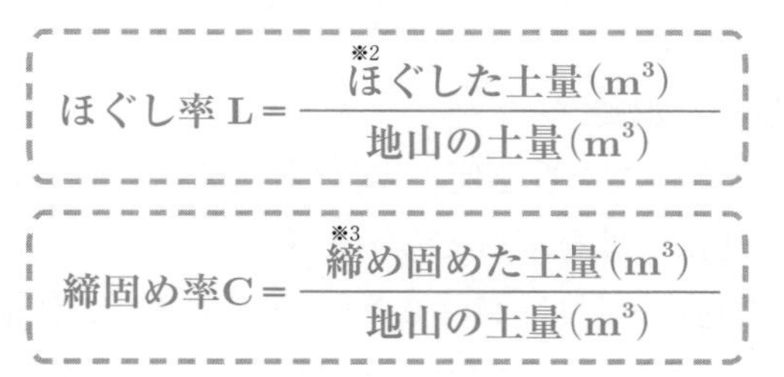

$$\text{ほぐし率 L} = \frac{\text{ほぐした土量}^{※2}(\mathrm{m^3})}{\text{地山の土量}(\mathrm{m^3})}$$

$$\text{締固め率C} = \frac{\text{締め固めた土量}^{※3}(\mathrm{m^3})}{\text{地山の土量}(\mathrm{m^3})}$$

土の状態

地山の土量	掘削土量のこと。そのままの状態である地山をいう
ほぐした土量	運搬土量のこと。掘削によりほぐされた状態をいう
締め固めた土量	盛土量のこと。盛土により締固められた状態をいう

2 土量計算[※4]

①ほぐし率L

地山をバックホウで掘削すると，地山の状態からほぐれた状態に変化し，かさが増えます。この時の増え

※1
地山土量
掘削をする前の地山のそのままの状態のことをいいます。掘削土量に使用します。

※2
ほぐした土量
掘削によってほぐされた状態のことをいいます。ダンプ運搬するときに使用します。

※3
締め固めた土量
盛土して締め固められた状態のことをいいます。盛土の土量に使用します。

※4
土量計算
平均断面法は，距離および平均断面積により度量を求めます。計算式は，「土量＝距離×平均断面積」です。

方の率がほぐし率Lです。一般的にはL＝1.2が使われ，たとえば地山の量が$100m^3$のとき，これをバックホウで掘削すると，ほぐした土量は$100m^3 \times 1.2 = 120m^3$となります。ほぐした土量はダンプで運搬する量となります。

また，地山の土量が$100m^3$で，これをほぐした土量が$120m^3$であるとき，ほぐし率はL＝1.2となります。

②締固め率C

地山をローラで転圧すると，地山の状態から締め固められた状態に変化し，かさが減ります。この時の減り方の率が締固め率Cであり，一般的にはC＝0.9が使われます。たとえば，地山の量が$100m^3$のとき，これをローラで転圧すると，締め固めた土量は$100m^3 \times 0.9 = 90m^3$となります。締め固めた土量は盛土する量となります。

また，地山の土量が$100m^3$で，これを締め固めた土量が$90m^3$であるとき，締固め率は，C＝0.9となります。

③ほぐし率Lと締固め率Cを使った計算

盛土を$90m^3$するときには，ほぐした土量を何m^3ダンプ運搬すればよいかをLの式とCの式を使って，地山の量を求めて考えます。

盛土を$90m^3$するときに必要な地山の量は，$90 \div 0.9 = 100m^3$です。これをほぐして運搬するため，ほぐした土量は，$100 \times 1.2 = 120m^3$となります。

よって，ダンプ運搬するほぐした土量は$120m^3$となります。

3 建設機械の作業能力計算

建設機械の作業能力計算としては，ブルドーザやバックホウなどがありますが，ここでは代表的なショベル系掘削機の計算式を示します。

●ショベル系掘削機の作業能力

$$Q = \frac{3600 \cdot q_0 \cdot K \cdot f \cdot E}{Cm}$$

Q：1時間当たり作業量（m^3/h），

C_m：サイクルタイム（min）

Q_0：バケット容量（m^3），K：バケット係数

f：土量換算係数（＝1/L），
E：作業効率（現場条件により決まる）

チャレンジ問題！

問1

難　中　易

盛土を100m³計画している。盛土に使用するため，現地において地山土量が80m³用意されている。現地の地山の，土量変化率L＝1.2，C＝0.9とする。盛土に不足する土量は，土取場Aから地山を掘削して運搬するものとします。土取場Aの地山の，土量変化率L＝1.3，C＝0.8とする。

盛土を完成させるために，不足土を土取場Aからダンプ運搬すべきき土量を求めよ。

解説

現地の地山土量80m³で盛土できる量①を求めます。C＝盛土量①÷地山土量，（C＝0.9）より，

盛土量①＝0.9×80＝72m³

100m³の盛土をするために，現地の地山土量80m³は72m³の盛土材として使用できます。よって，不足する盛土量②は，

盛土量②＝100－72＝28m³

となり，不足する盛土量②の28m³は，土取場Aから地山を掘削して運搬します。土取場Aの地山を使用して28m³の盛土をします。必要となる地山土量③は，C＝盛土量②/地山土量③，（C＝0.8）より，

地山土量③＝28/0.8＝35m³

となります。次に地山土量③を運搬します。運搬するのは，ほぐした土量ですから，L＝ほぐした土量（運搬）/地山土量③，（L＝1.3）より，

ほぐした土量（運搬）＝35×1.3＝45.5m³

解答

ダンプ運搬すべきき土量は45.5m³

盛土の施工

1 盛土の締固めおよび敷均し厚さ

盛土の施工においては，盛土の種類（道路，河川），締固めおよび敷均しの厚さ，盛土材料の品質および締固め機械が重要な要素となります。

盛土の締固め厚さや敷均し厚さは「道路土工－盛土工指針（公益社団法人　日本道路協会」により種類別に定められています。河川工事より道路工事のほうが厳しく設定されています。

盛土の締固め厚さと敷均し厚さ

盛土の種類	締固め厚さ（1層）	敷均し厚さ
※5 路体・堤体	30cm以下	35～45cm以下
路床	20cm以下	25～35cm以下

2 盛土材料の選定条件

盛土の良質な盛土材料としては，次の特性がある材料を使用することが望ましいです。

良質な材料の特性としては，①トラフィカビリティが良好で，施工が容易で締固めたあとの※6せん断強度などが大きい，②圧縮性が少ない，③雨水などの浸食に対して強い，④有機物（植物等）を含まない，⑤吸水による膨潤性が低い，⑥※7粒度のバランスがよい，などがあります。

3 ローラの種類と特徴および適用する土質

転圧しようとする盛土材が砂質土，粘性土，砕石，岩砕かなどによって，適応する締固め機械を選定します。

締固め機械の選定は，次の表のように行います。

締固め機械	特徴	適用土質
ロードローラ	静的圧力により締め固める	粒調砕石，切込砂利，礫混じり砂
タイヤローラ	空気圧の調整により各種土質に対応する	砂質土，礫混じり砂，山砂利，細粒土，普通土一般
振動ローラ	起振機の振動により締め固める	岩砕，切込砂利，砂質土
タンピングローラ	突起（フート）の圧力により締め固める	風化岩，土丹（どたん），礫混じり粘性土
振動コンパクタ	平板上に取り付けた起振機により締め固める	鋭敏な粘性土を除くほとんどの土

4 盛土の施工上の留意点

盛土をする基礎地盤は，盛土の施工に先立って適切な処理を行わなければいけません。特に，沢部や湧水が多い場所で盛土を行う場合は，**暗渠排水など適切な排水処理を行うことが重要**です。

敷均しの厚さは，盛土材料の粒度や土質，締固め機械，施工方法などの条件に左右されますが，一般的に路体では1層の締固め後の仕上り厚さを30cm以下とします。原則として締固め時に規定される施工含水比が得られるように，敷均し時には天日乾燥や散水などで，盛土材料の含水量を調節します。

5 土質改良

土質改良とは，強度が不足している軟弱な地盤に，セメントなどの固化材を混合して所定の強度を有する

※5

路体・堤体

路体は，道路の最も下の層で，土によってできており，路床と路盤や表層を支持する層をいいます。
堤体は，河川堤防やダムの本体のことをいいます。

※6

土のせん断強度

土のせん断強さは，土に力を加えると土は変形しますが，土の内部には変形に抵抗しようとする力が生じます。抵抗できなくなると，土の内部のある面に沿ってすべりが起こり，土が破壊されます。すべりに抵抗する力をせん断抵抗といい，すべりが起こる直前のせん断抵抗の最大値をせん断強さといいます。

※7

粒度のバランス

粒度とは，土を構成する土粒子の粒径の分布状態を全質量に対する百分率で表したものです。細粒分や粗粒分の分布状況を表します。
粒度が偏らないで細粒分から粗粒分まで適度に分布している土は締まりやすいです。

良質な地盤に改良することです。

石灰・石灰系固化材による改良

特徴	土に石灰・石灰系固化材を添加することで，土中水分の固定や石灰と水の発熱反応による水分の蒸発促進により**含水比を低下**させる。最適含水比で盛土を行い，土の耐久性や安定性の向上を図る。セメントを含まないため六価クロムの溶出による汚染の心配がない
施工上の留意点	粉末状の固化材を散布する際に風が強いと粉塵による環境汚染が懸念されるため，気象条件を考慮する必要がある。また，作業員が粉末を吸い込まないようにマスクなどの保護具を使用する。固化材の散布量が偏らないように適切に配分対策を行うことが必要

セメント・セメント系固化材による改良

特徴	土にセメント・セメント系固化材を添加して，セメントと水の水和反応によって**土を化学的に固化**する。セメント・セメント系固化材の配合量によって期待する強度を調整する。セメント系固化材には，微量のクロム化合物が含まれるため，改良土からは土壌環境基準を超える六価クロムが溶出する場合がある
施工上の留意点	事前に六価クロム溶出試験を行い溶出量を確認する必要がある。粉末状の固化材を散布する際に風が強いと粉塵による環境汚染が懸念されるため，気象条件を考慮する必要がある。また，作業員が吸い込まないようにマスクなどの保護具を使用する。固化材の散布量が偏らないように適切に配分対策を行うことが必要

6 盛土の品質管理方法

盛土の締固め品質管理の方法には次の2つがあります。

①品質規定方式

施工は，施工業者の施工計画に基づいた方法で行います。品質の管理は，締固めの特性である，最適含水比や最大乾燥密度，空気間げき率または飽和度，強度の値を利用し，要求されている品質の数値を規定して管理します。

②工法規定方式

試験施工を行うなどで，要求された品質を確保するための締固め機械や，転圧厚さ，転圧回数などの施工のやり方を規定して管理します。

ここで注意しなければならないことは，盛土材料の種類や含水状態などの物性が変化した場合は工法の規定を再検討する必要があるということです。

チャレンジ問題！

問1

難 中 易

盛土の品質規定方式および工法規定方式による締固め管理に関する次の文章の［　　］の（イ）～（ホ）に当てはまる適切な語句を解答欄に記述しなさい。

(1) 品質規定方式においては，以下の3つの方法がある。
①基準試験の最大乾燥密度，［（イ）］を利用する方法
②空気間げき率または［（ロ）］を規定する方法
③締め固めた土の，［（ハ）］変形特性を規定する方法

(2) 工法規定方式においては，タスクメータなどにより締固め機械の稼動時間で管理する方法が従来より行われてきたが，測距・測角が同時に行える［（ニ）］やGNSS（衛星測位システム）で締固め機械の走行位置をリアルタイムに計測することにより，盛土の［（ホ）］を管理する方法も普及してきている。

解答

（イ）最適含水比（ロ）飽和度（ハ）強度
（ニ）自動追尾トータルステーション（ホ）締固め品質

軟弱地盤対策

1 軟弱地盤対策

土の支持力を動的貫入抵抗によって求める試験を**標準貫入試験**といいます。標準貫入試験の打撃回数は，**N値**[※8]で表され，N値が大きいと地盤は固いことを意味します。

軟弱地盤とは，砂地盤で**N値が10未満**，粘性土地盤では，**N値が4未満**のものをいいます。軟弱地盤上に工作物や盛土を行う場合には，軟弱な基礎地盤に対して支持力を高めるため，さまざまな対策を講じます。軟弱地盤対策には次のような工法があります。

①表層処理工法

表層処理工法とは，基礎地盤の表面を石灰系やセメント系固化材で処理する工法です。軟弱地盤上に厚さ50cm～100cm砂を敷き排水性をよくして機械のトラフィカビリティを向上させます。排水の際は表層に排水溝を設けます。

対策工法	表層混合処理工法，表層排水工法，サンドマット工法
工法の効果	**せん断変形抑制**，強度低下抑制，すべり抵抗付与

②置換工法

置換工法では，軟弱層の一部または全部を除去し，良質材で置き換え，**土質を安定**させます。置換えによりせん断抵抗が付与され，円弧滑り[※9]の安全率が増加します。また**地盤沈下も軽減**されます。

対策工法	掘削置換工法
工法の効果	せん断変形抑制，全沈下量減少，**すべり抵抗付与**，液状化[※10]防止

③押さえ盛土工法

盛土の側方に基礎地盤のすべりに抵抗するモーメントを増加させて，盛土のすべり破壊を防止する工法です。斜面の勾配をゆるくして斜面を安定させます。

対策工法	押さえ盛土工法，緩斜面工法
工法の効果	せん断変形抑制，側方流動抵抗付与，すべり抵抗付与

④載荷重工法

盛土や構造物の計画されている地盤にあらかじめ荷重をかけて圧密沈下を促進する工法で，厚密による地盤の強度を増加させる効果があります。地盤中に適当な間隔でバーチカルドレーンを打ち込み，地盤の表面を塩化ビニルなどで覆い真空ポンプで地盤中を負圧化し大気圧を利用して圧密沈下させます。

対策工法	盛土荷重裁荷工法，大気圧裁荷工法
工法の効果	圧密沈下促進，強度増加促進

⑤バーチカルドレーン工法

バーチカルドレーン工法では，地盤中に適当な感覚で鉛直方向に砂柱を設置し，軟弱地盤中の間げき水圧を低減します。水平方向の排水距離を短縮することで，圧密沈下を促進し，併せて強度増加を図ります。

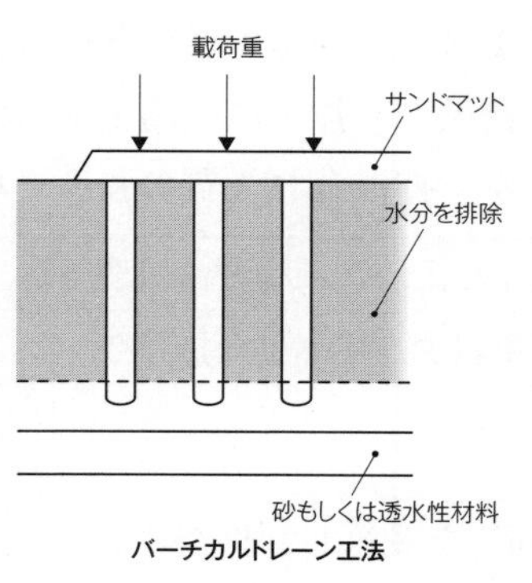

バーチカルドレーン工法

対策工法	サンドドレーン工法，カードボードドレーン工法
工法の効果	圧密沈下促進，せん断変形抑制，強度増加促進

※8
N値の目安
N値の目安は，関東ローム層は3～5，軟弱な沖積粘土層は0～2，中位な粘土層は5～14，緩い砂質土は0～10，硬く密な砂層は30以上となります。

※9
円弧滑り（すべり破壊）
人工的な盛土によってできた斜面は，より安定しようとするため，盛土が低くなろうとします。その際，土の内部にはせん断応力が生じますが，その大きさがせん断強さの限界を超えると斜面は円弧の形状ですべります。この現象を円弧すべりといいます。

※10
液状化現象
緩い砂地盤中に地下水が存在する場合，地震の揺れにより急激に地盤の支持力が低下し，構造物などが地中に沈んだり，マンホールが浮力で地上に浮き上がる現象をいいます。

⑥サンドコンパクションパイル工法

地盤に締め固めた砂杭を造り，軟弱層を締め固めます。砂杭の支持力により安定が増し，沈下量を減少させることができます。

対策工法	サンドコンパクションパイル工法
工法の効果	全沈下量減少，すべり抵抗付与，液状化防止，圧密沈下促進，せん断変形抑制

⑦振動締固め工法

振動締固め工法には，代表的な工法としてバイブロフローテーション工法とロッドコンパクション工法があります。棒状の振動機を入れ，振動と注水による相乗効果で地盤を締め固める工法です。

対策工法	バイブロフローテーション工法，ロッドコンパクション工法
工法の効果	全沈下量減少，液状化防止，強度増加促進

⑧固結工法

石灰による脱水や化学反応によって地盤を団結させる工法です。地盤の強度を上げることによって，安定を増すと同時に沈下を減少させます。深層混合処理工法は，機械かく拌工法や高圧噴射工法がありセメント系などの固化材と現地盤をかく拌混合し土質の強度を増加させます。

対策工法	石灰パイル工法，深層混合処理工法，薬液注入工法
工法の効果	全沈下量減少，すべり抵抗付与

⑨強制排水工法

深井戸（最大100m）を設置し，真空ポンプなどで地下水を低下する工法です。砂地盤中に有孔管を高圧水で打ち込み，真空ポンプで地下水を強制的に排水し地下水を低下させ，掘削箇所の地盤をドライにします。

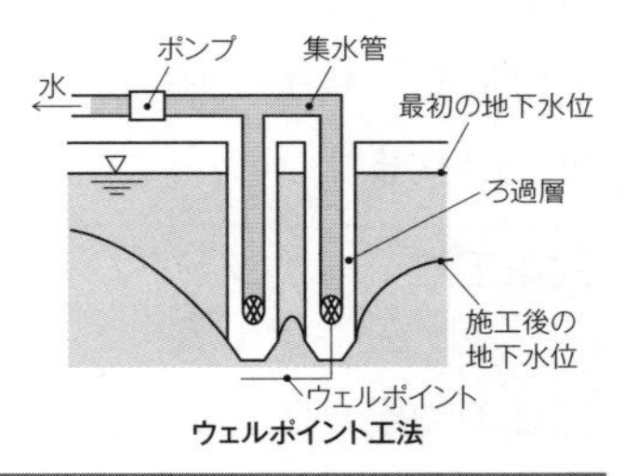

ウェルポイント工法

対策工法	ウェルポイント工法，ディープウェル工法
工法の効果	地下水位低下，すべり抵抗付与，強度増加促進

チャレンジ問題！

問1

難 中 易

軟弱地盤上に盛土を行う場合に用いられる軟弱地盤対策として，下記の5つの工法の中から2つ選び，その工法の概要と期待される効果をそれぞれ解答欄に記述しなさい。

・載荷盛土工法
・サンドコンパクションパイル工法
・薬液注入工法
・荷重軽減工法
・押え盛土工法

解答例

工法	工法の概要	期待される効果
載荷盛土工法	構造物を構築する地盤に前もって盛土を行い圧密沈下させる工法	圧密による地盤の強度増加
サンドコンパクションパイル工法	軟弱地盤中にケーシングパイプを打ち込み，内部に砂を投入して振動を与えながら引き抜くことで締まった砂の杭を構築する	液状化防止，排水効果と圧密沈下の促進
薬液注入工法	ボーリング機で掘削し，固化時間が調整できる注入材料を地盤中に圧入して地盤を固化する工法	地盤の強度増加と止水性の向上
荷重軽減工法	土よりも軽い材料を用いて盛土を行う工法	全沈下量の低減と盛土の安定性の向上
押え盛土工法	本体盛土の左右に重りとなる盛土を行い，基礎地盤のすべりに抵抗する工法	基礎地盤のすべり破壊を抑制，すべり抵抗付与，側方流動抵抗付与

法面保護工

1 法面保護工

法面保護工とは，盛土や切土の法面が浸食するのを防ぐために行う工法です。法面保護工は，大きく分けて**構造物工**と**植生工**があります。

構造物工は，法面の風化，浸食，崩落などの防止を目的にしており，法面が風雨などの自然条件にさらされ植生工が適さない場合に用いられます。風化や浸食防止にはモルタル・コンクリート吹付け工など，岩盤の崩落や剥落防止にはコンクリート張工などといったようにそれぞれに適した工法で施工を行います。

植生工には，**種子散布工**や**土のう工**などがあります。**種子散布工**は種子と肥料，養生剤と水を混合し，スラリー状にしてポンプで法面に均一に吹き付ける工法です。**土のう工**は，法尻が弱いときに土のうを積んで強化したり，浸食した法面を補修し強化する工法です。植生を目的とする場合は植生用の材料を使用します。**筋芝工**は，盛土の工程で法面を土羽打ちで仕上げるときに芝を水平に埋め込む工法です。芝は1cm程度露出させます。

構造物工

工種	目的・特徴
モルタル・コンクリート吹付け工，ブロック張工，プレキャスト枠工	風化，浸食防止
コンクリート張工，吹付け枠工，現場打ちコンクリート枠工，アンカー工	法面表層部崩落防止
柵工，じゃかご工	法面表層部浸食，流失抑制
落石防止網工	落石防止
石積，ブロック積，ふとん籠工，井桁組擁壁，補強土工	土圧に対抗(抑止工)

出典：道路土工施工指針より作成

植生工

工種	目的・特徴
種子散布工，客土吹付け工（盛土工）	浸食防止，全面植生（緑化），凍上崩落抑制が目的。植生マットは切土の浅い崩落を防止する
植生マット工，植生シート工（切土工）	
植生筋工（盛土工）	筋状に生育させて盛土法面の浸食の防止，部分植生を目的とする
植生土のう工，**土のう工**，植生穴工，植生基盤注入工	植生基盤の設置による植物の早期生育，法面の浸食の防止を目的とする
張芝工	芝の全面張付けにより，浸食の防止，凍上崩落を抑制する
筋芝工	芝を筋状に張り付けて，侵食を防止する
植栽工	樹木や草花で，環境保全や景観の形成を目的とする

出典：道路土工施工指針より作成

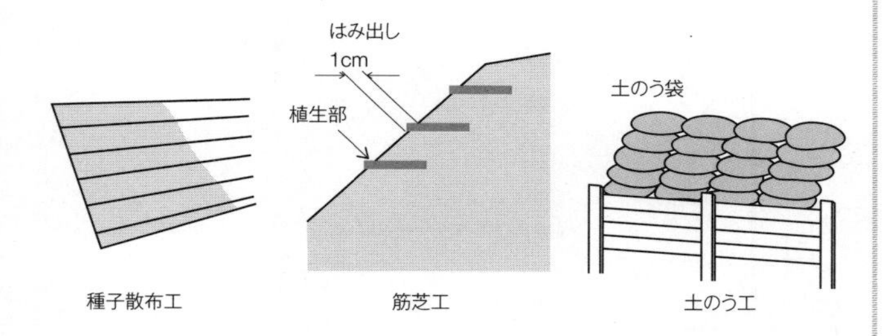

2 法面の標準勾配

切土法面※11は盛土のように材料が均一とは限りません。層によっても地質が変わることがあるため，切土を施工する場合の法面勾配の標準が道路土工施工指針で決められています。岩は安定していますが，砂質土

※11
切土法面
山の土を削って人工的に整形した斜面のこと。

は岩よりも崩れやすいため法面勾配はゆるくなります。

法面の標準勾配

地山の土質		切土高	勾配
硬岩			1：0.3～1：0.8
軟岩			1：0.5～1：1.2
砂	密実でない粒度分布の悪いもの		1：0.5～
砂質土	密実なもの	5m	1：0.8～1：1.0
		5～10m	1：1.0～1：1.2
	密実でないもの	5m以下	1：1.0～1：1.2
		5～10m	1：1.2～1：1.5
		10～15m	1：1.0～1：1.2
	密実でないもの，または粒度分布の悪いもの	10m以下	1：1.0～1：1.2
		10～15m	1：1.2～1：1.5
粘性土		10m以下	1：0.8～1：1.2

小段は，高さが5～10mごとに，1～2mの幅で設置します。排水勾配は5～10%にします。

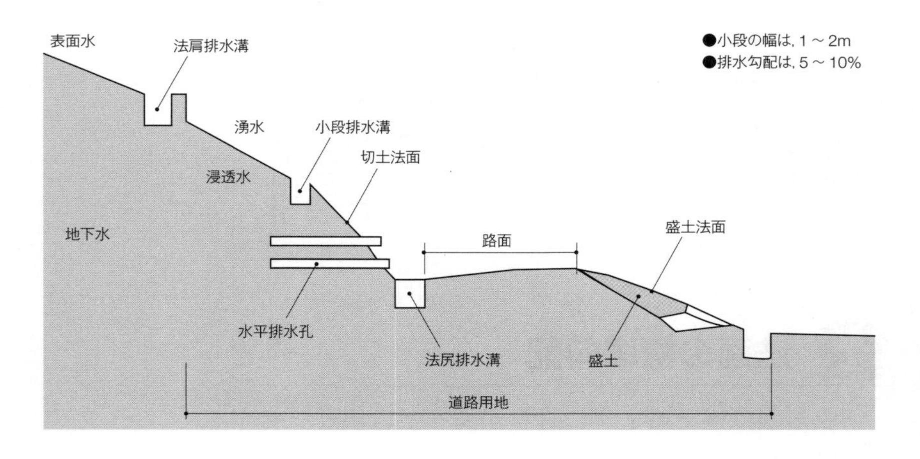

チャレンジ問題！

問1　難　中　易

切土・盛土の法面保護工として実施する次の4つの工法の中から2つ選び，その工法の説明（概要）と施工上の留意点について，解答欄の（例）を参考にして，それぞれの解答欄に記述しなさい。

ただし，工法の説明（概要）および施工上の留意点の同一解答は不可とする。

・種子散布工
・張芝工
・プレキャスト枠工
・ブロック積擁壁工

解答例

工法名	工法の概要	施工上の留意点
種子散布工	種子，肥料，養生剤などを水と混合し，スラリー状にしてポンプの圧力により法面に吹き付ける。	厚さ1cm未満に散布を行う。一般に法面勾配1：1.0よりもゆるい勾配で施工する。むらができないように均一に散布する。
張芝工	四角形状に切断した芝を人力にて法面上に張り付ける。	芝を保護し活着を促進するために目土をかける。平坦に仕上げた法面に芝を目串などを刺して固定する。
プレキャスト枠工	コンクリート製，プラスチック製，鋼製などの枠を法面上に設置し，アンカーで固定する。	法枠は，法尻から上方向に滑らないように積み上げる。大きく重量が重い枠をクレーンで運搬する場合は落下に注意する。中詰材の締固めを十分に行う。
ブロック積擁壁工	コンクリートブロックを下から積み上げ，背面には裏込めコンクリートと裏込め砕石などで構成し，法面を保護する。	擁壁の高さは5m以下とする。擁壁の背面の水圧がかからないように水抜きパイプを設置する。2m以上の高さで作業する場合は足場を設置する。

CASE 2 コンクリート工

まとめ & 丸暗記　この節の学習内容とまとめ

■ コンクリート材料

□ ポルトランドセメントの種類：普通，早強，超早強，中庸熱，低熱，耐硫酸塩の６種類がある

□ 骨材の種類：粒径によって細骨材と粗骨材に分類される。
細骨材：5mmふるいを重量で85%以上通過
粗骨材：5mmふるいに重量で85%以上とどまる

□ 混和材料：コンクリートの品質を改善する働きがあり，化学混和剤と混和材の２種類がある。化学混和剤は，コンクリートの強度やワーカビリティー，耐久性などの品質を改善するために使用される。主な種類は，高性能AE減水剤，高性能減水剤，AE減水剤，AE剤，減水剤，流動化剤がある。混和材は，高炉スラグ微粉末，フライアッシュ，シリカフュームがある

■ コンクリートの施工

□ 運搬時間：練混ぜを開始してから荷卸しまでの時間は，1.5時間以内

□ コンクリートポンプの配管経路：短く，曲がり管の数を少なくする

□ 練混ぜから打込み終了までの時間：気温25℃を超えるとき1.5時間以内

□ 締固めの留意点：内部振動機は，下層のコンクリート中に10cm程度挿入，間隔は50cm以下とする

コンクリート工

1 コンクリートの構成

①コンクリート材料

コンクリートを構成する材料は，セメント，骨材，混和材料，水，空気です。

セメントは大きく分けてポルトランドセメント，混合セメント，エコセメント，特殊セメントがあります。ポルトランドセメントは普通，早強，超早強，中庸熱，低熱，耐硫酸塩の6種類あり，混合セメントは高炉，シリカセメント，フライアッシュの3種類あります。エコセメントは普通，速硬の2種類があります。特殊セメントは白色ポルトランドセメントなど数種類ありますが，特殊なセメントのため工事に使用されることは少ないです。

②骨材の種類

粒径によって細骨材と粗骨材に分類されます。細骨材は10mmふるいを全量通過し，5mmふるいを重量で85%以上通過する骨材です。粗骨材は，5mmふるいに重量で85%以上とどまる骨材をいいます。骨材の含水状態によって次の図のように4つに区分されます。

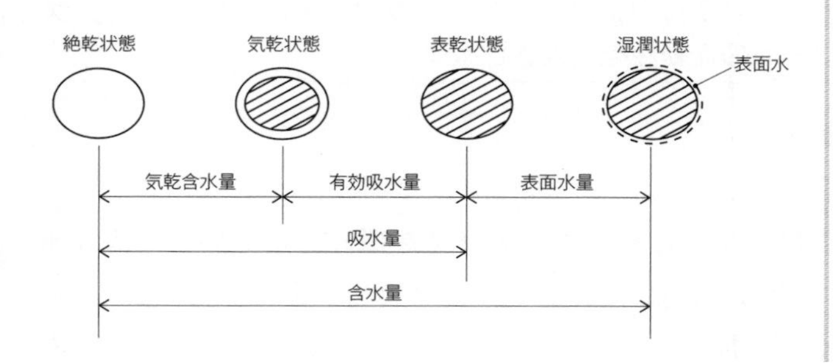

③混和材料

混和材料は，コンクリートの品質を改善する働きがあります。混和剤と混和材の2種類があり，混和剤は使用量が少なく，それ自体の容積はコンクリートの配合に影響しませんが，混和材は使用料が比較的多いためコンクリートの配合計算に算入します。

●混和剤

混和剤は，界面活性作用や水和反応調整作用を利用して，コンクリートの強度やワーカビリティー，耐久性などの品質を改善するために使用されます。主な種類は，高性能AE減水剤，高性能減水剤，AE減水剤，AE剤，減水剤，流動化剤があります。

混和剤の特徴

	特徴
※1 高性能AE減水剤	空気連行性能を有し，減水剤のなかでも特に高い減水性能があり，高性能減水剤のスランプロスを改善する目的で開発された
高性能減水剤	通常のAE減水剤より高い減水性能を有し高強度コンクリートに使用される。一方で比較的短時間で分散力が低下する性質があり，スランプロスが生じるという欠点がある
AE減水剤	減水剤とAE剤の作用を併せ持ち，減水剤より大きな減水効果がある
AE剤	独立した微細な空気泡(エントレインドエア)を連行させることにより，コンクリートのワーカビリティーや耐凍害性を改善するが，乾燥収縮には寄与しない
減水剤	セメントに対する分散作用により減水効果を発揮する
※2 流動化剤	あらかじめ練り混ぜられたコンクリートに添加し，コンクリートの流動性を増大させる

④混和材の種類と特徴

●高炉スラグ微粉末

銑鉄を製造する際に発生する高炉水砕スラグを微砕したもので，潜在水硬性があるため，材齢初期に散水などによる湿潤養生を行うことにより，長期間にわたり強度が増加する特徴があります。コンクリートに添加した場合は，水和熱の抑制や水密性，海水に対する化学抵抗性が向上します。

　また，アルカリシリカ反応を抑制する性質があり，アルカリシリカ反応が懸念される骨材を使用する場合は，高炉スラグの置換率を40％以上にすることがJISで規定されています。欠点としては，中性化しやすいことが挙げられます。

●フライアッシュ

　フライアッシュ自体には，潜在水硬性はありません。コンクリートに添加した場合は，初期強度は低いですが，ポゾラン反応によってコンクリートの強度が長期間にわたり強度が増加する特徴があります。また，コンクリートの水和熱を低減させる性質があるためマスコンクリートなどに使用されます。フライアッシュの中の未燃炭素の含有量が多いと連行空気量（エントレインドエア）が減少するため，AE剤の使用量を増やす必要があります。高炉スラグ微粉末と同様にコンクリートの水密性や海水に対する抵抗性が向上します。

　欠点としては，中性化しやすいことが挙げられます。

●シリカフューム

　フェロシリコンを電気炉で製造する際に発生する蒸気になったシリコンが酸化した排ガスを集塵したもので，非結晶の二酸化けい素を主成分とする球状の微粒子です。粒径は0.1 μm程度で非表面積は15 m^2/g以上とJISに規定されています。マイクロフィラー効果とポゾラン反応によりコンクリートを緻密にする効果があります。また，コンクリートの高強度化や化学抵抗性を有しています。自己収縮は無混入のコンクリー

※1
高性能AE減水剤
標準形と遅延形の2種類に分けられる混和剤です。ワーカビリティーや圧送性の改善，単位水量の低減，耐凍害性の向上，水密性の改善など多くの効果が期待できます。

※2
流動化剤
主として運搬時間が長い場合に流動化後のスランプロスを低減させる混和剤です。

トより大きくなります。

● **膨張材**

膨張材の区分はありません。JISには二酸化けい素の量と物理的性質が規定されています。コンクリート中で水和反応によってエトリンガイトや水酸化カルシウムなどの結晶を生成し，コンクリートを膨張させます。この膨張効果で乾燥収縮によるひび割れを抑制します。

チャレンジ問題！

問1　難　中　易

コンクリートの混和材料に関する文章の［　　］の（イ）～（ホ）に当てはまる適切な語句を解答欄に記述しなさい。

(1) ［（イ）］は，水和熱による温度の上昇の低減，長期材齢における強度増進など，優れた効果が期待でき，一般にはⅡ種が用いられることが多い混和材である。

(2) 膨張材は，乾燥収縮や硬化収縮に起因する［（ロ）］の発生を軽減できることなど優れた効果が得られる。

(3) ［（ハ）］微粉末は，硫酸，硫酸塩や海水に対する化学抵抗性の改善，アルカリシリカ反応の抑制，高強度を得ることができる混和材である。

(4) 流動化剤は，主として運搬時間が長い場合に，流動化後の［（ニ）］ロスを低減させる混和剤である。

(5) 高性能［（ホ）］は，ワーカビリティーや圧送性の改善，単位水量の低減，耐凍害性の向上，水密性の改善など，多くの効果が期待でき，標準形と遅延形の2種類に分けられる混和剤である。

解答

（イ）フライアッシュ（ロ）ひび割れ（ハ）高炉スラグ
（ニ）スランプ（ホ）AE減水剤

コンクリートの施工

1 運搬

●運搬時間

JIS A 5308「レディーミクストコンクリート」では，運搬車の性能を規定すると共に，練混ぜを開始してから荷卸しまでの時間の限度を，原則として1.5時間以内と規定しています。運搬時間が長いと凝結が始まり，打ち込みができなくなります。

●コンクリートポンプの輸送管と配管経路

コンクリートポンプの輸送管の径は，各種条件を考慮し圧送性に余裕のあるものを選定します。

コンクリートポンプの配管経路はできるだけ短くなるように計画し，曲がり管の数を少なくします。

●先送りモルタル

圧送に先立ち，打設するコンクリートの水セメント比より小さい水セメント比のモルタルを圧送し配管内面の管内の摩擦を軽減させます。

●ベルトコンベア

ベルトコンベアを使用する場合，終端にバッフルプレートおよび漏斗(ろうと)管を設置し材料分離を防止します。

●手押し車

手押し車やトロッコを用いる場合は，運搬路は平坦として，運搬距離は50～100m以下にします。

2 打込み

コンクリート標準仕様書によると，練混ぜから打込み終了までの時間の標準は，外気温が25℃を超えるとき，**1.5時間以内**としています。

2層以上に分けてコンクリートを打込む場合は，各層のコンクリートが一体となるように施工し，許容打重ね時間の間隔は，外気温25℃以下の場合は**2.5時間**，25℃を超える場合は**2.0時間**とします。

打重ねの時間間隔

外気温	許容打重ね時間間隔
25℃以下	2.5時間
25℃を超える	2.0時間

出典：2007年版コンクリート標準示方書施工編より作成

①打込み高さ

打上り面は水平になるように打込み，1層当たりの打込み高さは**40～50cm**以下を標準とし，吐出し口と打込み面までの高さは**1.5m以下**を標準とします。打上がり速度の標準は，30分当たり**1.0～1.5m以下**です。

②沈下ひび割れ防止

打込み順序としては，壁または柱のコンクリートの沈下がほぼ終了してからスラブまたは梁のコンクリートを打ち込みます。

③バケット

バケットは材料分離がしにくく，コンクリートの排出が容易にできるものを使用します。

④シュート

シュートは**縦シュート**の使用を標準とし，コンクリートが1箇所に集まらないようにします。

3 締固め

①内部振動機

原則として締固めは，**内部振動機**（棒状バイブレータ）を使用します。内部振動機は，上層と下層のコンクリートを一体化させるために，下層のコンクリート中に**10cm**程度挿入します。内部振動機は，鉛直に挿入し，間隔は50cm以下とします。締固め時間の目安は1箇所当たり5～15秒程度とし，引き抜くときは徐々に引き抜き，後に穴が残らないようにします。

4 型枠・支保工

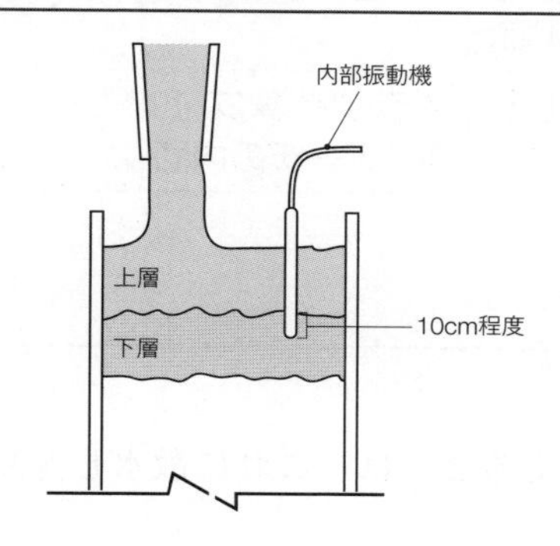

①せき板

型枠（せき板）の継目は部材軸に直角または並行とし，モルタルが漏出しない構造とします。

②剥離剤

せき板の内面に，剥離剤を塗布しコンクリートが貼りつき表面が剥離するのを防止します。

③支保工

支保工は受ける荷重を確実に基礎に伝える形式とし，支保工の基礎は沈下や不等沈下を生じないように適切な補強を適宜行います。

④取り外し時期

型枠を取り外してよい時期の判断は，コンクリートの圧縮強度値を基に行います。

ブリーディングが多いコンクリートでは，型枠を取り外した後，コンクリート表面に砂すじを生じることがあるため，ブリーディングの少ないコンクリートとなるように配合を見直す必要があります。

部材面の種類	例	コンクリートの圧縮強度（N/mm²）
厚い部材の鉛直に近い面，傾いた上面，小さいアーチの外面	フーチングの側面	3.5
薄い部材の鉛直に近い面，45度より急な傾きの下面，小さいアーチの内面	柱，壁，梁の側面	5.0
スラブおよび梁，45度よりゆるい傾きの下面	スラブ，梁の底面，アーチの内面	14.0

5 養生[※3]

①湿潤養生

せき板は，乾燥するおそれのあるときは，これに散水し湿潤状態にしなければいけません。

②養生期間

使用するセメントに必要な養生期間の目安は次の通りです。

使用するセメントの養生期間の目安

日平均気温	普通ポルトランドセメント	混合セメントB種	早強ポルトランドセメント
5℃以上	9日	12日	5日
10℃以上	7日	9日	4日
15℃以上	5日	7日	3日

③膜養生

膜養生は，コンクリート表面の水光りが消えた直後に膜養生剤を散布します。膜養生剤の散布が遅れるときは，膜養生剤を散布するまではコンクリートの表面を湿潤状態に保ちます。膜養生剤を散布する場合の留意点は，鉄筋や打継目などに付着しないようにすることです。

6 仕上げ作業

締固め終了後のコンクリートの表面のブリーディング水を排除してから仕上げます。コンクリートが固まり始めるまでの間に発生したひび割れは，タンピングまたは再仕上げによって修復します。

※3
コンクリートの養生の目的
湿潤状態に保つこと，温度を制御すること，有害な作用に対して保護することなどです。

チャレンジ問題！

問1　難　中　易

コンクリートの打込み，締固め，養生における品質管理に関する文章の［　　］の（イ）～（ホ）に当てはまる適切な語句または数値を解答欄に記述しなさい。

(1) コンクリートを2層以上に分けて打ち込む場合，上層と下層が一体となるように施工しなければならない。また，許容打重ね時間間隔は，外気温25℃以下では，［（イ）］時間以内を標準とする。

(2) ［（ロ）］が多いコンクリートでは，型枠を取り外した後，コンクリート表面に砂すじを生じることがあるため，［（ロ）］の少ないコンクリートとなるように配合を見直す必要がある。

(3) 壁とスラブとが連続しているコンクリート構造物などでは，コンクリートは断面の変わる箇所で一旦打ち止め，そのコンクリートの［（ハ）］が落ち着いてから上層コンクリートを打ち込む。

(4) コンクリートの締固めにおいて，棒状バイブレータは，なるべく鉛直に一様な間隔で差し込む。その間隔は，一般に［（ニ）］cm以下とするとよい。

(5) コンクリートの養生の目的は，［（ホ）］状態に保つこと，温度を制御すること，および有害な作用に対して保護することである。

解　答

（イ）2.5（ロ）ブリーディング（ハ）沈下（ニ）50（ホ）湿潤

鉄筋の施工

1 加工

鉄筋の加工は，過熱しないで常温で行うことを原則とします。

鉄筋は原則として溶接してはいけませんが，やむを得ず溶接し，鉄筋を曲げ加工する場合は，溶接した部分を避けて曲げ加工しなければいけません。曲げる場合は鉄筋径の10倍以上離れた箇所で行い，曲げ加工した鉄筋の曲げ戻しは原則として禁止です。

2 組立て

①緊結・固定

鉄筋の交点の要所は，直径0.8㎜以上の焼きなまし鉄線または適切なクリップで緊結します。組立て用鋼材は，鉄筋の位置を固定するとともに，組立てを容易にする点からも有効です。

②かぶりの確保

鉄筋の表面からコンクリート表面までのかぶり厚さは，型枠に接するスペーサーで確保します。材質はモルタル製かコンクリート製を原則とします。

3 継手

継手の方法は重ね継手，ガス圧接継手，溶接継手，機械式継手から適切な方法を選定します。

重ね継手では，重ね合わせる継手の長さを鉄筋径の20倍以上とします。ガス圧接継手の場合は，圧接面は面取りし，鉄筋径1.4倍以上のふくらみを要します。

溶接継手は突合せ溶接とし，裏当て材として鋼材または鋼管などを用いて溶接します。

機械式継手は，溶接やガス圧接をせずに，カプラーで鉄筋をつなぐ継手方式です。カプラーは鉄筋母材と同等の強度を有したものを使用します。

チャレンジ問題！

問1　難　中　易

鉄筋コンクリートの施工の各段階における検査のうち，鉄筋工の検査に関する次の文章の［　　］の（イ）～（ホ）に当てはまる適切な語句を解答欄に記入しなさい。

(1) 鉄筋の発注および納入は設計図書に示された，鉄筋の［（イ）］，［（ロ）］，数量などを確認する。

(2) 鉄筋の加工および組立てが完了したら，コンクリートを打ち込む前に，鉄筋が堅固に結束されているか，鉄筋の交点の要所は焼きなまし鉄線で緊結し，使用した焼きなまし鉄線は［（ハ）］内に残って無いか，鉄筋について鉄筋の本数，鉄筋の間隔，鉄筋の［（イ）］を確認し，さらに折曲げの位置，継手の位置および継手の［（ロ）］，鉄筋相互の位置および間隔のほか，型枠内での支持状態については設計図書に基づき所定の精度で造られているかを検査する。また，継手部を含めて，いずれの位置においても，最小の［（ハ）］が確保されているかを確認する。

(3) ガス圧接継手の外観検査の対象項目は，圧接部のふくらみの直径や［（ロ）］,圧接面のずれ，圧接部の折曲がり，圧接部における鉄筋中心軸の［（ニ）］,たれ・過熱，その他有害と認められる欠陥を項目とする。また，鉄筋ガス圧接部の圧接面の内部欠陥を検査する方法は［（ホ）］検査である。

解答

（イ）径（ロ）長さ（ハ）かぶり（ニ）偏心量（ホ）超音波探査

第1章  学科記述

CASE 3 安全管理

まとめ & 丸暗記　この節の学習内容とまとめ

□　掘削時の調査内容：
①形状，地質および地層の状態，②亀裂，含水状態，湧水，凍結融解の有無，③高温のガスおよび蒸気の有無などがある

□　土留支保工：切梁などの作業は，関係者以外の労働者の立入を禁止する。切梁はH－300以上，継手間隔は3.0m以上とし，垂直間隔は3.0m以内とする

□　型枠支保工の組立て：
組み立てるときは，組立図を作成し，組立図には，支柱，梁，つなぎ，筋かいなどの部材の配置，接合の方法および寸法を明示する

■　足場

□　鋼管足場の設置：滑動または沈下防止のためにベース金具，敷板などを用いて根がらみを設置する

□　鋼管の接続部または交さ部：付属金具を用いて確実に緊結する

□　枠組足場：高さ20m以上のときは，主枠は高さ2.0m以下，間隔は1.85m以下，作業床の幅は40cm以上とする

■　車両系建設機械

□　転落防止：運行経路における路肩の崩壊防止，地盤の不同沈下の防止，必要な幅員の確保をはかる

□　移動式クレーン：移動式クレーンの運転について一定の合図を定め，合図を行なう者を指名して，その者に合図を行なわせなければならない

安全対策

1 掘削

掘削作業の安全対策については，労働安全衛生規則第355条からを参考にします。

①調査

作業箇所および周辺の地山についての調査項目は次の通りです。

- 形状，地質および地層の状態
- 亀裂，含水状態，湧水の有無，凍結融解の有無
- ライフライン[※1]等の埋設物等の有無（埋設物等の種類，材質や位置，深さ等）
- 高温のガスおよび蒸気の有無等（山岳トンネルの掘削等）

②掘削の高さと勾配

地山の種類・区分	掘削面の高さ	勾配
岩盤または硬い粘土からなる地山	5m未満 5m以上	90度 75度
その他の地山	2m 2～5m未満 5m以上	90度 75度 60度
砂からなる地山	勾配35度以下または高さ5m未満	
発破[※2]等により崩壊しやすい状態の地山	勾配45度以下または高さ2m未満	

※1
ライフライン
電気・水道・ガス・通信など生活・生存に必要不可欠の基が供給される経路です。

※2
発破
火薬を爆発させて，山岳トンネルにおける硬い岩の地山掘削やダム工事などの岩盤掘削をすることです。発破をかけるともいいます。

2 土留支保工

土留支保工の安全対策については，労働安全衛生規則第368条からを参考にします。

①安全対策（切梁および腹起し）

脱落を防止するため，矢板，くいなどに確実に取り付けます。**切梁または火打ちの接続部**および**切梁と切梁の交さ部**は**当て板**をあて，**ボルト締めまたは溶接などで堅固なものとします。**

切梁などの作業においては，関係者以外の労働者の立入を禁止します。切梁における部材はH－300以上，継手間隔は3.0m以上，垂直間隔は3.0m以内とします。

腹起しにおける部材はH－300以上，継手間隔は6.0m以上，垂直間隔は3.0m以内とします。

また，圧縮材の継手は，突合せ継手とします。

材料，器具，工具などを上げ降ろすときは，つり綱，つり袋などを使用します。

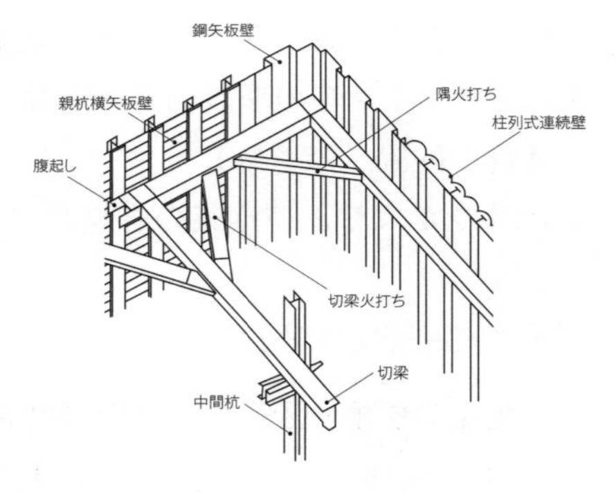

根入れ深さ※3は，杭の場合は**1.5m**，鋼矢板の場合は**3.0m**以上とします。

親杭横矢板工法※4における土留杭はH－300以上，横矢板最小厚は3cm以上とします。

3 型枠支保工

型枠支保工の安全対策については，労働安全衛生規則第237条からを参考にします。

①安全対策

●組立図

型枠支保工を組み立てるときは組立て図を作成し，組立て図には支柱，梁，つなぎ，筋かい[※5]などの部材の配置，接合の方法および寸法を明示します。

●沈下防止

敷角の使用，コンクリートの打設，杭の打込みなどの措置を講じます。

●滑動防止

脚部の固定，根がらみの取付けなどの措置をします。

●支柱の継手

突合せ継手または差込み継手とします。鋼材の接続部または交さ部は，ボルトやクランプなどの金具を用いて緊結します。

●高さが3.5mを超えるとき

2m以内ごとに2方向に水平つなぎを設けます。

4 足場

足場作業の安全対策については，労働安全衛生規則第570条からを参考にします。

①安全対策

●鋼管足場（パイプサポート）

滑動または沈下防止では，ベース金具，敷板[※6]などを用いて根がらみを設置します。鋼管の接続部または交さ部では付属金具を用いて確実に緊結します。

●単管足場

建地の間隔は，けた行方向1.85m，梁間方向1.5m以下とし，建地間の積載荷重は400kgを限度とします。地上第一の布は2m以下の位置に設けます。最高部から測って31mを超える部分の建地は2本組です。

※3
根入れ深さ
土留支保工において，矢板の土への埋め込み深さのことをいいます。

※4
親杭横矢板工法（H鋼横矢板工法）
親杭とは，横矢板を押さえるために先に地盤に打ち込むH型鋼です。
親杭と親杭の間に矢板を渡して土を押さえる土留工法です。掘削しながら矢板を渡していくので，湧水のない自立する地山に適用されます。地下水位が屋階軟弱地場では鋼矢板土留めが適用されます。

※5
筋かい
筋かいとは，柱と柱の間に斜めに入れる補強材のことをいいます。
足場の場合は，柱と布板で囲まれた四角形の対角線上に補強材を入れることにより安定します。

※6
敷板
足場の支柱が基礎地盤中に沈み込まないように下に敷き込む角材や足場板のことです。

● 枠組足場

水平材は，最上層および5層以内ごとに設けます。梁枠および持送り枠については，水平筋かいにより横ぶれを防止します。

主枠が高さ20m以上のときは，高さ2.0m以下，間隔は1.85m以下とします。作業床の幅は40cm以上とします。

チャレンジ問題！

問1　難　中　易

労働安全衛生規則に定められている，事業者の行う足場等の点検時期，点検事項および安全基準に関する次の文章の［　　］の（イ）～（ホ）に当てはまる適切な語句または数値を解答欄に記述しなさい。

(1) 足場における作業を行うときは，その日の作業を開始する前に，足場用墜落防止設備の取り外しおよび［（イ）］の有無について点検し，異常を認めたときは，直ちに補修しなければならない。

(2) 強風，大雨，大雪などの悪天候もしくは［（ロ）］以上の地震等の後において，足場における作業を行うときは，作業を開始する前に点検し，異常を認めたときは，直ちに補修しなければならない。

(3) 鋼製の足場の材料は，著しい損傷，［（ハ）］または腐食のあるものを使用してはならない。

(4) 架設通路で，墜落の危険のある箇所には，高さ85cm以上の［（ニ）］またはこれと同等以上の機能を有する設備を設ける。

(5) 足場における高さ2m以上の作業場所で足場板を使用する場合，作業床の幅は［（ホ）］cm以上で，床材間のすき間は，3cm以下とする。

解答

（イ）脱落（ロ）中震（ハ）変形（ニ）手すり（ホ）40

建設機械の安全管理

1 車両系建設機械

車両系建設機械の安全管理は，労働安全衛生規則第152条からを参考にします。

①安全対策

前照燈は，照度が保持されている場所を除いて備えます。また，岩石の落下などの危険が生じる箇所では堅固なヘッドガードを備えます。

転落などを防止するため，運行経路における路肩の崩壊防止，地盤の不同沈下の防止，必要な幅員の確保をはかります。

接触を防止するため，接触による危険箇所への労働者の立入り禁止および誘導者の配置を行います。また，一定の合図を決め，誘導者に合図を行わせる必要があります。建設機械の運転者が運転位置から離れる場合，バケット，ジッパーなどの作業装置を地上に下ろし，原動機を止め，走行ブレーキをかけます。

移送のための積卸しでは，平坦な場所で行い，道板は十分な長さ，幅，強度，適当な勾配で取り付けます。

建設機械の積卸しは，平坦で堅固な地盤上で行います。道板は十分な長さと幅，強度を有し，適当な勾配に設置します。盛土や仮設台を使用する場合は，十分な幅，崩れない強度，適当な勾配として使用します。

建設機械の点検，アタッチメントの取り換え，ジブの組立てなどは，作業を直接指揮する者を選任し，作業を指揮させます。パワーショベルによる荷のつり上げ，クラムシェルによる労働者の昇降などの主たる用途以外の使用を禁止します。

2 移動式クレーン

移動式クレーンの安全管理は，クレーン等安全規則第3章第53条からを参考にしています。

①安全対策

移動式クレーンは定格荷重を超える荷重をかけて使用してはいけません。また，定格荷重は，運転者および玉掛けをする者が常時知ることができるよう表示します。

移動式クレーンにより労働者を運搬したり，つり上げて作業させることは禁止されています。また，移動式クレーンの上部旋回体と接触するおそれのある箇所に労働者を立ち入らせてはいけません。

●作業地盤

軟弱地盤や地下埋設物が損壊するおそれがある場合，移動式クレーンが転倒するおそれのある場所で作業を行ってはいけません。

●合図

移動式クレーンの運転について一定の合図を定め，合図を行なう者を指名して，その者に合図を行なわせなければいけません。

●悪天候

強風のため，移動式クレーンに係る作業の実施について危険が予想されるときは，当該作業を中止しなければいけません。作業を中止した場合であっても移動式クレーンが転倒するおそれのあるときは，当該移動式クレーンのジブの位置を固定させるなどにより移動式クレーンの転倒による労働者の危険を防止するための措置を講じなければなりません。

荷を吊った状態で，運転者が運転位置から離れてはいけません。

●移動式クレーンの組立て・解体

作業指揮者の直接指揮によって行います。

●運転免許

5t以上のクレーンは都道府県労働局長が交付するクレーン運転士の免

許を有する者，5t 未満のクレーンは同免許を有する者または特別教育[※7]を修了した者が取扱います。

※7
特別教育
労働安全衛生法で定められた危険性を伴う業務に必要となる。

チャレンジ問題！

問1 難 **中** 易

車両系建設機械による労働者の災害防止のため，労働安全衛生規則の定めにより，事業者が実施すべき安全対策に関する次の文章の［　　］の（イ）～（ホ）に当てはまる適切な語句を解答欄に記述しなさい。

(1) 車両系建設機械を用いて作業を行うときは，運転中の車両系建設機械に［（イ）］することにより労働者に危険が生じるおそれのある箇所に，原則として労働者を立ち入らせてはならない。

(2) 車両系建設機械を用いて作業を行うときは，車両系建設機械の転倒または転落による労働者の危険を防止するため，当該車両系建設機械の［（ロ）］について路肩の崩壊を防止すること，地盤の［（ハ）］を防止すること，必要な幅員を確保すること等必要な措置を講じなければならない。

(3) 車両系建設機械の運転者が運転位置を離れるときは，バケット，ジッパー等の作業装置を地上に降ろさせるとともに，［（ニ）］を止め，かつ，走行ブレーキをかける等の車両系建設機械の逸走を防止する措置を講じなければならない。

(4) 車両系建設機械を，パワー・ショベルによる荷のつり上げ，クラムシェルによる労働者の昇降等当該車両系建設機械の主たる［（ホ）］以外の［（ホ）］に原則として使用してはならない。

解答

（イ）接触（ロ）運転経路（ハ）不同沈下（ニ）原動機（ホ）用途

第1章  学科記述

CASE 4 工程管理

まとめ & 丸暗記　この節の学習内容とまとめ

□ 工程管理の目的：品質，経済性，安全性を確保しながら，要求された工期内に工事を完成させること

□ PDCA サイクル：
①計画（Plan）：工程計画の作成
②実行（Do）：工事の施工
③評価（Check）：計画と施工実績を比較し，問題点を抽出
④見直し（Action）：問題が発生した場合に，工程を修正

□ ガントチャート工程表：縦軸に作業工種，横軸に作業の進捗率％を表示する。各作業の必要日数や工期に影響する作業の関係は不明である

□ バーチャート工程表：ガントチャート工程表の横軸を所要日数に変えたもの。作業間の開始予定日は確認できるが，工期に影響する作業の関係は不明である

□ ネットワーク式工程表：作業に必要な工数や作業間の関連および工程の流れを把握するのに適している。工種が多く複雑な現場で工程管理をする際に向いている

工程表

1 工程管理

工程管理の目的は，品質，経済性，安全性を確保しながら，要求された工期内に工事を完成させることです。工程管理は，各工種の進捗を管理するだけではなく，工事の施工全体を総合的に管理するものなのです。

工事の施工の途中で計画に対しての進捗率，品質，原価などをチェックし問題が発見された場合には，改善を行うことが重要です。このような，管理の方法のことを，PDCAを回すといいます。

●PDCAサイクル

①計画（Plan）

工程計画を作成します。

②実行（Do）

工事を施工します。

③評価（Check）

計画と施工実績を比較し，問題点を抽出します。

④見直し（Action）

問題が発生した場合は，工程を修正します。

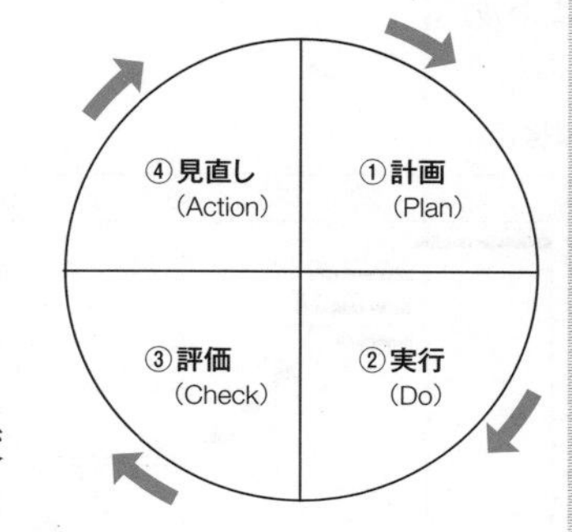

2 工程表

①横線式工程表

横線式工程表には，ガントチャート工程表とバーチャート工程表の2種類があります。

工程と原価・品質の関係

施工管理における工程・原価・品質の関係をグラフで表すと，以下のようになります。

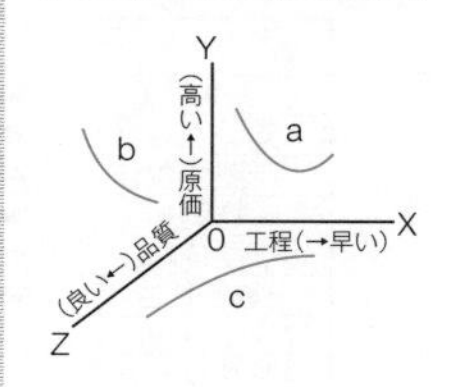

工程と原価の関係

工程を早くして，施工出来高が上がると原価は安くなります。さらに施工を早めて突貫作業を実施すると，工程に無駄が生じて逆に原価は高くなります。

品質と原価の関係

品質を上げると原価は高くなり，逆に原価を下げると品質は落ちます。

工程と品質の関係

品質をよくすると工程が遅くなり，突貫作業により工程を早めると品質が落ちます。

●ガントチャート工程表

縦軸に作業を表す工種（工事名，作業名），横軸に作業の進捗率%を表示します。各作業の必要日数や工期に影響する作業の関係は不明です。

ガントチャート工程表（横線式）

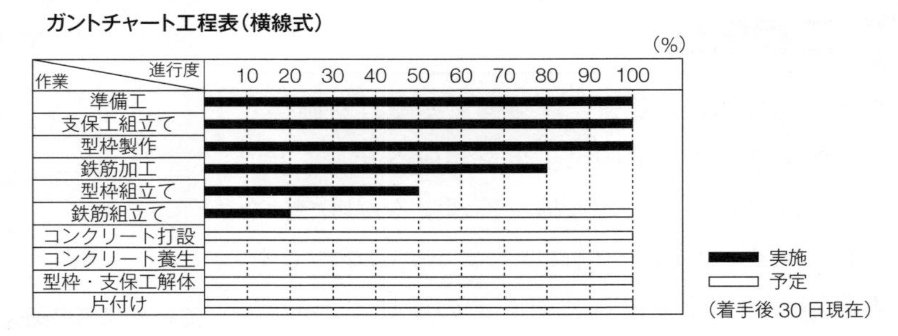

●バーチャート工程表

ガントチャート工程表における横軸の進捗率をカレンダーの月日や所要日数に変えたものです。各作業の開始予定日は確認できますが，工期に影響する作業の関係は不明です。

バーチャート工程表（横線式）

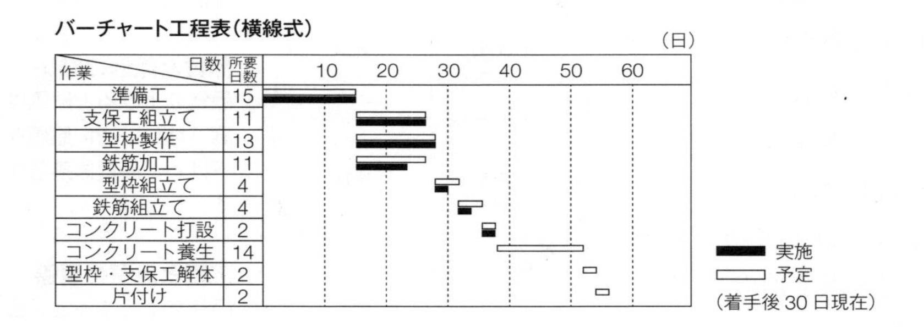

②工程管理曲線式工程表（バナナ曲線）

工程曲線について，許容範囲として上方許容限界曲線と下方許容限界曲線を示したものである。実施工程曲線が上限を超えると工程に無理や無駄が発生しており，下限を超えると突貫工事を含め工程を見直す必要があります。

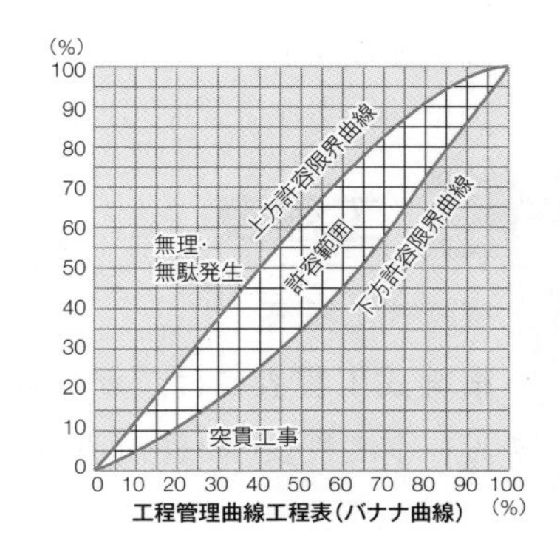

工程管理曲線工程表（バナナ曲線）

③ネットワーク式工程表

作業の開始日（イベント）と終点（イベント）を丸「○」と矢印「→」を使って，矢印の上に作業名，矢印の下に作業日数を書き入れたアクティビティで構成されます。作業に必要となる工数や作業間の関連と工程の流れを把握するのに適しています。

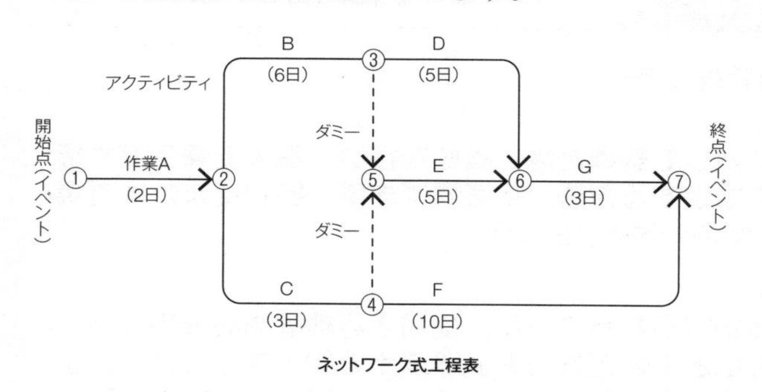

ネットワーク式工程表

ネットワーク式工程表におけるダミー
所要時間ゼロの擬似作業で，破線で表します。

クリティカルパス
所要日数が最も長い経路です。この経路にある作業が遅れると，その分，全体の工程が延びます。

チャレンジ問題！

問1　難　中　易

各種工程表とその特徴について記述しなさい。

1　バーチャート工程表
2　ネットワーク式工程表

解答

1.バーチャート工程表：縦軸に工種名，横軸に所要日数を表した工程表です。作業間の開始予定日は確認できますが，工期に影響する作業の関係はわからないという特徴があります。工種が少ない単純な工事に適しています。

2.ネットワーク式工程表：作業の開始日（イベント）と終点（イベント）を丸「○」と矢印「→」を使って，矢印の上に作業名，矢印の下に作業日数を書き入れたアクティビティで構成されます。作業に必要となる工数や作業間の関連と工程の流れを把握するのに適しています。工種が多く複雑な現場で工程管理をする際に向いています。

第1章  学科記述

CASE 5 品質管理

まとめ & 丸暗記　この節の学習内容とまとめ

■ 盛土工の品質管理の方式

□ 品質規定方式：

盛土材料に対して基準となる試験を行い，最大乾燥密度や最適含水比を規定する方法。空気間げき率，飽和度または現場CBR値で規定する場合もある

□ 工法規定方式：

所定の品質が得られるように，使用する締固め機械の種類や締固め回数などの施工方法を試験盛土で規定する方法。盛土材料の土質の特性があまり変わらない大量の盛土をする現場では，便利な方法である

■ レディミクストコンクリートの品質管理

□ 受入検査の４つの試験：①スランプ試験，②空気量試験，③塩化物含有量試験，④強度試験

■ 管理図

□ $\overline{X}$ − R管理図：群の平均値と範囲Rの変化を同時に管理しながら工程の安定状態を把握していく計算値の管理図

□ X − Rs − Rm管理図：個々の測定値をそのまま時間的順序に並べて管理していくもの

品質管理

1 盛土工の品質管理

盛土を締め固める際，使用する盛土材料をどのような機械で何回転圧すればよいかは，土の種類などによって異なります。また，要求された品質となっているかどうかを確認する必要もあります。施工中は，目的の品質を得られているかどうかを適宜試験を行うなどして管理することが求められます。

品質管理方法には，品質規定方式と工法規定方式があります。

①品質規定方式

盛土材料に対して基準となる試験を行い，最大乾燥密度[※1]や最適含水比[※2]を規定する方法です。空気間げき率，飽和度または現場CBR値[※3]で規定する場合もあります。

基準の締固め試験の最大乾燥密度と現場で締め固めた土の乾燥密度とを比較して，締固め度[※4]（%）を規定する方法で，現場で実施する最も一般的な方式です。

②工法規定方式

品質規定方式のように基準となる最大乾燥密度や最適含水比を現場で試験によって確認するのではなく，使用する締固め機械の種類や締固め回数などを規定する方法です。盛土材料の土質の特性があまり変わらない大量の盛土をする現場では便利な方法です。

事前に試験盛土を行って，盛土が要求された品質を確保できるかを確認する必要があります。

※1

最大乾燥密度
含水比を変えて締固めを行い，乾燥密度が最も大きくなる値のこと。土などの締固め特性を調べる試験で求める密度です。

※2

最適含水比
締固め特性を調べる試験で求める最大乾燥密度のときの含水比のこと。

現場CBR試験
路床や路盤の支持力の大きさを表す指標で，路床土支持力比ともいいます。現場で直接測定する試験で，標準荷重との比較により支持力特性を相対的に評価します。
CBR試験における標準荷重強さは，クラッシャランを対象とした試験結果をもとにしています。

※3

現場CBR値の目安
粘土，シルト分が多く含水比の高い土や粘性土は，3未満が目安となります。また，砂質土は7～10，クラッシャランは，100を目安とします。

2 盛土の締固め管理

締固めの基準として，「突き固めによる土の締固め試験方法」を用いて，乾燥密度を求めます。

乾燥密度を求める式は，

$$\rho_d = \frac{\rho_t}{1 + \omega / 100}$$

となり，ρ_dは乾燥密度，ρ_tは湿潤密度，ωは含水比とします。

①締固め曲線

縦軸に上記の式で求めた乾燥密度，横軸に含水比を各測点ごとにプロットします。

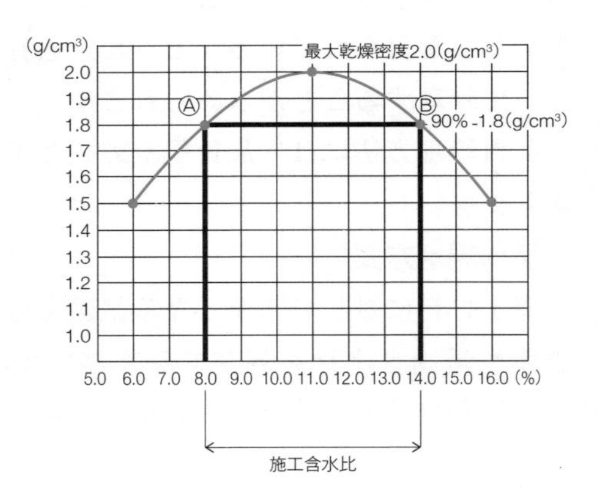

②施工含水比

道路盛土の場合は，最大乾燥密度の90％の値を計算し，締固め曲線の交点Ⓐ,Ⓑを求め，その範囲を施工含水比とします。

3 コンクリートの品質管理

①受入れ検査

施工業者が現場で行う荷卸し時における品質検査の受入れ検査には，スランプ試験，空気量試験，塩化物含有量試験，強度試験の4つがあります。スランプ試験では，スランプコーンに詰めたコンクリートの上面を均した後，スランプコーンを静かに引き上げ，コンクリートの中央部でスランプを測定します。

②試験結果の合否判定基準

受入検査における各試験の合否判定基準を次に示します。

<table>
<tr><th>項目</th><th colspan="5">内容</th></tr>
<tr><td>強度</td><td colspan="5">1回の試験結果は，呼び強度の強度値の85%以上で，かつ3回の試験結果の平均値は，呼び強度の強度値以上とする</td></tr>
<tr><td rowspan="2">スランプ(cm)</td><td>スランプ</td><td>2.5</td><td>5および6.5</td><td>8～18</td><td>21</td></tr>
<tr><td>スランプの許容差</td><td>±1</td><td>±1.5</td><td>±2.5</td><td>±1.5</td></tr>
<tr><td>スランプフロー(cm)</td><td colspan="5">50cmの場合の許容差：±7.5cm
60cmの場合の許容差：±10cm</td></tr>
<tr><td rowspan="4">空気量(%)</td><td colspan="2">コンクリートの種類</td><td>空気量</td><td colspan="2">空気量の許容差</td></tr>
<tr><td colspan="2">普通コンクリート</td><td>4.5</td><td colspan="2" rowspan="3">±1.5</td></tr>
<tr><td colspan="2">軽量コンクリート</td><td>5.0</td></tr>
<tr><td colspan="2">舗装コンクリート</td><td>4.5</td></tr>
<tr><td>塩化物含有量</td><td colspan="5">塩化物イオン量として0.30kg/m³以下(承認を受けた場合は0.60kg/m³以下にできる)</td></tr>
</table>

●スランプ試験

呼び強度が27以上で，高性能AE減水剤を使用する場合は，±2cmとします。

●塩化物含有量試験

フレッシュコンクリート中の水の塩化物イオン濃度と配合設計に用いた単位水量との積として求めます。検査のタイミングは，工場出荷時でも荷卸し地点でも予定の条件を満たすことができるため，荷卸し地点だけでなく工場出荷時に実施することが可能です。塩化物イオン量として，0.30kg/m³以下とJISで規定されています。購入者の承認を受けた場合には，0.60kg/m³以下とすることができます。

塩化物イオンはコンクリートの劣化原因となります。そのため，JISでは普通ポルトランドセメントの

※4
締固め度
現場で採取した試料の乾燥密度が最大乾燥密度の何%に相当するかを示す百分率のこと。盛土の目的により，管理基準値が90%，95%などと定められます。

塩化物イオン量を0.035％以下と規定しています。

チャレンジ問題！

問1　　難　中　易

盛土の締固め管理方式における品質規定方式と工法規定方式の2つの規定方式に関して，それぞれの規定方式における締固め管理の方法について記述しなさい。

解答例

規定方式名	締固め管理の方法
品質規定方式	盛土材料に対して基準となる試験を行い，最大乾燥密度や最適含水比を規定する方法です。空気間げき率，飽和度または現場CBR値で規定する場合もあります。 基準の締固め試験の最大乾燥密度と現場で締め固めた土の乾燥密度とを比較して，締固め度(％)を規定する方法です。
工法規定方式	事前に試験盛土を行って，盛土が要求された品質を確保できるように，使用する締固め機械の種類や締固め回数などを規定する方法です。盛土材料の土質の特性があまり変わらない大量の盛土をする現場では，便利な方法です。

1 管理図の目的

品質をつくりだす工程全体を管理できるようにしたものが管理図です。つくりだされる品質の時間的な変動を加味し，工程の安定状態を判定し，工程自体を管理します。ばらつきの限界を示す上下の管理限界線を示し，工程に異常が発生したかどうかを判定し，異常が認められたところは，原因を究明します。

2 管理図の種類

① $\overline{X}$ − R管理図

群の平均値と範囲Rの変化を同時に管理しながら工程の安定状態を把握していく計量値の管理図です。

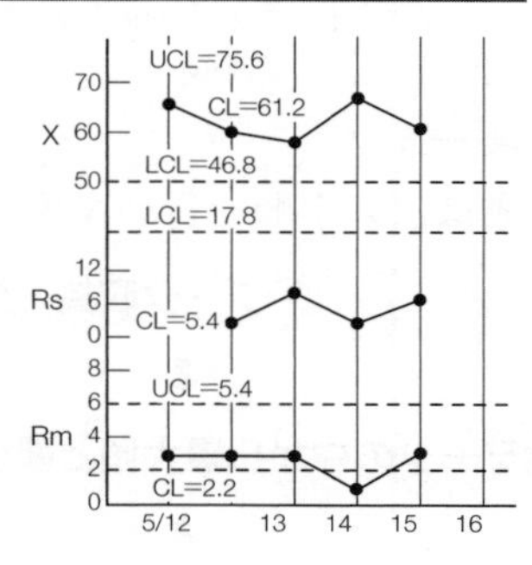

② X − Rs − Rm管理図

個々の測定値をそのまま時間的順序に並べて管理していくもので，1点管理図ともいいます。ここでRs，Rmとは相隣（あいとな）る値の差の絶対値を表します。範囲のRとは区別しています。

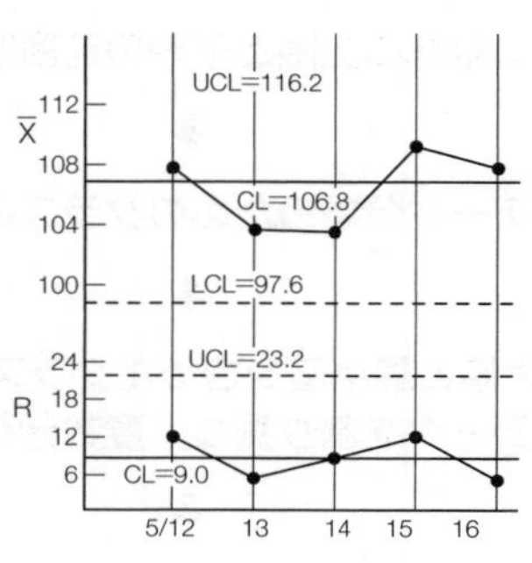

異常が認められる管理図

サンプルが上側や下側に集中しています。サンプル後半が上昇または下降傾向を示します。

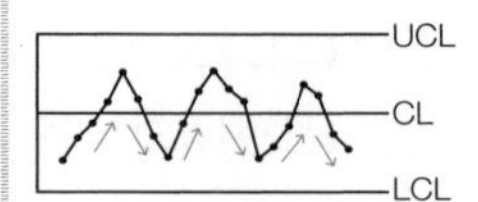

点が周期的に上下する状態を示している。

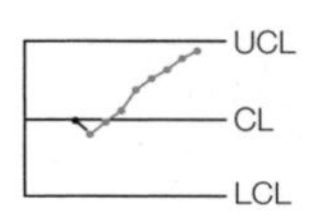

連続7点以上が上昇の状態を示している。

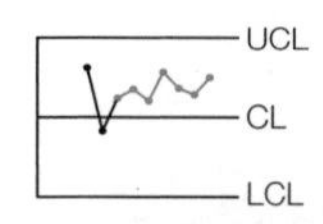

点が中心線の片側に7点以上連続している。

安定した状態の管理図

管理限界内に中心線を挟んで，サンプルがランダムに分散している状態をいいます。

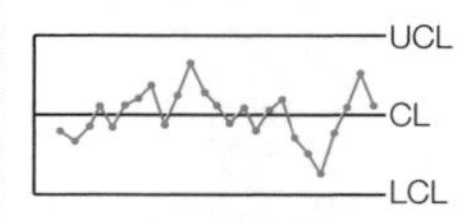

25点以上が管理限界内に連続している。

③ヒストグラム

ヒストグラムとは，測定データのばらつき状態をグラフ化したもので，分布状況を調査することにより規格値に対しての品質の良否を判断する管理図です。

ヒストグラムの使い方は，安定した工程で正常に発生するばらつきをグラフにした，左右対称の山形のなめらかな曲線を正規分布曲線の標準として，ゆとりの状態，平均値の位置，分布形状で品質規格の判断をします。

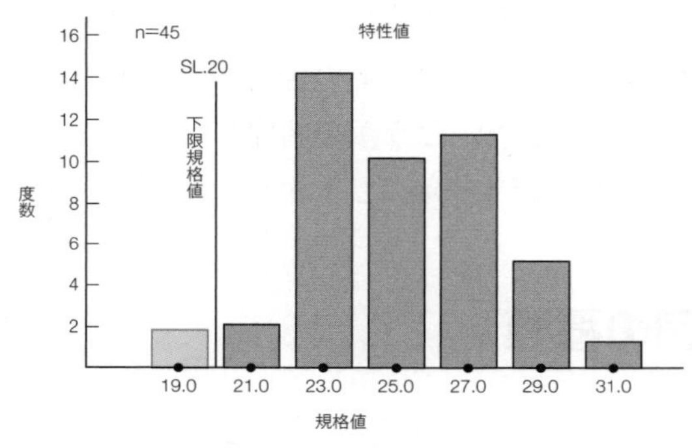

●ヒストグラムの作成手順

ヒストグラムの作成は次の手順で行います。

①データ収集

②全データの中から最大値と最小値を求める

③全体の上限と下限の範囲を求める

④データ分類のためのクラスの幅を決定

⑤最大値と最小値を含めたクラスの数を決め，
全データを割り振り，度数分布図を作成

⑥横軸に品質特性値，縦軸に度数をとり，ヒストグラムを作成

●ヒストグラムの判定方法

工程が正常な状態の下で発生するばらつきをグラフ化した，山の形が左右対称でなめらかな曲線を正規分布曲線の標準として，平均値の位置，分布の形で品質管理の状態を判定します。

●ヒストグラムの見方の留意点

ヒストグラムを見る際は，「規格値の許容範囲内にあるか」,「分布の位置は適当か」,「分布の幅は適当か」「分布の山が2つ以上ないか」といった点に留意します。

安定した状態を示すヒストグラム

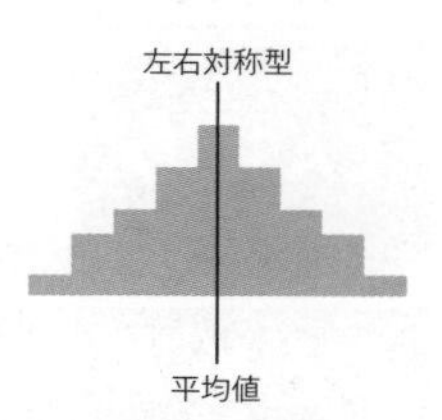

平均値を挟んでサンプルが左右対称に分布している

チャレンジ問題！

問1　難　中　易

管理図について，その特徴を記述しなさい。

① $\overline{X}$ − R管理図

② X − Rs − Rm管理図

③ ヒストグラム

解　答

①$\overline{X}$ − R管理図：群の平均値と範囲Rの変化を同時に管理しながら工程の安定状態を把握していく計量値の管理図です。
②X − Rs − Rm管理図：個々の測定値をそのまま時間的順序に並べて管理していくもので，1点管理図ともいいます。
③ヒストグラム：測定データのばらつき状態をグラフ化したもので，分布状況を調査することにより規格値に対しての品質の良否を判断する管理図です。

第1章 学科記述

CASE 6 環境保全対策

まとめ & 丸暗記　この節の学習内容とまとめ

□ 建設リサイクル法：

建設リサイクル法では，特定建設資材を用いた建築物等に係る解体工事またはその施工に特定建設資材を使用する新築工事で一定規模以上の建設工事について，その受注者に対し，分別解体等および再資源化等を行うことを義務付けている

□ 建設リサイクル法における４つの特定建設資材：

①コンクリート，②コンクリートおよび鉄から成る建設資材
③木材，④アスファルト・コンクリート

□ 建設指定副産物の４つの物品：

①建設発生土，②コンクリート塊，
③アスファルト・コンクリート塊，④建設発生木材

□ 建設副産物適正処理推進要綱：

建設工事の副産物である建設発生土と建設廃棄物の適正な処理等に係る総合的な対策を発注者および施工者が適切に実施するために必要な基準を示し，もって建設工事の円滑な施工の確保，資源の有効な利用の促進および生活環境の保全をはかることを目的とする

環境保全関係

1 建設リサイクル法

①特定建設資材

建設リサイクル法では，特定建設資材を用いた建築物等に係る解体工事またはその施工に特定建設資材を使用する新築工事で一定規模以上の建設工事について，その受注者に対し，分別解体等および再資源化等[※1]を行うことを義務付けています。

●４つの特定建設資材

①コンクリート，②コンクリートおよび鉄から成る建設資材，③木材，④アスファルト・コンクリート

2 資源利用法

①建設指定副産物

建設工事に伴って副次的に発生する物品を建設指定副産物といい，再生資源として利用可能なものとして次の4種類が指定されています。

●４つの物品

①建設発生土[※2]，②コンクリート塊，③アスファルト・コンクリート塊，④建設発生木材

②建設副産物適正処理推進要綱

●基本方針

建設副産物の発生の抑制に努めることを基本とし，再使用をすることができるものについては，再使用に努めます。再使用がされないものは再生利用に努め，再使用および 再生利用がされないものは熱回収に努

※1

再資源化

分別解体および再資源化などの義務として，次の項目が定められています。

①

対象建設工事の規模は次の基準によります。

建築物の解体：床面積 $80m^2$以上

建築物の新築：床面積 $500m^2$以上

建築物の修繕・模様替え：工事費１億円以上

その他の工作物（土木工作物等）：工事費500万円以上

②

対象建設工事の発注者または自主施工者は，工事着手の７日前までに，建築物等の構造，工事着手時期，分別解体などの計画について都道府県知事に届け出ます。

③

解体工事においては，建設業の許可が不要な小規模解体工事業者も都道府県知事の登録を受け，５年ごとに更新します。

※2

建設発生土の利用

建設発生土は，構造物埋戻し・裏込め材料，道路盛土材料，河川築堤材料などに利用可能です。

めることを基本としています。

●**責務と役割**

発注者は建設副産物の発生の抑制ならびに分別解体等，建設廃棄物の再資源化等および適正な処理の促進がはかられるように努めます。

また，発注者は，発注にあたり元請業者に対して，適切な費用を負担しなければいけません。

元請業者は，建設資材の選択，建設工事の施工方法の工夫，施工技術の開発等により建設副産物の発生を抑制するように努めます。

下請負人は，建設副産物対策に自ら積極的に取り組むよう努めるとともに，元請業者の指示および指導等に従わなければいけません。

チャレンジ問題！

問1　難　中　易

建設副産物適正処理推進要綱に定められている関係者の責務と役割等に関する次の文章の［　　］の（イ）～（ホ）に当てはまる適切な語句を解答欄に記述しなさい。

(1) 発注者は，建設工事の発注に当たっては，建設副産物対策の［（イ）］を明示するとともに，分別解体等および建設廃棄物の再資源化等に必要な［（ロ）］を計上しなければならない。

(2) 元請業者は，分別解体等を適正に実施するとともに，［（ハ）］事業者として建設廃棄物の再資源化等および処理を適正に実施するよう努めなければならない。

(3) 元請業者は，工事請負契約に基づき，建設副産物の発生の［（ニ）］，再資源化等の促進および適正処理が計画的かつ効率的に行われるよう適切な施工計画を作成しなければならない。

(4) ［（ホ）］は，建設副産物対策に自ら積極的に取り組むよう努めるとともに，元請業者の指示および指導等に従わなければならない。

解答

（イ）条件（ロ）経費（ハ）排出（ニ）抑制（ホ）下請負人

第二次検定

第2章

経験記述

第2章  経験記述

CASE 1 答案の作成方法

まとめ & 丸暗記　この節の学習内容とまとめ

□ 記述の基本：

書き方の統一

・書き出しと段落の最初は１文字分あける
・句読点は行の先頭ではなく，前の行の右端に書く
・行のうちで空白は少なくする
・話し言葉で書かない
・文体は「だ，である」調で統一する

□ 記述する工事の選び方：

土木工事として認められる工事の中から選択する

□ 記述の具体的な方法と注意事項：

（1）工事名

　契約書の工事名を記入する。「土木工事かどうか明確でない」場合は，それらを補足して土木工事とわかるように付け加えて補足する

（2）工事の内容

発注者名

　契約書に従って記入する。元請会社の場合は直接の発注者の事務所名，部署名を記入します。下請会社の場合は元請会社を記入し，二次下請会社の場合は一次下請会社名を発注者名として記入する

（3）工事現場における施工管理上のあなたの立場

　工事現場における施工管理上の立場であるから，施工管理を指導，監督する立場であることがわかるように記入する

答案の書き方

1 出題

二次検定試験における経験記述は，自身の施工管理の経験を問う問題です。この経験記述の内容から，自身が監理技術者としてふさわしいかどうかが判断されます。

設問の内容に対して，自身が実際に体験した工事の内容を試験官にわかりやすく簡潔に記述できれば合格となります。会社の先輩や同僚が作成した答案を暗記して受験会場で記述することは不正受験とみなされ，不合格となるので注意してください。

本書では，合格するために必要にして十分な内容の作文が仕上がるよう，**道路工事**，**河川工事**，**上水道工事**，**下水工事**，**造成工事**，**農業土木工事**を例に記述例を紹介しています。一読して文章を組み立てる構成のイメージを描けるようにしてください。

2 記述の基本

記述の際は，慌てず丁寧に書くように心がけます。鉛筆やシャーペンは濃い目のHB，芯は0.5mm以上を用いて，はっきり見えるように書きます。

①書き方の統一

・書き出しと段落の最初は1文字分あける
・句読点が行の先頭にくる場合は，前の行の右端に書くようにする
・行のうちで空白は少なくする

・話し言葉で書かない
　例）「だから→よって」,「でも→しかしながら」
・文体は「です，ます」調ではなく「だ，である」調で統一する

3 答案の記述方式

記述する工事を選ぶ際は，自身が記述しようとする工事が，**土木工事として認められる**工事か確認する必要があります。あまり特殊な工事は選ばないほうが無難です。また，土木工事として認められていない工事でも，工種によっては認められる場合もあるため，**土木施工管理に関する実務経験として認められる工事種別・工事内容**について「受検の手引き」などでしっかりと確認しましょう。

●実務経験として認められていないもの

1級土木施工管理技士の試験ですから，建築工事や除草工事，造園工事は**認められません**。ただし，建築工事であっても**杭の基礎工事については認められる**など，選ぶ際に注意が必要です。自身の記述する工事が実務経験として認められていない内容に該当していないか，あらかじめ「受検の手引き」などで確認しておきましょう。

例題

あなたが経験した土木工事の現場において，その現場状況から特に留意した品質管理に関して，次の〔設問1〕,〔設問2〕に答えなさい。

〔設問 1〕

あなたが経験した土木工事に関し，次の事項について解答欄に明確に記述しなさい。

〔注意〕

「経験した土木工事」は，あなたが工事請負者の技術者の場合は，あなたの所属会社が受注した工事内容について記述してください。従って，あなたの所属会社が二次下請業者の場合は，発注者名は一次下請業者名となります。

なお，あなたの所属が発注機関の場合の発注者名は，所属機関名となります。
(1) 工事名
(2) 工事の内容：①発注者名，②工事場所，③工期，④主な工種，⑤施工量
(3) 工事現場における施工管理上のあなたの立場

〔設問2〕

上記工事の現場状況から特に留意した品質管理に関し，次の事項について解答欄に具体的に記述しなさい。
(1) 具体的な現場状況と特に留意した技術的課題
(2) 技術的課題を解決するために検討した項目と検討理由および検討内容
(3) 上記検討の結果，現場で実施した対応処置とその評価

記述方法

●設問1

(1) 工事名

契約書の工事名を記入します。土木工事かどうか明確でない場合は，土木工事とわかるように文を付け加えて補足します。たとえば「○○倉庫棟新築工事」を「○○倉庫棟新築における基礎杭打設工事」などと補足説明します。

(2) 工事の内容

①発注者名

契約書に従って記入します。元請会社の場合は直接の発注者の事務所名，部署名を記入します。自身の会社が下請会社の場合は元請会社を記入し，二次下請会社の場合は一次下請会社名を記入します。

②工事場所

工事場所は，都道府県，市町村名，番地まで正確に記入します。

③工期

契約書の工期を記入します。工期が複数年にわたっている場合は，竣工検査が終了している工事の工期を記入します。

④主な工種

現場で行った工事の工種を全て記述するのではなく，［設問2］で記述する工種を主な工種として記入します。

⑤施工量

主な工種の施工量を漏れなく記入します。

(3) 工事現場における施工管理上のあなたの立場

工事現場における施工管理上の立場ですから，施工管理を指導，監督する立場であることがわかるように記入します。「現場監督」，「現場代理人」，「現場主任」，「主任技術者」，「現場責任者」と記入します。

●設問2

(1) 特に留意した技術的課題

ここでは課題を明確に説明することが必要になります。課題とは，解決しなければならない問題のことです。また，その課題は技術的な課題でなければいけません。記述する文章の参考例を次に示します。

	記述例
安全管理	地盤支持力不足によるクレーンの転倒が技術的課題となった。
品質管理	盛土材の含水比管理法が目標の締固め品質を確保する技術的課題となった。
工程管理	ICT施工による盛土工の施工管理が工期短縮の技術的課題となった。

(2) 技術的課題を解決するために検討した項目と検討理由及び検討内容

「検討した項目」，「検討理由」，「検討内容」の3つを意識して記述します。検討とは，多方面から調べてどれがいいか考えて比較して課題を解決する方針を決めることです。

検討の参考例を次に示します。

- 目標とする盛土の締固め品質を確保するため，室内試験で粒度と含水比の材料特性の確認を行った。
- 施工現場において試験盛土を実施し，最大乾燥密度の92％以上を確保するための施工方法を決定した。

(3) 上記検討の結果，現場で実施した対応処置とその評価

検討した結果，現場で実際に行った施工方法を記述します。具体的な内容がわかるように数量などを盛り込むようにしてください。

実施した内容の参考例を次に示します。

- 4箇所の仮置き土のコーン指数は410～480の範囲であったので盛土材として使用した。
- 締固め曲線より最大乾燥密度の92％以上を得るため，盛土材の含水比の範囲は7.5～13.0％と定めた。

次に評価について記述してください。現場で実施した対応処置の結果どんな成果を得たかについて記述します。評価の参考例を次に示します。

- 上記の施工を現場で実施した結果，現場密度試験結果は平均93.5％で目標の品質を確保できたことは評価点と考える。

CASE 2 施工経験記述の解答例

まとめ & 丸暗記　この節の学習内容とまとめ

■ 記述例

□ 工事名：○○幹線○号道路工事

□ 発注者名：○○県○○部○○課

□ 工事場所：○○県○○市○○町地内

□ 工期：令和○年○月○日～令和○年○月○日

□ 主な工種：○○○工

□ あなたの立場：役割がわかるよう，現場代理人や現場責任者と記入する

■ 主な工事

□ 道路工事：
①工程管理，②安全管理

□ 河川工事：
①工程管理，②安全管理

□ 上水道工事：
①品質管理，②安全管理

□ 下水工事：
①工程管理，②安全管理

□ 造成工事：
①品質管理，②安全管理

□ 農業土木工事：
①環境保全，②品質管理，③工程管理

施工経験記述

1 道路工事

①工程管理

道路工事における，工程管理の項目の記述例を次に示します。なお，技術的な課題は，擁壁工事の工期を短縮することとしています。

設問1

(1)工事名		○○県道○○号線道路拡幅工事
(2)工事の内容	①発注者名	○○県○○部○○課
	②工事場所	○○県○○市○○町地内
	③工　期	令和○年○月○日～令和○年○月○日
	④主な工種	鉄筋コンクリート擁壁工H＝3.5～5.0m 舗装工
	⑤施工量	擁壁工　180.0m 路盤工　5,500m^2 舗装工　5,500m^2
(3)工事現場における施工管理上のあなたの立場		現場代理人

設問2

(1)特に留意した技術的課題

本工事は，県道○号線の道路改良工事であり現場打ち鉄筋コンクリート擁壁を延長180m築造し道路拡幅するものである。用地買収の遅れで工事着工が60日遅れ工期内完成が不可能となった。ネットワーク工程表を作成し検討したところ擁壁工事がクリティカルパスであることから，擁壁工事の工期を短縮することが工程管理の課題となった。

(2)技術的課題を解決するために検討した項目と検討理由および検討内容

工期内完成を重要課題として，以下の施工方法の検討を行った。

①大型重機を可能な限り配置する計画を検討し，土工の作業効率を上げる施工計画を立案した。

②当初は１班編成で片押し施工する計画であったが，工区分けを検討し複数ブロックで並行に施工する施工計画を立案した。

③型枠の組立および解体作業は大型クレーンを使って，隣接地で組み立てた大枠ブロックを現地で組み立てる計画とした。

(3)上記検討の結果，現場で実施した対応処置とその評価

上記計画に基づき以下の事項を実施した。

掘削機械を1.4m^{3}級のバックホウと20tダンプトラックに変更した。また，施工区間を３工区に分け３班同時施工とした。型枠工の施工に25tクレーンを活用し大きく組んだブロック型枠の組みばらしを実施し，擁壁工事の工程を65日間短縮することができた。施工に使用する機械や型枠を大型化し，施工エリアを分割することで工期を短縮し工期内に完成できたことは評価できる点であると考える。

②安全管理

道路工事における，**安全管理**の項目の記述例を次に示します。なお，技術的な課題は**飛来落下事故防止**としています。

設問１

(1)工事名		○○県道○○号線道路拡幅工事
(2)工事の内容	①発注者名	○○県○○部○○課
	②工事場所	○○県○○市○○町地内
	③工　期	令和○年○月○日～令和○年○月○日
	④主な工種	鉄筋コンクリート擁壁工H=3.5～5.0m 舗装工
	⑤施工量	擁壁工　180.0m 路盤工　5,500m^2　舗装工5,500m^2
(3)工事現場における施工管理上のあなたの立場		現場代理人

設問2

(1)特に留意した技術的課題

本工事は，県道○号線の道路改良工事であり現場打ち鉄筋コンクリート擁壁(H=3.5～5.0m)を延長180m築造するものである。擁壁工事の施工にあたり鉄筋工や型枠工で使用するトラッククレーンの吊込み作業が頻繁に行われるため鉄筋や型枠材の吊り荷の飛来落下事故防止が当作業所の重点目標に掲げられ安全管理が課題となった。

(2)技術的課題を解決するために検討した項目と検討理由および検討内容

トラッククレーンによる鉄筋や型枠，支保工に使用するパイプ等の重量物や長尺物の搬入作業を安全に行うために以下の事項について安全対策を検討した。

①元請け職員と下請けの職長で構成する安全協議会を設置し，具体的な行動計画を立案した。

②危険を予知するための活動の有意義な活用方法について検討した。

③クレーン作業について，作業エリアの区分計画と危険個所の識別方法および作業員の教育訓練計画の立案を実施した。

(3)上記検討の結果，現場で実施した対応処置とその評価

上記の検討を基に以下の対策を現場で実施した。

①安全協議会を元請けと協力業者全社で構成し毎月1回会議や安全に関するイベントを開催した。イベントの内容は安全に関するビデオ学習を実施し危険予知を行う基礎知識とした。

②毎日実施した安全打ち合わせ時に工程毎に変化する危険エリアを確認し，現場では赤い旗で注意喚起した。

以上の結果，無事故で竣工できたことは評価点である。

2 河川工事

①工程管理

河川工事における，工程管理の項目の記述例を次に

示します。なお，技術的な課題はブロック積み工事の工期短縮としています。

設問1

(1)工事名		○○川河川改修工事
(2)工事の内容	①発注者名	○○県○○部○○課
	②工事場所	○○県○○市○○町地内
	③工　期	令和○年○月○日～令和○年○月○日
	④主な工種	コンクリートブロック積工 帯コンクリート工
	⑤施工量	コンクリートブロック積み　1,550m^2 帯コンクリート工　58.5m
(3)工事現場における施工管理上のあなたの立場		現場代理人

設問2

(1)特に留意した技術的課題

本工事は，２級河川○○川の河川改修工事であった。河川の両岸に帯コンクリートを設置しコンクリートブロック積みを行うものであった。施工箇所は農業振興地区で水田が広がり，３月の中旬には水田に水を入れ田植えの準備が始まる。このため，工期を30日短縮しブロック積みを３月上旬に完成させることが要求され工程管理が課題となった。

(2)技術的課題を解決するために検討した項目と検討理由および検討内容

コンクリートブロック積み工事の工期を30日間短縮するために元請け職員と下請けの職長で会議を行い，効率的な施工方法を検討した。

①ネットワーク工程表を基に，左岸と右岸を同時に施工する方法を検討した。

②左岸側は道路幅員が狭いため大型トラックの通行が不可能なためコンクリートブロックの搬入やコンクリートの打設方法を検討した。

以上の検討で工期を30日間短縮するためのクリティカルパスを管理する工程管理計画を立案した。

(3)上記検討の結果，現場で実施した対応処置とその評価

上記計画に基づき以下の項目を実施し32日間工期を短縮した。

左岸側は道路が使えないことから施工効率が悪いため２工区に分割し施工した。右岸と同時に３工区同時に施工した。ブロック材料と生コンクリートは右岸側からクローラークレーン50tで小運搬し施工効率を高めた。

上記の工夫を行い，工程を32日間短縮できたことは評価できる点であると考える。

②安全管理

河川工事における，安全管理の項目の記述例を次に示します。なお，技術的な課題は吊り荷の落下やクレーン転倒事故の防止としています。

設問1

(1)工事名		○○川河川改修工事
(2)工事の内容	①発注者名	○○県○○部○○課
	②工事場所	○○県○○市○○町地内
	③工　期	令和○年○月○日～令和○年○月○日
	④主な工種	コンクリートブロック積工 帯コンクリート工
	⑤施工量	コンクリートブロック積み　1,550m^2 帯コンクリート工　58.5m
(3)工事現場における施工管理上のあなたの立場		現場代理人

設問2

(1)特に留意した技術的課題

本工事は，2級河川○○川の河川改修工事であり河川の両岸に帯コンクリートを設置しコンクリートブロック積みを行うものであった。材料の搬入やコンクリート打設は，左岸側道路幅員が狭いためクレーンを使用し対岸から施工する計画とした。このため，吊り荷の落下やクレーン転倒事故等の防止が安全管理の課題となった。

(2)技術的課題を解決するために検討した項目と検討理由および検討内容

ブロック積みに使用するコンクリートブロック材料と帯コンクリートなどの生コンクリート材料を右岸の平場からクレーンで吊込み小運搬する計画とした。吊り荷の落下やクレーンの転倒防止を目的として以下の検討を行った。

①吊り荷の落下事故を防止するため玉かけ作業主任者の選任と合図人の配置計画を検討した。

②クレーンを設置する基礎地盤を調査し必要な補強方法の検討を行った。上記の検討の結果，安全管理計画を立案した。

(3)上記検討の結果，現場で実施した対応処置とその評価

上記計画に基づき以下のことを現場で実施し安全に工事を完了できたことは評価できる点である。

①玉かけ作業は有資格者から作業主任者を選任し指揮した。合図人は別に配置し運転手と作業員との死角を無くし，トランシーバーで作業の連絡を実施し意思疎通をはかった。

②クレーン設置箇所の地耐力を平板載荷試験で確認し，支持力が得られない軟弱な地盤は礫質土で置き換え，鉄板(22mm)で養生を行い補強した。

3 上水道工事

①品質管理

上水道工事における，品質管理の項目の記述例を次に示します。なお，技術的な課題は配管ミスによる漏水防止対策としています。

設問1

(1)工事名		○○号線配水管布設工事
(2)工事の内容	①発注者名	○○県○○部○○課
	②工事場所	○○県○○市○○町地内
	③工　　期	令和○年○月○日～令和○年○月○日
	④主な工種	ダクタイル鋳鉄管布設工∮300 弁類設置工
	⑤施工量	ダクタイル鋳鉄管布設工　L＝750m 仕切り弁設置工　　10箇所
(3)工事現場における施工管理上のあなたの立場		現場代理人

設問２

(1)特に留意した技術的課題

本工事は，市道〇号線の歩道部に上水道の配水管(ダクタイル鋳鉄管∮300)を土被り1.2ｍでL＝750ｍ布設する工事であった。

過去に行った配管工事においてボルトの締付け不良による漏水が発生したためダクタイル鋳鉄管接続作業の品質管理を重点課題とし漏水防止対策の品質管理計画立案が技術的な課題となった。

(2)技術的課題を解決するために検討した項目と検討理由および検討内容

発注者が発注した工事で過去に漏水が発生した原因を調査したところ，ボルト・ナットの締付けの品質不良によるものがほとんどであることが判明した。そのため以下の対策を検討した。

①継手部は泥などが付着しないように保護する。検査手順を確立して，汚れがついた場合は完全に水洗いして土などの汚れを取り除く手順の検討をした。

②鋳鉄管の接続は上下左右対称に実施し，片締めしないように手順書に定め，トルクレンチで所定の締付けを行う。締付け後は職長が全箇所確認しチェックシートに記録する手順を定めた。

(3)上記検討の結果，現場で実施した対応処置とその評価

配水管の接続にあたり締付け作業責任者を決め，継手の汚れがないことやボルトの締付け順序とトルク(100N・m)の管理方法はチェックシートを用いて実施した。また，継手接続完了毎に職長が確認しチェックシートに記録し，監督員が検査を実施することで締め忘れや接続不良等を防止し漏水の無い配管工事を完了することができた。過去のデータを基に管理手順を改善し漏水を防止できたことは評価できる。

②安全管理

上水道工事における，**安全管理**の項目の記述例を次に示します。なお，技術的な課題は**併設ガス管の破損事故防止対策**としています。

設問１

(1)工事名		○○県○○号線配水管布設工事
(2)工事の内容	①発注者名	○○県○○部○○課
	②工事場所	○○県○○市○○町地内
	③工　　期	令和○年○月○日～令和○年○月○日
	④主な工種	ダクタイル鋳鉄管布設工 ∮300 弁類設置工
	⑤施工量	ダクタイル鋳鉄管布設工　L＝750m 仕切り弁設置工　　10箇所
(3)工事現場における施工管理上のあなたの立場		現場代理人

設問２

(1)特に留意した技術的課題

本工事は，市道○号線の歩道部に，上水道の配水管を土被り1.2mでL＝750m布設する工事であった。山留工は簡易鋼矢板L＝1.8mを両側に設置し，木製支保工は１段設置するものであった。施工延長750mのうち150m区間において∮100のガス管が接近して埋設されていた。このため掘削工事でのガス管破損事故防止が安全管理の課題となった。

(2)技術的課題を解決するために検討した項目と検討理由および検討内容

既設ガス管損傷防止のため以下の検討を行った。

①設計図面を調査し水道管新設部分と近接する箇所を平面図と断面図で確認し新設水道管と既設埋設物が把握できる図面化を検討した。

②ガス会社の立会いで，土被りと位置，材質，継手，埋戻し材料について聞き取り調査を行い三次元的な図面化を検討した。

③ガス会社の立会いの下，人力掘削で試掘を行い障害となるガス管の位置を把握した。

以上の結果からガス管への破損事故を防止する安全対策計画を立案した。

(3)上記検討の結果，現場で実施した対応処置とその評価

本工事の掘削位置に近接する既設のガス管を掘削時にバックホウで破損させないために以下の事項を実施した。

①試掘の結果を基に発注者と協議し，30cmの離隔を保つように水道管の位置を変更した。

②水道管の埋設位置を変更できない部分については，人力でガス管付近を掘削し管を露出させることで破損事故を防止した。設計図書を整理し３次元的に図化することでガス管損傷を防止できたことは評価点である。

4 下水工事

①工程管理

下水工事における，工程管理の項目の記述例を次に示します。なお，技術的な課題は地質変化による工程ロスの取り戻し対策としています。

設問1

(1)工事名		○○県○○市幹線汚水管布設工事
(2)工事の内容	①発注者名	○○県○○部○○課
	②工事場所	○○県○○市○○町地内
	③工　期	令和○年○月○日～令和○年○月○日
	④主な工種	塩ビ管　∮250　布設工 取付け管工
	⑤施工量	塩ビ管布設工∮250　L＝352.5m 1号人孔　10箇所
(3)工事現場における施工管理上のあなたの立場		現場代理人

設問2

(1)特に留意した技術的課題

本工事は，A市の区画整理事業地内の道路下に汚水管を布設する工事であった。地質条件については，当初の計画では関東ローム層であったが試掘の結果，上流部の120m区間の地質が床付けより1m下まで高含水比の有機質土であることが判明し，土留工が打込み軽量鋼矢板に設計変更された。このため30日の遅れが生じ対策が課題となった。

(2)技術的課題を解決するために検討した項目と検討理由および検討内容

工程の遅れを取り戻すため次の検討を行った。

①水道やガスおよび電気工事が同時に発注されていたため発注者を含め現場責任者と全体工程会議を行い，全体工程表を作成し，並行して同時に施工できるスパンが無いか検討を行った。
②全体の工程表を基にして，他工事に関係なく，1スパン分を掘削し管布設が終了してから埋め戻すといった効率的で危険性の少ない施工が可能となる施工エリアがあるか検討した。
③工事関係者が集まって1週間の工事予定と調整を行える仕組みを検討した。

(3)上記検討の結果，現場で実施した対応処置とその評価

検討の結果以下の施工を実施した。

日常および週間の全体工程会議を毎日昼に実施した。調整の結果，3スパンにおいては2班が同時に施工した。また，工事区間において東側のBブロックは，他工事と調整をはかり掘削作業を仮囲い柵内で先行して実施し工程短縮した。工程会議を充実させ施工方法を工夫し35日間の工期短縮を可能にした。以上の結果，無事故で竣工できたことは評価点である。

②安全管理

下水工事における，**安全管理**の項目の記述例を次に示します。なお，技術的な課題は**有毒ガスによる酸素欠乏対策**としています。

設問1

(1)工事名		○○県○○幹線工事
(2)工事の内容	**①発注者名**	○○県○○部○○課
	②工事場所	○○県○○市○○町地内
	③工　　期	令和○年○月○日～令和○年○月○日
	④主な工種	シールド工法　∮1650 人孔築造工
	⑤施工量	管路工　L＝720m 人孔工　1箇所
(3)工事現場における施工管理上のあなたの立場		現場代理人

設問2

(1)特に留意した技術的課題

本工事は，国道○○号線の歩道下に汚水管を圧気式手堀シールド工法で布設する工事であった。
シールドトンネル内は，∮1650mmと狭く切羽は上部に礫質土層が存在し，切羽の地山崩壊および有毒ガスによる酸素欠乏による事故発生が懸念された。このためトンネル内の安全管理計画立案が課題となった。

(2)技術的課題を解決するために検討した項目と検討理由および検討内容

安全にシールド工事を完了するために以下の4項目の検討を行った。
①切羽の上部の地層は，礫質土が存在し下部は高含水比の粘土層であるため，地山崩壊の危険性が予測されたため，切羽のチェック手順を検討した。
②従事する作業員に対して，有毒ガスと酸素欠乏に関する教育方法について内容を検討した。
③作業主任者の選任とチェック項目を検討した。
④有毒ガス発生に対して事故を防止するために必要な検知器と安全保護具を調査して採用を検討した。

(3)上記検討の結果，現場で実施した対応処置とその評価

上記の検討を実施した結果，以下の項目を現場で実施した。
①毎日の作業開始前に，切羽の湧水および地質の状態を作業主任者と元請職員がチェックした。
②新規入場時に，有毒ガスと酸素欠乏について具体的にチェック方法などの教育を実施した。
③ガス検知器を常に携帯し酸素欠乏事故の防止に努めた。以上の結果，無事故で竣工できたことは評価点である。

5 造成工事

①品質管理

造成工事における，品質管理の項目の記述例を次に示します。なお，技術的な課題は水場での汚水槽の漏水対策としています。

設問１

(1)工事名		宅地造成工事
(2)工事の内容	①発注者名	○○株式会社
	②工事場所	○○県○○市○○町地内
	③工　期	令和○年○月○日～令和○年○月○日
	④主な工種	上下水道工 擁壁工　H=2.0m 舗装工　　汚水槽(40t)
	⑤施工量	擁壁工70.0m　　擁壁工L＝150m 舗装工800m²　　汚水槽１基
(3)工事現場における施工管理上のあなたの立場		現場責任者

設問２

(1)特に留意した技術的課題

本工事は，○○市の臨海部地区において，食品工場が移転するに際し，跡地に80棟の宅地を造成する工事であった。地質は砂質土で地下水位も地表から1mと高かった。汚水槽は現場打ち鉄筋コンクリート造で壁とスラブの水平部材の境界面の沈下ひび割れ等による漏水が懸念されコンクリート打設の施工品質の確保が課題となった。

(2)技術的課題を解決するために検討した項目と検討理由および検討内容

緻密で漏水しない鉄筋コンクリートの躯体を築造するために鉄筋コンクリート工事について以下の検討を行った。

①コンクリートの材料分離やブリーディング水を減らす配合の計画立案。
②沈下ひび割れを防止するコンクリートの打設方法(手順)を計画した。
③コンクリート打設後の初期に乾燥収縮を最小にするための養生計画を検討。

以上の検討を行い，漏水やひび割れを防止する施工計画を立案した。

(3)上記検討の結果，現場で実施した対応処置とその評価

上記の検討を行い，以下の事項を実施した。
①AE減水剤を使用し水セメント比を50%に配合計画し，セメントは海水に抵抗性がある水密性の高いフライアッシュセメントを使用した。
②打設においては，スラブ下で一旦止め，50分間沈降を待ってからスラブを打設し，ブリーディング水は排除した。
③養生マットで覆い，散水により湿潤養生を行った。
上記の結果，漏水やクラックの無いコンクリートが施工できたことは評価できると考える。

②安全管理

造成工事における，**安全管理**の項目の記述例を次に示します。なお，技術的な課題は**クレーン転倒事故防止対策**としています。

設問1

(1)工事名		○○倉庫施設造成工事
(2)工事の内容	①発注者名	○○運送株式会社
	②工事場所	○○県○○郡○○町○○地内
	③工　期	令和○年○月○日～令和○年○月○日
	④主な工種	土工盛土工，プレキャスト擁壁工， 排水施設工 アスファルト舗装工
	⑤施工量	プレキャスト擁壁工H＝1.5～4.5m， L=150m 盛土工10,500m^3 アスファルト舗装工 t=5cm，6,600m^2
(3)工事現場における施工管理上のあなたの立場		現場代理人

設問2

(1)特に留意した技術的課題

本業務は，○○町の郊外に倉庫施設を整備する工事であった。主な工事内容は，外周にPC擁壁をL=150m設置し場内を盛土後に駐車場を舗装する工事であった。擁壁を設置する箇所は県道と接近しており，加えて基礎地盤が一部軟弱であった。このため擁壁設置作業時において，クレーン作業場所の地盤の支持力が不足したことで，クレーンが転倒する事故の発生が懸念され，安全管理対策が技術的課題となった。

(2)技術的課題を解決するために検討した項目と検討理由および検討内容

クレーンの転倒による事故を防止するため以下の検討を行った。

①地盤支持力の試験方法を3案比較検討し，経済性，安全性，現場への適合性から平板載荷試験を採用した。地盤支持力は180～240kN/m^2であった。

②クレーンの規格と擁壁の重量および作業半径等を平面図上でシミュレーションを実施した。その結果，アウトリガー1脚が負担する最大反力値が260kNとなる結果を得た。このため，地盤支持力がアウトリガー1脚に掛かる最大反力に対し安全率1.5以上を確保するための安全対策の検討を実施した。

(3)上記検討の結果，現場で実施した対応処置とその評価

現場のバックホウを反力にして，クレーン設置場所において平板載荷試験を10箇所実施し地盤条件に適合した以下の対応処置を行った。

①アウトリガーの脚部に砕石(t=50cm)を敷設して，その上に鉄板(L=1.5×1.5m，t=22mm)を設置しアウトリガーを支持することで安全率1.8以上の地耐力を確保した。

上記の結果，クレーンによるL型擁壁設置作業が無事故で完了できたことは評価できる点であると考える。

6 農業土木工事

①環境保全

農業土木工事における，環境保全の項目の記述例を次に示します。なお，技術的な課題は杭打ち工事の騒音，振動対策としています。

設問1

(1)工事名		○○県○○用水水門工事
(2)工事の内容	①発注者名	○○県○○部○○課
	②工事場所	○○県○○市○○町地内
	③工　期	令和○年○月○日～令和○年○月○日
	④主な工種	水門躯体築造工 PHC杭基礎工
	⑤施工量	水門躯体築造工　　1基 PHC杭Φ400　L＝15m　20本
(3)工事現場における施工管理上のあなたの立場		現場責任者

設問2

(1)特に留意した技術的課題

本工事は，老朽化した水門を新しい鋼製スライドゲート水門(幅4.2m，高さ2.8m)に築造する工事であった。基礎工はPHC杭を20本ディーゼルハンマーで打設する計画であった。しかし，現場の環境は市街地で小学校があるため，近隣自治会からの要望により，騒音と振動の軽減という環境対策が課題となった。

(2)技術的課題を解決するために検討した項目と検討理由および検討内容

PHC杭(Φ400，L＝15m)の打設に関して近隣の生活環境を保全するために以下の検討を行った。

①当該区域の市役所の環境課で環境基準を調べたところ敷地境界で騒音規制値は85デシベル，振動の規制値は75デシベルであった。

②半径300m内の公共施設と住宅戸数を調査したところ学校や病院が存在した。

③騒音，振動の少ない杭打機の情報を収集調査して3工法に絞り，騒音と振動レベル，経済性，実現性，安全性を比較検討して，機種を検討した。

(3)上記検討の結果，現場で実施した対応処置とその評価

上記の検討の結果，次の対策を行った。

騒音や振動を規制レベル以下にするため杭打ち機械の機種を低騒音・低振動の油圧ハンマーを採用し作業時間は午前8時30分から午後4時30分までとした。施工中に騒音，振動レベルをリアルタイムで測定した結果，いずれも規制値以下の結果であり苦情も無く杭打ち作業ができた。地元の自治会の要望に対し工法や作業方法を検討し，環境保全対策を講じられたことは評価できる。

②品質管理

農業土木工事における，**品質管理**の項目の記述例を次に示します。なお，技術的な課題は**暑中コンクリートの品質管理**としています。

設問1

(1)工事名		○○排水機場新設工事
(2)工事の内容	①発注者名	○○県○○部○○課
	②工事場所	○○県○○郡○○町大字○○地内
	③工　期	令和○年○月○日～令和○年○月○日
	④主な工種	吸水槽設置工 コンクリート基礎工
	⑤施工量	ポンプ用吸水槽　1基 基礎コンクリート工　380m^3
(3)工事現場における施工管理上のあなたの立場		現場代理人

設問2

(1)特に留意した技術的課題

本工事は，排水機場建設工事であり基礎部のコンクリートを380m^3打設する工事であった。

当現場は全国でも有名な暑い地区でコンクリート工事の施工時期は，8月の猛暑の時期で最高気温が41℃に達することが予想され暑中コンクリートとしての品質管理が重要なポイントとなり対策が必要となった。

(2)技術的課題を解決するために検討した項目と検討理由および検討内容

猛暑の時期に打設する基礎コンクリートはマスコンクリートでもあり，コンクリートの品質を確保するために以下の事項の検討を行った。

①レディーミクストコンクリートに使用するセメントの選定と温度管理。
②型枠や鉄筋が太陽の日射で高温化することを防止する対策の検討。
③コンクリート中の急激な水分の蒸発防止対策。
④練り混ぜから打設完了までの時間管理。

上記の事項を検討しコンクリートの品質低下を防止する計画を立案した。

(3)上記検討の結果，現場で実施した対応処置とその評価

施工当日の天気予報で最高気温が35℃の予想であったため出荷工場に練り混ぜ温度を25℃にする指示を行った。型枠をシートで覆い散水で温度を下げた。ポンプ車を2台配置し，練り混ぜから打設完了までの時間を90分以内になるよう管理した。養生の初期は膜養生を行いその後はマットと散水によって湿潤状態を保ちコンクリートの品質を確保した。

上記の対策を行ったことで猛暑時期でのコンクリートの品質低下を防止できたことは評価点である。

③工程管理

農業土木工事における，**工程管理**の項目の記述例を次に示します。なお，技術的な課題は**掘削と土留支保工の工期短縮**としています。

設問1

(1)工事名		○○県○○用水水門工事
(2)工事の内容	**①発注者名**	○○県○○部○○課
	②工事場所	○○県○○市○○町地内
	③工　　期	令和○年○月○日～令和○年○月○日
	④主な工種	水門躯体築造工 土留工
	⑤施工量	水門躯体築造工　　　1基 土留工(鋼矢板Ⅱ型　L＝8m)308枚
(3)工事現場における施工管理上のあなたの立場		現場責任者

設問2

(1)特に留意した技術的課題

本工事は，老朽化した農業用水用ポンプ施設を新たに設置する工事であり，掘削に先立ち土留工として鋼矢板Ⅱ型を打ち込み掘削に伴って切梁と腹起しを2段設置するものである。

当初の工程計画では掘削・土留工作業に40日を見込んでいたが，掘削作業を開始し実績から実施工程を検討したところ，土留工が掘削の障害となり掘削完了までに20日間の作業日数の遅れが判明した。工期内完成には掘削作業の20日間の工程短縮が課題となった。

(2)技術的課題を解決するために検討した項目と検討理由および検討内容

掘削完了までに20日間の作業日数の遅れを取り戻すため，作業方法の改善など以下の検討を実施した。

①鋼矢板打込み完了後の掘削について，支保工に偏土圧が作用しないようなブロック割を検討しケース別に作用する土圧を計算し作業手順を計画した。

②ブロック割をシミュレーションし，複数のブロックで並行して掘削作業が行える効率的なブロック割による掘削方法を検討した。

③掘削中に土留支保工に作用する土圧や変形が計画通りであることを確かめるための監視・測定する管理方法を計画立案した。

以上の検討を行い，安全でかつ効率的な掘削土留工の手順を確立し，作業工程を短縮する計画を立案した。

(3)上記検討の結果，現場で実施した対応処置とその評価

上記の検討の結果，次の対策を行い工程の短縮を実現した。

ブロックを左右と中央の3ブロックに分割し，中央ブロックを先行して掘削し，支保工を設置後に左右のブロックの掘削を同時に並行して開始する手順とした。掘削中は，中央部の切梁の土圧と腹起しのひずみを測定し，許容応力内にあることを日々確認した。中央ブロックの安全を確認しながら左右の掘削を進め支保工を設置した。掘削および土留工において左右のブロックを並行して作業ができたことで掘削工事の工程を23日間短縮できたことは評価点である。

チャレンジ問題！

問1　難 中 易

あなたが経験した土木工事の現場において，その現場状況から特に留意した品質管理に関して，次の〔設問1〕〔設問2〕に答えなさい。

〔設問1〕

あなたが経験した土木工事に関し，次の事項について解答欄に記述しなさい。

〔注意〕経験した土木工事は，あなたが工事請負者の技術者の場合は，あなたの所属会社が受注した工事内容について記述してください。従って，あなたの所属会社が二次下請業者の場合は，発注者名は一次下請業者名となります。

なお，あなたの所属が発注機関の場合の発注者名は，所属機関名となります。

⑴ 工事名
⑵ 工事の内容
　① 発注者名
　② 工事場所
　③ 工 期
　④ 主な工種
　⑤ 施工量
⑶ 工事現場における施工管理上のあなたの立場

〔設問2〕

上記工事の現場状況から特に留意した品質管理に関し，次の事項について解答欄に具体的に記述しなさい。

⑴ 具体的な現場状況と特に留意した技術的課題
⑵ 技術的課題を解決するために検討した項目と検討理由及び検討内容
⑶ 上記検討の結果，現場で実施した対応処置とその評価

解答例

設問１

ここでは，主な工種を「アスファルト舗装工」とし，自身の立場を「現場代理人」として施工管理を指導的立場で実施したことがわかるよう解答例を示します。工事名を記述する際は，採点者が土木工事と判断できるように注意して下さい。

(1)工事名		○○幹線○号道路工事	
(2)工事の内容	①発注者名	○○県○○部○○課	
	②工事場所	○○県○○市○○町地内	
	③工　期	令和○年○月○日～令和○年○月○日	
	④主な工種	アスファルト舗装工	
	⑤施工量	表層工　1,980m^2，　上層路盤工 1,980m^2 下層路盤工 1,980m^2	
(3)工事現場における施工管理上のあなたの立場			現場代理人

設問２

解答例として，留意した技術的な課題を「合材温度の低下と転圧不良防止」とし，合材の温度低下による品質低下の防止についての検討内容を３点挙げています。また，(3) では実際に行った対応処置の例を挙げ，最後にその評価を述べていますので，これを参考に自身の解答と見比べて下さい。

(1)特に留意した技術的課題
本工事は，幹線○号道路を道路改良する工事であり，下層路盤工(切込砕石40-0t＝20cm)，上層路盤工(粒調砕石M30-0t＝15cm)，表層工(密粒度アスコンt＝5cm)を1,980m^{2}施工するものであった。冬季の施工で現場はプラントから40kmの距離にあり合材温度の低下と転圧不良による舗装品質の低下が懸念され品質管理が課題となった。

(2)技術的課題を解決するために検討した項目と検討理由および検討内容
合材の温度低下による舗装品質の低下を防止するために次の検討を行った。 ①当地区の冬季の日平均気温は5℃であり，長距離運搬中に合材温度が低下することを防止する対策を検討した。 ②合材運搬時のダンプトラックの保温低下対策をプラントと協議した。

③社内施工検討会議で話し合い，到着時の温度管理の方法と温度測定管理計画を作成した。
以上の検討の結果，合材の品質管理の方法を計画した。

(3)上記検討の結果，現場で実施した対応処置とその評価

上記の検討の結果，以下の合材温度を含む施工の品質管理を現場で行った。
①合材出荷工場と協議し，合材の出荷温度を25℃アップした。
②合材運搬用ダンプトラックのシートを２重にして保温対策を行った。
③全車の到着時の合材温度を測定しチェックシートで記録管理した。上記の結果，転圧温度を１１０～１３０℃の範囲で品質確保できたことは評価できる。

索　引

あ行

か行

さ行

た行

な行

は行

ま行

や行

ら行

わ行

英数字

●水村俊幸

1979年東洋大学工学部土木工学科卒業。株式会社島村工業工に入社し，土木工事の施工，管理，設計，積算業務に従事。現在は株式会社技術開発コンサルタントにて取締役統括技術部長を務める。NPO法人彩の国技術士センター理事。主な保有資格は，技術士（建設部門），コンクリート診断士，コンクリート技士，RCCM（農業土木），一級土木施工管理技士，測量士。

●吉田勇人

1988年株式会社栄設計入社。土木設計，施工管理業務に従事。主な保有資格は，一級土木施工管理技士，測量士，RCCM（農業土木）。

1級土木施工　超速マスター

2021年12月20日　初版　第1刷発行

著　者	水村俊幸・吉田勇人
発行者	多田敏男
発行所	TAC株式会社　出版事業部（TAC出版）
	〒101-8383　東京都千代田区神田三崎町3-2-18 電話 03(5276)9492（営業） FAX 03(5276)9674 https://shuppan.tac-school.co.jp
組　版	株式会社 エディポック
印　刷	日新印刷　株式会社
製　本	東京美術紙工協業組合

ISBN 978-4-8132-9654-6
N. D. C. 510

書籍の正誤についてのお問合わせ

万一誤りと疑われる箇所がございましたら、以下の方法にてご確認いただきますよう、お願いいたします。

なお、正誤のお問合わせ以外の書籍内容に関する解説・受験指導等は、**一切行っておりません。**
そのようなお問合わせにつきましては、お答えいたしかねますので、あらかじめご了承ください。

1 正誤表の確認方法

TAC出版書籍販売サイト「Cyber Book Store」の
トップページ内「正誤表」コーナーにて、正誤表をご確認ください。

CYBER BOOK STORE TAC出版書籍販売サイト

URL:https://bookstore.tac-school.co.jp/

2 正誤のお問合わせ方法

正誤表がない場合、あるいは該当箇所が掲載されていない場合は、書名、発行年月日、お客様のお名前、ご連絡先を明記の上、下記の方法でお問合わせください。
なお、回答までに1週間前後を要する場合もございます。あらかじめご了承ください。

文書にて問合わせる

●郵送先　〒101-8383 東京都千代田区神田三崎町3-2-18
TAC株式会社 出版事業部 正誤問合わせ係

FAXにて問合わせる

●FAX番号　**03-5276-9674**

e-mailにて問合わせる

●お問合わせ先アドレス　**syuppan-h@tac-school.co.jp**

※お電話でのお問合わせは、お受けできません。また、土日祝日はお問合わせ対応をおこなっておりません。
※正誤のお問合わせ対応は、該当書籍の改訂版刊行月末日までといたします。

乱丁・落丁による交換は、該当書籍の改訂版刊行月末日までといたします。なお、書籍の在庫状況等により、お受けできない場合もございます。
また、各種本試験の実施の延期、中止を理由とした本書の返品はお受けいたしません。返金もいたしかねますので、あらかじめご了承くださいますようお願い申し上げます。

(2020年10月現在)